●自然科技知识小百科

自然奥秘小百科

许夏华　主编

希望出版社

图书在版编目（CIP）数据

自然奥秘小百科 / 许夏华主编. - - 太原：希望出版社，2011.2

（自然科技知识小百科）

ISBN 978-7-5379-4974-3

Ⅰ.①自… Ⅱ.①许… Ⅲ.①自然科学-普及读物 Ⅳ.①N49

中国版本图书馆 CIP 数据核字（2011）第 014468 号

责任编辑：张　蕴
复　　审：谢琛香
终　　审：杨建云

自然奥秘小百科
许夏华　主编

出　　版　希望出版社
地　　址　太原市建设南路 15 号
邮　　编　030012
印　　刷　合肥瑞丰印务有限公司
开　　本　787×1092　1/16
版　　次　2011 年 2 月第 1 版
印　　次　2023 年 1 月第 2 次印刷
印　　张　14.5
书　　号　ISBN 978-7-5379-4974-3
定　　价　45.00 元

目　录

物质有几态 …… 1
谁来坐镇银河系中心 …… 2
奇怪的“3C48”和“3C273” …… 3
太阳黑子活动之谜 …… 4
太阳活动对人的创造力的影响 …… 5
黑洞之谜 …… 6
谁能说清地磁的方向 …… 7
磁与生命的关系 …… 8
地磁起源之谜 …… 9
龙卷风成因之谜 …… 10
冬热夏冷怪地之谜 …… 11
马荣火山之谜 …… 12
雷击治愈长年病 …… 12
电话机人 …… 13
不是动物也冬眠 …… 14
猿女 …… 15
380 万年前的猿人脚印 …… 16
黄土成因之谜 …… 16
石油成因之谜 …… 17
狗头金由来 …… 19
南极暖水湖之谜 …… 20
北纬 30°线之谜 …… 21
神秘的罗布泊 …… 22
尼奥斯湖为何喷发毒气 …… 22
博苏姆推湖成因 …… 23
“死亡谷”之谜 …… 23

恒河水之谜 …… 24
鸣响的格篩龙潭 …… 24
巨石之谜 …… 25
复活节岛之谜 …… 25
吉萨金字塔之谜 …… 26
环境致癌之谜 …… 26
海平面“平”吗 …… 27
海水会越来越咸吗 …… 28
海洋中有“无底洞”吗 …… 28
海底玻璃之谜 …… 29
噬人鲨不吃身边小鱼之谜 …… 29
鲨鱼不患癌症之谜 …… 30
鲨鱼救人之谜 …… 31
海底洞穴壁画之谜 …… 33
海底“风暴”之谜 …… 34
海中自转小岛之谜 …… 35
带鳞乌贼之谜 …… 36
海龟自埋之谜 …… 37
月相影响海鱼之谜 …… 38
海猿之谜 …… 39
太平洋“墓岛”之谜 …… 41
动物撒谎之谜 …… 42
动物思维之谜 …… 43
骆驼耐渴之谜 …… 44
动植物共存互益之谜 …… 44
仙人掌类植物多肉多刺的奥秘 …… 45
“昙花一现”之谜 …… 46
“起死回生”的圣泉 …… 47
1.5 亿年前始祖鸟有“四个翅膀” …… 47
3 亿年前地球上可能存在大冰期 …… 48
1977 年日本海怪尸体事件 …… 49
阿基米德“死光”之谜 …… 50

澳大利亚的三大“自然之谜” …… 52
巴西现未知蛇类 …… 54
白天突然变成黑夜之谜 …… 54
伴随“迪安圈”的灾难 …… 55
超自然的沈阳怪坡 …… 55
大象能用脚来倾听 …… 56
狼的奥秘 …… 56
大自然的鬼斧神工——云南元谋土林 …… 59
大自然中35个令人不可思议的事实 …… 60
地球的高山、土地和海洋 …… 63
地球恐龙可能进化成人 …… 67
地球上最“极端”的四个地方 …… 69
唐山大地震前恐怖自然预警 …… 70
音乐影响人类情感的超自然之谜 …… 75
关于鸽子,你不知道的十个惊人事实 …… 76
关于极光成因的种种推测 …… 80
海水为什么是蓝色的 …… 80
极光现象 …… 80
海拔3500米以下已无雪莲 …… 81
神奇非洲的七宗“最” …… 85
揭秘动物世界“绝对隐私” …… 89
解古老历法 释自然奥秘 …… 92
4000年前遗留的哈卡斯怪石 …… 97
科学家揭示600万年前巨鸟飞行奥秘 …… 99
科学家在检查他们制作的现代木乃伊 …… 100
可可西里的“冰火世界” …… 103
美国湖中“杀人虫” …… 104
剧毒杀人蜂群起攻击人类 …… 105
为什么地球上“三极”臭氧层破坏严重 …… 106
科学家发现抽烟的星球 …… 107
火星上发现七个疑似洞穴 …… 107
为什么山区会出现焚风 …… 108

天气变化使人类祖先走出非洲 …… 109
宇宙中发现巨大“空洞” …… 110
科学家宣称首次在太阳系外的行星上发现水 …… 110
“孪生草”之谜 …… 111
北美大陆未沉得益于地热 …… 112
南极洲大陆的“热水瓶” …… 113
南北极为何从不发生地震 …… 114
地球到底能养活多少人 …… 114
台风是怎样形成的 …… 115
来自浩瀚宇宙的神秘能量 …… 116
破解千年鸟道的形成之谜 …… 119
神奇“聚金”细菌现身 …… 122
山西神奇冰洞缘何万年不化 …… 122
太阳风粒子揭开月球岩石之谜 …… 126
璧山百万年前被冰川覆盖 …… 127
人的体温为什么是37℃ …… 128
古大西国一个难解的谜 …… 132
世界各地自然湖泊特色趣闻 …… 133
生命的最初奥秘 …… 134
动物迁徙的奥秘 …… 136
南美发现24个新物种 …… 137
奇异的“悬浮怪湖” …… 138
三大自然之谜新解 …… 138
非洲的“杀人石” …… 148
闪电谜团 …… 149
神秘的动植物雨 …… 150
神秘的失踪和再现 …… 150
神农架自然之谜 …… 154
神奇的“迪安圈” …… 159
二连巨盗龙化石发现始末 …… 159
圣塔克斯的“怪秘地带” …… 162
世界四大科学难题 …… 163

石棺圣水之谜 …… 165
石球重量变化之谜 …… 166
石头长大之谜 …… 166
史前生物大灭绝的真实原因 …… 166
苏格兰地狱禁地和仙境 …… 168
塔克拉玛干大沙漠中发现湖泊群 …… 170
太湖形成之谜 …… 171
探访古墓吸血鬼 …… 172
完美间谍隐形杀手 …… 175
重庆秀山土家族苗族惊现恐怖怪湖 …… 177
为什么地球上有那么多山 …… 178
为什么史前昆虫的个头都大得吓人 …… 179
武夷山两大未解之谜 …… 180
西伯利亚“死亡之湖”探险 …… 181
新疆青河大陨铁之谜 …… 185
亚马孙神秘现象 …… 189
岩石发声试验 …… 192
岩石发声之谜 …… 192
意大利“世外桃源”——斯图卡乐顿村 …… 193
远古开花植物横空出世之谜 …… 195
岛国恐龙死亡之谜 …… 197
20 世纪中外著名大地震 …… 199
20 世纪十大震惊世界的自然灾难 …… 201
绝对闻所未闻的世界五大奇河 …… 211
神奇的 25 个世界之最 …… 212

物质有几态

军队有“三军”，那就是“海、陆、空”；物质有“三态”，那就是“气、液、固”。这似乎已经成为人之常识了，可是，这回又要提醒你了：这种观念过时了。正像现代军队已经更加细化了，什么装甲兵、通信兵、雷达兵、防化兵、火箭兵、原子武器兵等等，物质的状态也更加细化了，据现在所知，物态就不下十几种。

首先，“气、液、固”三态仍然是物质宏观下最明显的状态。就以水来讲，水仅仅是在0℃ ~100℃之间，如果低于0℃，水就变成固态的冰，而高于100℃，水又变成气态的水蒸气。再以氢气来讲，常温下是气态，但当温度为-253℃时，变为液态氢，当温度再低到-259℃时，变为固态氢。

但是，如果按其内部分子结构来细分的话，气态中还包含有等离子态，液态中还包含有超流态，固态中还包含有晶态、液晶态、玻璃态、超导态和金属氢态等等。

等离子态是指气体温度升高到几千度或几万度以后，分子或原子失去电子成为带正电的离子，脱离原子核束缚的电子成为自由电子。这种电离气体就是等离子态。在自然界有天然的等离子层，它能保护我们地球上的生物不受宇宙中带电粒子的侵害。人们也可以制造人工等离子体，如等离子体切割、等离子体喷涂、等离子状态下的辉光放电等等。

超流态是指在极低温下，在绝对温度4K以下，对于液态氦有一种特殊的性能，它的粘滞性完全消失，从而可以沿管壁或容器壁面向上流动以至流到外面，这就是奇特的超流态。

至于晶态、液晶态和玻璃态则是以原子的规则、对称、周期性的差异来区分的。晶态是指物质呈结晶形状出现的，每种结晶态物质都有固定的结晶结构，如水晶呈棱锥形，方解石呈平行六面体形，雪花呈六角形等等。有的物质永远没有结晶体，如玻璃、沥青，它的内部结构更像液体，称玻璃态。还有一些物质，主要是一些有机物质，介于液态和晶态之间，尤其具有晶体的光学性质，称液晶态。

固态中比较特殊的是超导态和金属氢态。超导态是指有些金属在接近绝对零度时呈现电阻消失的状态。目前人们又开始制造高温超导材料，使一些人工制造的化合物在较高的温度下也呈现超导现象。另外金属氢态是氢气所固有的一种状态,当氢气在非常巨大的压力下,氢可以变成固态,而且这时的固态氢具有金属的特性。

人们在对宇宙中星球的观测中又发现一种质量很大、体积很小的恒星,叫白矮星,这对物质有可能存在的状态又有所启迪。于是,人们认为,当物质在高温高压下,可以使原子核高度紧密地挤在一起,呈现出很大的密度,这时物质的状态称超固态。如果继续加高温度、加大压力,使原子核外部的电子挤进质子,使质子不带电荷;物质全部成为中子的状态,这时的物质又称为中子态。如果再加大压力,又会出现超子态、黑洞等等。

相反,高密度物质的相反状态,低密度低到真空的状态,甚至认为真空是一种"负能量"粒子的空间,又形成了真空态。与此相关联的各种场,如电场、磁场、引力场,这也是物质的一种状态。

自从粒子物理发展以来,人们知道大多数基本粒子都存在有电性相反或自旋相反的所谓反粒子,因此由反粒子组成的物态将与上述正粒子形成的物态一一对应,这又是一大串的反物质态。

由此说来,物质到底有几态呢?让我们再回顾一遍,就可以数出来了,它们是:气态、液态、固态、晶态、液晶态、玻璃态、等离子态、超导态、超流态、金属氢态、超固态、中子态、超子态、黑洞、真空、场、反物质态等等。

谁来坐镇银河系中心

古希腊人认为,人类居住的地球是宇宙中心。到16世纪,哥白尼把它降为一颗普通行星,把太阳作为宇宙中心天体。到18世纪,赫歇尔认为,太阳是银河系中心。20世纪,卡普利把太阳流放到银河系的悬臂上,离银河系中心有几万光年之遥。

当太阳"离开银心"之后,谁坐镇银心是天文学家关注的大问题。特别是,银心的距离并不算远,理应把它的"主人"搞清楚。然而,对银心的观测并不容易,原因是银心处充满了尘埃。这层厚厚的面纱,让人难以窥视银心的奥秘。

随着观测手段的不断改进,人们对银心的了解也在不断增加。这主要是接收尘埃无法遮挡的红外线和射电源。它们就像医生测人体心电图一样,从红外线和射电波送来大量有用的信息。美国贝尔实验室的工程师詹斯基就是最先接收到银心射电波的。

由于银心核球的红外线和射电波信号很强,它似乎不是一个简单的恒星密集核心,而可能是质量极大的矮星群。1971 年,英国天文学家认为,核球中心部有一个大质量的致密核,或许还是一个黑洞,其质量约为太阳质量的 100 万倍。如果真是一个黑洞,银心应有一个强大的射电源。

20 世纪 80 年代,美国天文学家探测到以每秒 200 千米的速度围绕银心运动的气体流,离中心越远,速度就越慢。他们估计这是银心黑洞的影响。另一些美国天文学家也宣布探测到银心的射电源,这说明银心可能是一黑洞。

苏联的天文学家则认为,证明银心是黑洞的证据不足。他们认为,银心可能是恒星的诞生地,因为其中心有大量的分子云,总质量为太阳质量的 10 万倍。

天文学家很关心银心是否为一黑洞,为此,美国天文学家海尔斯提出了一个判据,即一对质量与太阳相当的双星从黑洞旁掠过时,其中一颗被黑洞吸进后,另一颗则以极高速度被抛射出去。经过计算,根据掠过黑洞表面的距离,这样的机会并不大。海尔斯的判据虽不能最终解决问题,但不失为一条探测的路子。然而,要最终搞清楚银心的构成还仍有许多工作要做。

奇怪的"3C48"和"3C273"

第二次世界大战后,随着雷达技术的不断发展,射电天文学也获得很快的发展。英国剑桥大学为所发现的射电源编号,1950 年编制的射电源表叫做 1C,1956 年编的表称 3C。其中 3C48 和 3C273 是两颗非常奇怪的射电源。

1960 年,美国海耳天文台的马修斯和桑德奇用 5 米望远镜观测,他们注意到 3C48 是一个与众不同的恒星状天体,它的亮度很低(7.6 星等),是一颗蓝星。它的光谱与一般的天体很不一样,很难解释。

1962 年,澳大利亚天文学家哈扎德决定利用月亮遮掩 3C273 的机会确定其位置。在月掩之时,他在博尔顿指导下同希明斯合作对 3C273 进行研究。他们在新南威尔士天文台观测,发现 3C273 由两个子源构成,其中一个比另一个强 4 倍。事后,博尔顿把观测结果写信告诉了美国加州理工学院天文学家施密特。施密特立即投入观测,并在哈扎德和希明斯确定的位置上找到了这个射电星。它非常亮,达到 12.8 星等,其光谱类似氢原子的光谱。此后几个月内,施密特和格林斯坦一起进行了深入的研究。

这种星体的光谱很特别,它们到底是什么东西呢?经过长时间的冥思苦想,1963 年 2 月 5 日,施密特在撰写观测报告时,头脑中闪过了一个奇妙的念头。他假定 3C273 有极大的红移,这意味着,3C273 的退行速度可达每秒 4.7 万千米(相当于光速的 1/7)。如此快速的退行下,其光谱与氢原子光谱一致,只不过是加了一个红移量。过去认为 3C48 和 3C273 是银河系内的天体是不对的,在银河系内没有运动如此快的天体。看来施密特的直觉品质不错,导致了一个重要的发现。

这些射电源看上去像恒星,但可能不是恒星,人们为它起了名字叫“类星射电源”。由于名称太长,美籍中国天文学家邱宏义把它简称为“类星体”。

天文学家研究了一些类星体,其红移量都很大。如何解释这种现象,其争论很激烈。通常的解释是所谓的“宇宙学红移”。简言之,由于宇宙处于膨胀时期,发光的星体可以产生。

对于类星体的解释,甚至 3C273 到底是什么性质的天体,到现在仍在争论中。

太阳黑子活动之谜

伽利略发现太阳黑子是十分幸运的,因为 1610 年前后恰逢太阳活动的高峰期,这时太阳产生的黑子很多。然而,由于他宣传日心说,与教会发生冲突,他的天文研究被迫中断,到晚年,目力衰退也使他难以观测。

1826 年,德国的一位药剂师、天文爱好者施瓦贝开始记录太阳黑子数,绘出太阳黑子图。这样,他一直坚持到 80 岁,连续观测黑子达 43 年之久。他发现,每经过约 11 年,太阳活动就变得很激烈,黑子数目也会增加很多,差不多可以看到四五群黑子,这时便称作“黑子极大”。接着衰弱,到极衰期,太阳几乎没有一个黑子。因此,每经过 11 年,就称作“太阳黑子周”。遗憾的是,他将研究结果寄给德国的《天文通报》时,编辑部并没在意。在经过两个太阳活动周的观测之后,他于 1851 年发表了他的重要发现。也就在当年,德国著名天文学家洪堡德在他的《宇宙》第三卷中采用了施瓦贝的研究结论。

为了对太阳活动和黑子变化周期排序,国际上规定,从 1755 年开始的那个 11 年称作第一黑子周。1987 年进入第 22 个黑子周。

在每一黑子周的过程中,黑子出现都是遵从一定规律的,这是 1861 年德国天文学家施珀雷尔发现的。它告诉我们,每个周期开始,黑子与赤道有段距离,以后向低纬度区发展,每个周期终了时,新的黑子又出现在高纬区,而新的周期也就宣告开始了。

20世纪初,美国天文学家海耳研究黑子的磁性,发现它有极强的磁场。几年过后,他又发现磁性变弱,乃至消失。这种变化竟与黑子周期相关。最后,他终于发现,黑子磁性变化周期恰好是黑子周期的2倍,即22年。人们将这个周期称作磁周期或海耳周期,因此,考虑到黑子磁性变化,黑子周期应为海耳周期。

1976年,美国天文学家埃迪对11年的黑子周期提出质疑。为此引起了一场轩然大波。不过,对11年周期的质疑并非是首次。许多科学家对黑子记录材料的分析都得到一些不同的结论,如天文学家沃尔夫提出80年的长周期,后人又修改为75~100年周期,也叫"世纪周期"。我国太阳黑子记录材料极为丰富,我国科学家在分析之后,也得到过61年、200年、275年、430年乃至800年等各种周期。

众多的黑子周期确实是难于统一的,而黑子周期性并非每个周期都重复上一次的黑子发生过程,特别是关于黑子产生的机制更难统一。这些都对分析黑子周期性带来了很大困难。

太阳活动对人的创造力的影响

太阳活动对地球的影响是明显的,这一点古人就已注意到了,例如,"日出而作,日入而息"。这不仅仅是太阳照明和生物钟在起作用,像《夏小正》、《礼记·月令》、《后汉书·律历志》等书都提到太阳活动同生物节律变化的关系。除了涉及农作物生长和人体疾病的问题外,还有人分析了太阳活动同人的创造活动的关系。

苏联科学家伊德利斯曾指出,惠更斯、牛顿、莱布尼茨、罗蒙诺索夫、库仑、法拉第、麦克斯韦等著名科学家一生都有过许多发现和发明,如果把他们的这些创造活动列表,就会发现一个周期,大小恰为11.1年,而这也正是太阳活动周期的大小。

有些人还举出一些艺术家的创造活动,例如,柏辽兹的《幻想交响曲》、肖邦的两首钢琴协奏曲、门德尔松的《苏格兰交响曲》、贝里尼的《诺尔玛》和《梦游者》、唐尼采蒂的《安娜·波列因》等作品都是在1829~1830年的两年间完成的，而1830年恰好是太阳活动高峰期。

科学家解释说，强烈的太阳活动影响地球的磁场，进而影响到人的神经系统。也有人认为，地球的土壤和岩石内存在一些放射性元素氡，它对人的影响很大。当太阳活动剧烈时，特别是耀斑的爆发常使大气中放射性的氡含量增加。是不是氡激发了人的创造力呢？一些实验证实了这种猜测。

然而，太阳活动对人类创造活动的影响也受到一些人的质疑。有一次，苏联著名天文学家什克洛夫斯基参加一个学术会议，会上有人报告说，科学创造活动同太阳活动高峰年份有关，并列举了大科学家牛顿、达尔文和爱因斯坦等人的创造性发现的事例。什克洛夫斯基低声对美国天文学家萨根说："是啊！可是这篇论文却是在太阳活动极小年臆想出来的。"

太阳同人的关系还使人想到中国古代的"天人感应"说，上面的说法难道是对古代学说的复归吗？

黑洞之谜

黑洞，在天文学中，是一个出现较晚的概念，由于它的神秘性，令天文学家惊叹不已。至于一般人就更无法想象它的存在了。黑洞并不是实实在在的星球，而是一个几乎空空如也的天区，但它又是宇宙中物质密度最高的地方。

如果地球变成黑洞，会只有一粒黄豆那么大。它的强大的吸引力连速度最快的光也休想从它那里逃脱，因此，黑洞是一个看不见的、名副其实的太空魔王。

黑洞既然看不见、摸不着，那么天文学家又是怎样发现和观测它的呢？当然不可能像人登上月球那样去拜访黑洞，而主要是通过黑洞区强大的X射线源进行探索的。根据著名物理学家霍金的理论，黑洞中的一切都消失了，但它所具有的强大引力依然存在。当它周围物质被强大的引力所吸引而被逐渐拽向黑洞中心时，就会发射出强大的X射线，从而形成天空中的X射线源。通过对X射线源的搜索观测，便可找到黑洞的踪迹。但是，很久以来，人们一直在寻找黑洞的踪迹，至今未能如愿以偿。1983年初，美国和加拿大的天文学家宣布，他们在大麦哲伦云星系的一个双星系统中找到了一个质量上相当于太阳的8~12倍的黑洞，目前这个黑洞已被命名为LMX—X3。然而，这到底是不是黑洞？还有待于天文学家进一步验证。

谁能说清地磁的方向

大家都会说，地磁谁不知道？指南针还是中国发明的呢！指南针之所以能指南北方向，就是因为地磁场的方向是南北的，地球的北极是地磁的S极，地球的南极是地磁的N极。

这种说法，并不太准确，人们自古至今都在进行细微的观察，发现地磁的方向并非正南正北。900年前北宋的沈括在《梦溪笔谈》中曾对磁针下过这样的结论："方家以磁石磨针锋，则能指南，然常微偏东，不全南也。"

根据当今科学的测量，证明磁针的S极确实微微偏东。也就是说，地磁的N极处于南半球南纬70°10′和西经150°45′的地方，离北极约1600千米罗斯海附近；而地磁的S极处于北半球北纬70°50′和西经90°的地方，离北极约1600千米的加拿大北海岸附近。

还有更奇怪的事情：地磁的方向不但有些偏离，而且还会倒转。也就是说，地磁的强度和方向逐渐变化，由强到弱，逐渐变为零，然后地磁的方向发生倒转。于是，原来的S极变成了N极，原来的N极变成了S极。这时候，如果再用磁针来观察的话，磁针的S极指向地球的北极，磁针的N极指向地球的南极了。

这种倒转的情况并不是没有发生过，据科学家们测定和分析，在过去50万年里，地磁的方向发生过5次倒转。如果再往前推，在过去的450万年中，这种地磁的倒转已经有过9次。当然，所有这些倒转都发生在人类文明史之前，即使最近的一次倒转也要追溯到二三万年以前。因此，人类文明的记载中一向认为指南针的S极是指南，而不是指北。

既然人类文明史以来，地磁的方向没有根本颠倒过，那么又怎么知道地磁方向倒转过呢？原来地壳中火山岩石清楚地记载着地磁的变化。当火山爆发时，从地球内部喷射出大量熔融的岩浆，这些岩浆在冷却时，其结晶体是按地磁方向整齐排列的。所以我们采用现代的检测手段，比如用放射性的检测方法，就可以间接地推测出地球不同地质年代的地磁情况。从这些测定和分析中，就可得出上述地磁倒转的结论。

近几年来，对地磁的研究有了新的进展，美国通过发射的地磁卫星可以对地磁强度进行精密的测量。测量结果表明，目前地球的地磁强度仍然在减弱，据推算,再过1200年,即公元33世纪的时候,地磁又将消失。届时,地球会成为一个无磁的星球,采用罗盘航海又将会迷失方向,宇宙线也将肆无忌惮地射向地球。此后或许再度使地磁南北极倒转。这种大变革到底会给人类带来灾难还是福音,那就无从可知了。但可以相信一点,再过1200年,人类科学技术会有更大的进步,人类不但会适应这种自然的变化,而且会驾驭地磁为人类造福的。

地磁为什么产生?地磁为什么倒转?有的说:地球的两极有着巨大的磁铁矿;有的说:地球内部蕴藏着巨大的磁性物质,整体形成一根巨大的磁铁;也有的说:地球是一个电流模型,由于巨大的电流球绕地球流动,使地球产生磁性;还有的说:地球磁场的变化受地球上空电离层的影响,甚至受太阳黑子的爆发或耀斑的影响。总之,目前对地磁的解释众说纷纭,但没有一种权威的理论,地磁之谜还有待于人类去做艰苦的探索。

磁与生命的关系

有人说:地球上生命的存在,依赖于地磁场形成的保护层。这样宇宙中各种宇宙射线即使有穿透岩层的能量,也被却步在磁场之外。正是在这个保护层下,生物衍生繁殖,人类安然无恙。再看看其他一些星球,虽然空气、温度、水分适宜,但就因为几乎没有磁场的保护,至今尚无生命。看来,这种看法是不无道理的。

正是因为在磁环境下孕育着生命,所以生物与人类有着奇特的感应和适应能力。一些小动物有着特殊的生物罗盘,比如鸽子可以根据地磁的方向远距离送信,候鸟可以根据对地磁的感应而长途迁徙,海豚可以在充满暗礁的险滩上准确地导航。原来这些动物的器官和组织中,都有着磁铁细粒,因此,它们都有着磁性细胞。正是这些磁性细胞,使它们自身具备生物罗盘而永不迷向。

作为高级生命的人类来说,当然生物罗盘的作用已退化了,只有少数有特异功能的人可能还保留着这种特性。但是,人与磁仍然有着密切的关系。我们知道,电与磁是难以分开的,电流能产生磁场,磁场能感应电流。在人体内,由于生命活动必然产生生物电流,如心电流、脑电流等等。这些生物电流必然产生生物磁场,由心磁图和脑磁图观测到:心磁场大约是10.6~10.7高斯,脑磁场大约是10.8~10.9高斯,尽管生物磁场比起地磁场来是很小的,但是研究生物磁场对于了解脑的思维、生命的活动却有着重要的意义。

据说,人的心理状态、喜怒哀乐的精神因素,会直接影响心磁场的强度,而脑的思维状况也由脑子的不同部位的磁信号反映出来。因此可以用人工电磁信号去取代紊乱的电磁信号,从而达到治病的目的。

提到治病,磁的应用可以说是全方位的。像上面所说,电磁信号可以诊断和治疗疾病。另外,还可用药物或针疗等办法,比如中医常用磁石作为一种镇静药。还有现在流行的磁化杯和磁化水,也成为保健物品。

更为奇怪的是磁性的研究可以使人类恢复再生功能成为可能。原始动物如蜥蜴断了腿或尾巴以后能重新长上,螃蟹掉了螯钳以后还能长出更粗的螯钳。但是高等动物就不行。通过实践证明,在适当的电磁场下能加速断骨的愈合,在脉冲电磁场的刺激下,家鼠可以使断肢再生。因此磁疗的研究,在不远的将来可能使人类能器官再生。那样的话,人的生命对于我们来说就并不是只一次了,每个人都可以有两次生命,这该是多大的福音呀!

当然,在零磁环境下人类会受什么影响,在宇宙航行或在其他星球居住时,新的磁环境会对寿命有什么影响,这些都是未来的课题。

地磁起源之谜

自从人类发现有地磁现象存在起,就开始探索地磁起源的问题了。人类最早、最朴素的想法就是:地球是一块大磁体,北极是磁体的 N 极,南极是磁体的 S 极。这种想法不但中国古代有,在西方,1600 年以前吉尔伯特也提出过这样的论点。

但是这种论点有一个片面性:地球本身是个大磁体,这说明地磁场的起因是纯属地球内部的原因,那么地磁场的产生有没有地球外部的原因呢?也就是说,地球在太阳系中运行,太阳的磁场,乃至地球在太阳系中最初生成的时刻,有没有形成地磁场的因素呢?

通过卫星和宇宙飞船对空间环境的探测,从目前的资料来看,虽然太阳黑子引起的电磁亚暴会剧烈地干扰地磁场,但是可以排除地磁场形成的外部原因。

那么地磁场产生的内部原因究竟是什么呢?

一种观点认为地球内部有一个巨大的磁铁矿,由于它的存在,使地球成为一个大磁体。但这种想象很快被否定了。因为即使地球核心确实充满着铁、镍等物质,但是这些铁磁物质在温度升高到760℃以后,就会丧失磁性。尤其是地心的温度高达五六千摄氏度,熔融的铁、镍物质早就失去了磁性,因而不可能构成地球大磁体。

第二种观点认为是由于地球的环形电流而产生了地球的磁场。因为地心温度很高,铁镍等物质呈现熔融状态,随着地球的自转,带动着这些铁镍物质也一起旋转起来,使物质内部的电子或带电微粒形成了定向运动。这样形成的环形电流,必定像通电的螺旋管一样,产生地磁场。但是这种理论如何去解释地球磁场在历史上的几次倒转呢?

第三种观点认为是地球内部导电流体与地球内部磁场相互作用的结果,也就是说,地球内部本来就有一个磁场,由于地球自转,带动金属物质旋转,于是产生感应电流。这种感应电流又产生了地球的外磁场。因此这种说法又被称为"地球发电机理论"。这种理论的前提是有一个地球内部磁场,那么,这个地球内部磁场又是来源于什么呢?它的变化规律又是怎样的呢?这又无法解答了。

此外还有旋转电荷假说、漂移电流假说、热电效应假说、霍耳效应假说和重物旋转磁矩假说等等,更加不能自圆其说。因此,地磁的起源至今仍然是一个谜。

龙卷风成因之谜

龙卷风是积雨云底部下垂的漏斗状(大象鼻子状)的云柱及其伴随的非常强烈的旋风,又称龙卷。文献上记载的下降银币雨、青蛙雨、黄豆雨、铁雨、虾雨,还有血淋淋的牛头从天而降等现象,都是龙卷把地面或水中的物体吸上天空,带到远处,随雨降落造成的。龙卷的直径约数米至数百米,移动距离一般为数百米至数千米,个别可达数十千米。龙卷中心气压极低,中心附近气压梯度极大,因此,风速和上升速度都很大。龙卷中心附近风速一般为每秒几十至100米,个别情况达每秒150多米,最大上升速度每秒几十米到上百米。由于漏斗状云柱内气压很低,会产生强大的吮吸作用。当漏斗伸到陆地表面时,把大量沙尘等物质吸到空中,形成尘柱,称陆龙卷;当漏斗伸到海面时,便吸起高大的水柱,称水龙卷或海龙卷。龙卷风的强大气流能把上万吨的整节大车厢卷入空中,把上千吨的轮船由海面抛到岸上。1925年3月18日美国出现的一次强龙卷,造成680人丧生、1980人受伤;1967年3月26日上海地区出现的一次强龙卷,毁坏房屋1万多间,拔起或扭折了22座抗风力为12级大风两倍的高压电线铁塔。龙卷风平均每年夺走数万人的生命。尽管人们早就知道龙卷是在很强的热力不稳定的大气中形成的,但对于它形成的物理机制,至今仍没有确切的了解。有的学者提出了内引力——热过程的龙卷成因新理论,但是用它也无法解说冬季和夜间没有强对流或雷电云时发生的龙卷。龙卷风有时席卷一切,而有时在它的中心范围内的东西却完好无损;有时它可将一匹骏马吹到数千米以外,而有时却只吹断一棵树干;有时把一只鸡的一侧鸡毛拔完,而另一侧鸡毛却完好无缺……产生这些奇怪现象的原因更是令人莫测。为了制服龙卷,预测龙卷,人们正努力探索龙卷形成的规律,解开这个自然之谜。

冬热夏冷怪地之谜

在辽宁省东部山区桓仁县和宽甸县境内,有一条长约 15 千米的地温异常带。每年春天,这个地带的周围地温逐渐上升,而这个地带之内,地温却渐渐下降;夏天,这个地带外面温度很高,而地带之内却开始结冰;寒冬时节,冰天雪地,寒风凛冽,草木枯萎,而在这个地温异常带之内却热气腾腾,温如暖室。在桓仁县沙尖子镇南 1.5 千米的船营沟的一位居民任洪福房边,这种地温异常表现尤其强烈。这里,在炎热的盛夏,从岩石裂缝里吹出的寒气,使人毛骨悚然,温度低达零下 1℃ ~2℃,岩石缝里的冷气温度更低,达零下 15℃。流进岩石裂缝的雨水,会冻成冰柱。挖开地面浮土,在 30 厘米深处,有坚硬的冰块。每逢夏季,任家利用房边这个天然冷室为居民和饭馆、医院、工厂等单位贮存鱼、肉、疫苗、菌种等,冷库效果很好。东北的冬天,田野白雪皑皑,而任家屋后却是一片葱绿,蔬菜和葱蒜青叶嫩枝,茁壮生长,野草如茵,酷如春景。

这种奇山怪地在我国南方也有发现。湖南省五峰县境内,有座白溢寨山,峰高海拔 2300 多米,山坡上有两处地方,每处约有两亩地,在炎热的盛夏,这两块地上盖满白冰。夏天一过,冰消寒散。冬天,这里一点冰也没有。下一年盛夏,又出现冰块。年年如此。

这种夏寒冬热的奇象引起了各界的注意,人们曾多次到东北实地考察研究,并开展了学术讨论,对产生这种现象的原因,提出了各种解说。有人认为,在这个地温异常带的地下,可能存在很大的能保温的储气构造。冬季,大量冷空气进入这种构造,保持原来的低温直到夏季。夏天,冷空气从储气构造中慢慢溢出。在冷空气排出的同时,热空气进入储气构造,被保温到冬季又逐渐溢出来。另一种解说是,这里地下可能存在两条重叠的储气带,一个带中储的是冷气,另一个储的是热气。这两个储气带同时向地表放气。冬季,人们感到异常的是储热气带中释出的热气,而对同时从储冷气带释出的冷气,却因气温低而察觉不到异常。还有人认为,这里地下存在很大的储气带,在它的不同方位上有自动开关的天然阀门,冬天排放热气,吸入冷气;夏天,排放冷气,吸进热气。究竟哪种解释符合这里的实际?或者是另有一种解说才是真理。人们期待着真实的谜底。

马荣火山之谜

在亚洲的菲律宾群岛中有一座定时喷发的活火山——马荣火山。它坐落在菲律宾最大岛屿吕宋岛的东南端,海拔 2462 米,周围占地 250 平方千米,缓缓的山坡匀称和谐,它的圆锥形外貌要比日本富士山更为完美。原来它是一个完美的火山锥,一年四季山端蒸气源源不绝地从喷口溢出,经常凝成朵朵白云,缭绕山顶。晚间,它喷出的烟雾呈暗红色,整个火山像一座三角形的烛座,耸立在夜空中闪闪发光,人们身处其间,宛如进入蓬莱仙境。当它行将喷发时,火山口会隆隆作响,给人们发出警报,意在让周围居民暂避他处,免遭损害。马荣火山神就神在它的喷发很有规律,据记载,20 世纪它的几次喷发时间为 1928 年、1938 年、1948 年、1968 年、1979 年底,大致每隔 10 年喷发一次,唯独 50 年代缺了一次。马荣火山为什么每 10 年喷发一次?而 50 年代为什么休眠?至今还是个未解之谜。

雷击治愈长年病

一般情况下,人对电流的承受力,不过局限在几十伏之内。超过这个限度,就会有生命危险。

然而,在我国定州东亭区西四旺村,却发生了一件奇事。在一次雷击中,一个达数十万伏的炸雷进入一个叫赵普的农民家里,人们猜测,这下子赵家夫妇非被炸个粉身碎骨不可。但是,遭受巨雷劈轰的两位老人非但未被劈死,相反的,却“治”好了已缠身多年的老病。

事情发生在1988年9月30日晚上9点钟左右。已经67岁高龄的赵普伺候患病多年的老伴睡下了。这时候,屋外下起雨来,雷声大作。突然,窗外一道耀眼的闪电闪过,接着,一个紫红色的盆状火球落到窗下,并伴随着一声震耳欲聋的巨响。

两位老人十分惊恐。只见墙上的电灯开关盒外有一团碗口大的光环缠绕着,已经关闭了的电视机屏幕一片白光,再抬头望屋顶,那里已被炸开一个大窟窿;墙上的灯、盒等全都不翼而飞,电线和电视天线断为好几截,里面的铜线也不知到哪里去了。赵老汉惊得目瞪口呆,过了很久,才记起床上的老伴来。

那天晚上,同村子里十多户人家的电视机、电扇等都被雷电击毁了,只有赵普老汉家的电视机竟然完好无损。

更为奇怪的是,赵普老汉的老伴长年患偏头痛和腰腿痛,走起路来手脚直打哆嗦,平时除了每天服药外,晚上睡觉前还要人踩腿捶背很长时间才能入睡。赵普老汉也患有头疼病,已服了好几年药也不见好转。但是自那天晚上被雷电袭击以后,老两口的头再也不疼,腿再也不麻,手脚也不再打哆嗦,身上患了十多年的老病全好了,仿佛换了个人似的。

人们都感到很奇怪,但又不知为什么。

电话机人

在西德,有一位名叫伊丝雅的妇女,脑袋突然变成了一部电话机。

那是一个雷电交加的早上,34岁的伊丝雅送丈夫出门上班后,像往常一样,拿起电话机和女友闲聊了起来。突然,一道闪电击中了电话机,将她击昏在地。

她昏睡了一天一夜,第二天早上醒来后,觉得头脑里面有些异样,仿佛听到耳朵里有电话铃声。她把这个奇异的感觉告诉了丈夫,可是她丈夫以为她还未从梦中完全清醒过来,或是和他开玩笑,便没有理会她。伊丝雅急了,她一把把丈夫拉到跟前,十分认真地对他说,这完全是真的,这才引起了丈夫的重视,他让伊丝雅张开口让他看一看。当她把口张开时,令人震惊的奇事出现了:妻子口中竟传出一个男人打电话的“喂喂”声。紧接着,另外一男子打电话的声音又清晰地传了出来:“喂!你们是商会吗?”吓得伊丝雅赶紧将嘴闭上。

更为奇特的是,当伊丝雅刚一闭上嘴,电话声就中断了,后来她发觉,每当自己躺到床上睡觉时,脑袋里的电话铃声便随即停止了,而一旦坐立起来,铃声便跟着又响了起来。

由于伊丝雅脑袋里电话铃声不断,她丈夫也想不出什么好办法来,便搬到郊区去住,以为这样可以减少电话铃声,因为郊区打电话的人不多,能减轻些妻子的痛苦和烦恼。但是,伊丝雅脑袋里的电话铃声依然响个不停。

没有别的办法,只好让她成天躺在床上不起来。

头脑中不断地响起电话铃声,使伊丝雅夫妇感到十分痛苦,只好到医院向医生们求援。

当医生们了解了情况后,也感到非常震惊。他们尝试着用各种各样的方法,企图制止伊丝雅脑袋中的电话铃声,然而一点儿效果都没有。

后来,一家医学研究所对她的这种奇特反应进行了研究。一位博士认为,伊丝雅已经成为一部人体电话机。而且最令人惊奇的是她一张口,就如同接通线路一样,立即可以通话,与打电话时拨电话号码完全一样,只不过伊丝雅本人只是担当听筒而已。

至于为什么伊丝雅的脑袋会突然变成一部电话机,专家们至今也未能做出合乎科学的解释来。

不是动物也冬眠

世界上只有青蛙、蛇、熊等一些动物能冬眠。但是,在英国却出了个能冬眠的人,令科学家们百思不得其解。

这个名叫甘纳德的英国人是个渔民。每年从 11 月起,他便沉沉入睡,不吃也不喝,一直到第二年 3 月才苏醒过来,开始撒网捕鱼的营生,过正常人的生活。

科学家们认为,随着科学技术的发展,人类完全能够像动物一样,进入“冬眠”状态,然后再复苏过来。但是,对于甘纳德这种“自我冬眠”的原因,他们又至今还未找到。

有一次,法国一支科学登山队在攀登阿尔卑斯山一座险峰时,意外地发现了一名被埋在冰雪里的青年人。经检查他随身携带的物品和证件,才知道他就是 20 多年前,即 1962 年攀登这座险峰时,遇上雪崩而被埋在冰雪之下的瑞士人韦尔。

他们把韦尔运回法国,将他送进一家医学院。负责研究的丹杜曼博士经过详细检查后说,韦尔全身各种机能由于被冰封,仍未丧失。因此,他与同事们尝试着给韦尔解冻。他们先将韦尔的血液抽出加温,再输入他的体内,韦尔终于慢慢地苏醒过来了。

当时,韦尔已是51岁年纪了,但是看上去却仍像冻僵时那般年轻的模样。

科学家们解释说,韦尔这种现象,实际上是雪下"冬眠"。等到他们全部掌握了一切原因后,就可以使任何一个人也像韦尔一样"冬眠"几十年后再复生了。

猿 女

1989年夏季的一天,人们在缅甸中部原始森林中发现了一名可能是10多年前失踪的少女。她与野生猿生活在一起,由它们养育长大。

这位年约17岁的白色人种少女,靠四肢行走;有着端正的五官,却没有笑容;她拒绝穿戴衣帽,动作和黑猩猩一模一样。

当时,一些猎人为了给欧洲动物园捕获灵长类动物,用网将一批熟睡的猕猴围住,在猿群中意外地发现了这名少女。

一位猎人描述了当时的情景:当我们将网围好后,走近一看,简直不敢相信自己的眼睛,网内竟有一名裸着身体的少女,她和其他猿猴一样,用手抓着猎网,但还是可以看出来,她显然不是猿,而是一个实实在在的人。那女孩子被带出猎网后,因为举止和猿猴一样,十分凶狠,我们只好把她关进笼子里。她在笼内来回走动,像疯子一样。后来我们把两只猿猴放进了她的笼子里,她才渐渐平静了下来。

现在,她已和其他猿猴一样驯良,开始吃些水果和蔬菜了,但还是和猿猴一样,用四肢走路。

后来人们把这个猿女送到附近一家教会医院,努力将她当做人一样来对待,但到目前为止,她仍然没有能够恢复人性。一位护士说:"我们想为她穿上衣服,但她却发疯似的把衣服撕掉了。她力大如牛,我们对她毫无办法。"

有人认为,这个猿女,可能就是1976年随父母从新西兰到缅甸旅行,因车祸而失掉双亲的萨拉·朱金桑。因为当年人们在车祸现场,并没有找到她的尸体,她失踪时,年纪大约5岁左右,与这个猿女的年龄相仿。

至于她是不是那次车祸中失踪的朱金桑,警方则不敢肯定。可惜的是,猿女已经无法证实自己的身份了。因为她除了相貌外,已丧失了人性,在猿猴的养育下,已变成了猿女。

380 万年前的猿人脚印

1978 年秋天,一个国际考古调查团在坦桑尼亚勒埃德地区,即著名的塞伦盖蒂野生动物园附近,发现了几个猿人的脚印,成为近年来考古领域的一件奇闻。

脚印一共有 3 个。一个是幼年猿人的脚印,比较小;另外一个是成年猿人的脚印,长度有 25 厘米左右;还有一个也是成年猿人的脚印,长度与第二个脚印相差不多,脚印的位置与第二脚印有点重叠,脚印后跟印子深,脚掌心不着地部分较明显;第一至第五趾的脚趾呈圆卵形,大脚趾与其他四趾一致向前,而脚趾印都很深。

猿人的脚趾比现代人的略长一些,但比现代类人猿黑猩猩的脚趾要短得多。科学家们认为,这 3 个猿人脚印属于两足直立猿人,是 380 万年前生活在这里的猿人留下来的。由于这里曾发生过多次火山爆发,形成了一层又一层火山灰,火山灰一遇水分,就会像水泥一样凝固起来。这 3 个猿人留下的脚印,正是在火山灰上,遇上天降大雨,火山灰凝固,因此便永远保存了下来。

发现了这 3 个猿人脚印,科学家们揭开了古猿人许许多多的谜。比如,这项考古新发现,把当地猿人生活期提前到了 380 万年前;380 万年前,这里的猿人已经直立行走;他们与现代人及现代类人猿脚构造上的一些相同点与不同点,等等。但是,围绕这 3 个猿人脚印,也留给了科学家们许多尚待揭开的谜,比如:这一带猿人的形成和生活期是否还会提前几万、几十万,乃至几百万年?他们的生理构造与现代人到底有多大差别?他们当时的生活状况如何?为什么只留下 3 个脚印?附近是不是会留下其他更多的脚印或者别的什么?

黄土成因之谜

我国是黄土分布最广的一个国家。黄土,色黄褐,实际是颗粒均匀的、砂粉质的黄色尘土物质,一般由易溶解的盐类和钙质结构组成,比较松散,遇水后极易崩解。我国大西北的黄土高原即由黄土构成。它厚 80 ~ 120 米,最大厚度可达 180 ~ 200 米,覆盖面 63 万平方千米,堪称世界之最。

这厚厚的黄土来自何处？有些科学家认为它们是风成的，它的原籍在新疆、宁夏北部、内蒙乃至远在中亚的大片沙漠。荒漠上干燥气候的机械风化，使顽石崩裂成无数细小石粒，这些大量细小的沙粒，在强大的反气旋、猛风吹扬下，腾云驾雾，万里迢迢来到我国黄河流域一带沉积下来，久而久之，就堆成一片黄土高原。人们发现，黄土的颗粒越往西越粗，这也是风成的一个证据。这一学说还有许多佐证，首先是历史事实，据前汉书记载：公元前32年（汉帝建始元年）4月的一天，"大风从西北起，云气亦黄，四塞天下，终日夜下着地者黄土尘也"。无独有偶，历史在近年来重演了，1984年4月26日，陕西关中地区天色骤然昏暗，空中黄尘纷纷扬扬地飘落，西安市蓝天丽日不见了，街道上汽车得亮着大灯慢慢行车。原来，这场罕见的黄风暴源自南疆，途经甘肃、宁夏，一路上裹挟着大量黄土尘埃呼啸而来，最后在陕西降落。这又给黄土是风成的，黄土来自新疆、中亚的见解提供了一个证据。

然而，不少科学家经过细心考察，否定了黄土是风成的说法。理由有二：一是黄土的分布高度有一极限（高度各地不一），超过这一高度，黄土就不再出现了，这就否定了黄土是风带来、由天上落下的假说；二是人们发现黄土层的底部有一砾石层，而这浑圆的砾石层却是典型的河流沉积物。于是这些科学家认为：黄土是水成的。黄土的原籍在黄河的上源。

此外，对黄土的成因还有各种看法：一种认为黄土既不是风成的，也不是水成的，它的"原籍"就在本地，是"土生土长"的。一种认为，黄土既来自西北、中亚，由大风刮来；又有源源不绝的河流携带而来的；还有本地土生土长的基岩上风化的，它是三种作用共同形成的。至今对于黄土的原籍何在，仍然争论不休。

石油成因之谜

石油是当今世界使用最普遍的能源和最重要的化工原料。然而关于石油的起源，自从100~200年前，俄国两位有名的科学家分别提出了石油的有机成因和无机成因以来，学者们也就分成旗帜鲜明的两大学派，各持一说，至今仍争论不休，难分胜负。

世界上第一个试图探索石油成因的是俄国的罗蒙诺索夫。早在1763年，他就提出了以下观点："地下肥沃的物质，如油页岩、碳、沥青、石油和琥珀……都起源于植物。因为油页岩不是什么别的东西，而是古代从结果实的地方和从树林里被雨水冲刷下来的烂草和烂叶变成的黑土,它像淤泥般沉在湖底……树脂和石油以它们的(重量)轻和树脂的可燃性表明它们的成因也是同样的。"

1876年,俄国另一位著名人物、元素周期表的创始人门捷列夫提出了一个截然不同的观点:地球上有丰富的铁和碳,在地球形成初期可能化合成大量碳化铁,以后又与过热的地下水作用,遂生成碳氢化合物,而碳氢化合物类似于石油。已生成的碳氢化合物沿地壳裂缝上升到适当部位储存冷凝,形成石油矿藏。"碳化说"在上世纪末和本世纪初曾流行一时,但不久因为在地球深处并没有发现大量碳化铁的迹象,而且地球深处也不可能有地下水存在,此说渐渐被人们所否定。

这一期间,天文学家利用光谱分析,发现太阳系某些行星大气层和彗星核部都有碳氢化合物存在。它们显然与生物作用无关。俄国的索柯洛夫即于1889年推出石油成因"宇宙说",认为地球在诞生伊始尚处于熔融的火球状态时,吸收了原始大气中的碳氢化合物。随着地球不断冷却,被吸收的碳氢化合物也逐渐冷凝埋藏在地壳中形成石油。反对者则指出,地球形成的大气成分与现代大气差不多,不可能存在大量碳氢化合物;即使有的话,遇到高温有熔融状的地球也早就分解了。

人们把"碳化说"、"宇宙说"称为无机成因说。还有一种无机成因说,叫"火山说"。持"火山说"的人不多,他们认为石油是火山喷发作用的产物,但世界上位于火山带的油矿毕竟是极少数,这种学说无法解释大量的不存在于火山带的油矿的形成。

到了1888年,杰菲尔继承罗蒙诺索夫的有机成因说,向无机成因说"发难"。他认为所有石油都是海生动物的脂肪经过一系列变化而形成的。不久又有人提出植物残骸在湖或海底受温度压力等影响生成有机质,然后再转化成石油的观点,其中有的强调海生植物的重要性,有的则说陆生植物对石油生成更有利。20世纪30年代,前苏联科学家古勃金综合两家意见,发表"动植物混合成因说",认为动植物的混合物经一系列变化更有利于生成石油。石油有机形成的最新理论认为,形成石油和天然气的有机物包括陆生和水生的生物,而以繁殖量最大的浮游生物为主。它们同泥沙和其他矿物质一起,在低洼的浅海、海湾或湖泊中沉积下来,首先形成有机淤泥,有机淤泥被新的沉积物所覆盖,造成与空气隔绝的还原环境。随着低洼地区不断沉降,沉积物不断加厚,有机淤泥承受的压力和温度也不断加大,经过生物化学、热催化、热裂解、高温度质等阶段,逐渐转化为石油和天然气。

上世纪40~50年代,人们普遍认为石油烃类是沉积岩中的分散有机质在成岩作用早期转变而成的。有人在现代沉积物中发现了与沉积物几乎同时形成的烃类物质,在此基础上提出了有机成因早期成油说,又称“分子生油说”。

60年代,取代“分子生油说”的是晚期成油说。晚期成油说认为,当沉积物埋藏到较大深度,到了成岩作用的晚期,蕴藏在岩石中的不溶有机物质——酐酪根,才达到成熟热解而生成石油,因此又被称为“酐酪根生油说”。

然而,无机成因学派并未偃旗息鼓。1951年,在过去40年中一直是有机成因论者的苏联地质学家库德梁采夫,突然180度大转弯,创立“岩浆说”。他深信地球深处的岩浆中不仅存在碳和氢,而且还有氧、硫、氮及石油中的其他微量元素。它们在岩浆由高温到低温的变化过程中,自会发生一系列的化学反应,从而形成一系列石油中的化合物。然后伴随着岩浆的侵入和喷发,这些石油化合物在地壳内部的有利部位经运移和聚集而形成石油矿藏。

美国康奈尔大学的天文学家高尔德自1977年起,在宇宙说和岩浆说的基础上多次提出:石油来自地球深处,而且早在45亿年前地球形成时就已生成。他反驳有机说的理由是:世界上油矿的规模比其他任何沉积矿体大得多,已查明的油气储量也比原先根据生物成因说估计的高出数百倍之多;最难以解释的是许多油气伴生氦,但生物对氦的浓集不起任何作用;再有,生物作用说明世界油田分布高度集中的现象(指中东)。另外,按照传统理论,花岗岩是火成岩,不可能有油气,可是高尔德预言,瑞典中部一个欧洲最大的陨石冲击坑——呈环状的锡利延地区,系由花岗岩构成,却因有陨石撞击产生巨大裂缝,足以使地下深处的碳氢化合物流到地壳表层。为此,瑞典国家能源局在陨石坑里钻了7口500米左右深的探井,居然都见到了少量天然气,似乎证实了高尔德的假说。

由此可见,现在要对石油的成因下结论,还为时过早。

狗头金由来

狗头金是天然大金块的俗称。1985年,我国四川白玉县发现一块重4.125千克的狗头金,1986年又采得一块重达4.8千克的大金块,这是新中国成立以来我国所发现的最大的自然金块。历史上最大的狗头金,是1872年10月10日在澳大利亚新南威尔士的砂金矿中掘获的,重约285千克,价值超过千万美元!这种自然金块的由来,至今众所纷纭,未作定论。传统的看法以为,巨大的狗头金是产于原生金矿中的大块山金,大风化破碎时被分离出来,继而又被洪水或冰川机械运到低洼地沉积而成。但奇怪的是在开采原生金矿时,从来没有找到过大金块。美国地质调查局最近提出一种新的看法:天然金块可能是由某几种土壤细菌造成的,由于流水中的可溶金即金离子与细菌孢子表面发生化学结合,从而形成"生成晶体金"的基础。然而"百金之王"的金能溶于水吗?据日本希塔金矿的报道,钻机在500米深处发现含金高达228克/吨的热水,这一事实无疑给狗头金成因的探索又带来了新的争论:金在什么条件下能溶于水?什么条件下又能聚集成大金块?这仍是一个待解之谜。

南极暖水湖之谜

探险家们在冰天雪地的南极大陆,发现了20多个湖泊,这些湖泊有的终年不冻,有的虽然湖面上有一层冰冻,但湖水温暖。科学家们对南极这些不冻湖深感兴趣。研究发现,南极湖泊有三类:一类是湖面冻冰,冰下是液态水;另一类是湖面季节性冻冰,夏季湖面解冻,液态水露出湖面;还有一类是在寒冬湖面水也不冻。在南极湖泊中,令人惊奇的是位于干谷的范达湖,它表面虽然有一层3~4米厚的冰层,近冰层水温为0℃左右,但是随着深度增加,湖水温度迅速提高,在60米深的湖底,水温接近27℃。对此,科学家们提出了各种看法,一些人认为,一股来自地壳的岩浆流烤热了湖底的岩层,提高了湖底水的温度。但是,1973年11月在范达湖进行了钻探,钻孔穿过范达湖湖面的冰层、水层,钻入湖底岩层,取了岩心,发现湖底水很暖,但是湖底岩层很冷。有人认为范达湖的水,可能是被太阳晒热的,因为范达湖湖水清澈,湖面冰层没有积雪,太阳的短波辐射可以畅通地穿过冰层和水层,到达湖底,烤热湖盆底的岩石,提高湖底的水温。同时湖面的冰层,又能像棉被那样挡住湖水热量的散发,所以湖底的水可以保持这样的高温。但是人们对这一说法也提出了不少疑问。例如在南极半年的极夜时期范达湖为什么仍保持这样高的水温,而在另半年的极昼时期,它的水温并没有无限制地升高呢?此外,也有人认为范达湖的温水是受海底温泉加热而成的,可是至今也没有找到热泉。有人提出可能湖里存在某种特殊化学物质在反应发热,但至今也未找到这种物质。在这块年平均温度在-25℃、极点最低温度为-90℃左右的世界极寒的冰原中,温水湖的成因,实在是一个谜。

北纬30°线之谜

在地球北纬30°线附近，有许多特别神秘和有趣的自然现象，多少年来，困惑着人们。

美国的密西西比河、埃及的尼罗河、伊拉克的幼发拉底河、中国的长江等著名的河流都在北纬30°附近入海，而地球最高的珠穆朗玛峰和最深的西太平洋马里亚纳海沟，也在北纬30°附近。

在这一纬度上，有许多奇观妙景，令人惊叹大自然的匠心独创。就我国而言，有钱塘江壮观的大潮、被称为“归来不看岳”的安徽的黄山、秀美的江西庐山，四大佛教名山之一的四川峨眉山等，都是世人赞叹的旅游胜地。可是，它也是飞机经常出事的多空难地带，真不可思议。最令人感到神秘的是，在这一纬度上还有许多解不开的自然之谜：埃及的金字塔和狮身人面像、撒哈拉大沙漠中的岩画、太平洋姆大陆沉没、百慕大三角区、我国四川自贡市大批恐龙的灭绝……

为什么北纬30°线这么怪、这么有趣而神秘呢？

对于神秘的北纬30°线之谜，有人认为这是人为制造的。韩林发表文章(《地球》1990年第6期)，认为有许多被称为神秘的地方，严格地说并不在北纬30°附近。他还认为，如果用一把尺子在地图上量，熟悉历史、地理的人会在任何一条纬度线上发现许多“神秘”之处。

他以北纬25°为例，便举出这样一些事例：

有伊斯兰教、佛教、印度教的圣地；

有猿人化石发现地中国元谋；

有百慕大三角区和沉没的大西洲；

有桂林山水、路南石林、滇池洱海、腾冲温泉；

有能传出鼓乐之声的广西融水龙潭，有发现自然铝(含量达96%)的广西贺县……

以上这些地方都偏离25°线不到1°。

如果抛开纬度，在任何经度线(环球)上也都含有许多“神秘”之处，因此，不要把北纬30°线之谜当做什么重大发现而疑神疑鬼。

你同意这样的观点吗？

神秘的罗布泊

早在2000多年前，罗布泊的名称就见诸于我国古代文献之中。成书于春秋战国时期的我国最早的一部地理学著作《山海经》中就对罗布泊作了描述，不过当时把罗布泊称为泽。关于罗布泊，1980年6月发生的我国科学家彭加木在该地考察时失踪的事件，曾经使它名噪一时。的确，在一个多世纪以来中外学者对罗布泊考察探险的历史上，发生科学家失踪的事件，以至出动直升机和现代化装备的搜索部队进行大规模的寻找而一无所获，这是有史以来的第一次。这本身也构成了令人不解之谜，在客观上，也使罗布泊笼罩了一层令人神往的神秘色彩。罗布泊之所以神秘，成为引人注目的自然之谜，乃是因为这个湖泊与我国众多的湖泊有很大的不同，其中最为突出的是它的湖水水量在很短的时间内发生过剧烈的变化，湖泊的位置也相应变动过，甚至连水质也因时而异，这一切奇特的征象使得曾经亲身调查过它的学者和探险家迷惑不解，他们在不同时间见到的罗布泊竟是如此不同，这就不能不因此引起极大的争议。如今，这座美丽而神秘的湖泊经过多次迁移，已变成一片荒凉干旱的盐质洼地了。然而，罗布泊给人们留下的依然是一连串的谜。

尼奥斯湖为何喷发毒气

1986年8月21日，非洲喀麦隆的尼奥斯火山湖开始喷出含有硫化氢的有毒气体，到26日停止喷发。据联合国救灾协调专员办事处宣布，这次毒气事件造成的死亡人数为1746人。于是喀麦隆总统比亚宣布8月30日为“全国哀悼日”，以悼念这次灾祸中的遇难者。自从这次灾难以后，尼奥斯湖引起了全世界的关注。然而，尼奥斯湖为什么会喷发毒气呢？当时人们普遍认为这与火山活动有关。但是以后的调查结果却否认了火山活动说。1987年3月，来自全世界的200多名科学家参加在雅温得举行的尼奥斯湖灾难国际科学讨论会，经过5天讨论后，得出结论：从尼奥斯湖喷出并酿成灾难的气体是二氧化碳；这种气体是从湖底溢出湖面，而不是湖底火山喷发出来的。那么，又是什么因素使本来处于微妙平衡状态的湖水猛然间出现大搅动呢？在那次国际讨论会上，法国和意大利的火山学家认为:这次喷发是由于湖底的水接触到火山口下炽热的岩石,形成一股爆发的蒸气,于是把湖底含有大量二氧化碳的湖水冲上了天。但大多数人认为,实际上只需要某个时候一次轻轻的震动,湖水中的气体便会释放出来。还有人认为,湖水水面由于季节转换而变凉,同下面较暖的水形成对流,也有可能"引爆"。可是以上这些说法都仅仅是猜测,尼奥斯湖今后还会不会泄漏毒气呢?至今还不甚清楚。

博苏姆推湖成因

在非洲加纳的阿散蒂地区,有一个圆锥形的湖——博苏姆推湖。它的湖面直径有 700 米,湖的中心有 70 多米深,四壁向中心陡下,好像用圆锥打出来的一样。它是加纳唯一的内陆湖泊。

对于这个世界罕见的圆锥形湖泊的成因,一直众说纷纭,莫衷一是。人们比较容易想到的是陨石附地爆炸所致,或是由于火山喷发留下的一个火山口湖。但是地质学家通过对阿散蒂地区的调查,并没有发现这一地区有陨石坠地爆炸的任何迹象,也没有发现这一地区在地质史上有过火山活动的记录。

另有一种推测认为,博苏姆推湖是人工开挖的。可是,在直径达 7000 米的大圆上挖掘而看不出凸边或凹边,几乎是不可能的,况且,挖掘出几亿立方米土石方造湖又是出于何种目的呢?对此没有人能做出满意的回答。于是,人们又借助想象:是不是外星人为降落到地球上来的飞船,精心地构筑了这个识别标志?一直到现在,博苏姆推湖的成因依旧是一个未解之谜。

"死亡谷"之谜

在前苏联、美国、意大利和印尼,存在着地球上知名的四大"死亡谷"。其恐怖景象各不相同。在前苏联堪察加半岛克罗诺基山区的"死亡谷",长约 2 千米,宽 100 ~ 300 米,那里地势凹凸不平,死寂景象到处可见,令人毛骨悚然。这个"死亡谷"已吞噬过近 30 条人命。有的人认为,"杀人祸首"是积聚在凹陷深坑中的硫化氢和二氧化碳;有的则推断致命的原因可能是烈性毒剂氢氰酸和它的衍生物。在美国加利福尼亚附近的山中,也有一条长达 225 千米、宽度在 6 ~

26 千米、面积达 1400 多平方千米的一条特大的“死亡谷”。1949 年美国有一支寻找金矿的勘探队,因迷失方向而涉足其间,几乎全军覆灭,至今未能查明死因。然而科学家们从多次发生的死亡事件中发现了一个奥秘:这个地狱般的“死亡谷”竟是飞禽走兽的“极乐世界”,据调查统计这里大量繁衍着 200 多种鸟类、19 种蛇、17 种蜥蜴,还有 1500 多头野驴在那里悠悠自得,逍遥自在。相反,意大利那不勒斯和瓦维尔诺湖附近,有两处如前述相类似的“死亡谷”。这里只危害飞禽走兽,而对人的生命却没有威胁,因此意大利人称此谷为“动物的墓地”。印尼爪哇岛上的“死亡谷”更加奇异,在谷中共有 6 个大山洞,每个洞对人和动物的生命都有很大的威胁。每当人或动物从洞口前经过,就会被一种神奇的吸引力吸入洞内,逃脱不得,所以山洞里已是尸骸成堆。山洞里何以会具有这种吸擒生灵的力量?吸进去的人和动物是怎么死的?至今尚无法探索到其中的奥秘。

恒河水之谜

在印度,酒坛节到来之前,恒河畔的四大浴场常常汇集众多的佛教徒,有时竟达 1000 万名左右。他们争先恐后跳入河中沐浴,有的则是投河自杀,想用圣水洗净他们的罪过。因此,每次盛会常有几万人死亡,河中漂满了尸体。同时,河岸上焚尸的火光熊熊燃烧,昼夜不灭,“骨灰”就地倾入河中,这是死者生前的夙愿。由于污染,河水之肮脏和腐臭程度不可名状。可是,就在这极度污染的河中,虔诚的信徒们却把污水当圣水,一边沐浴一边开怀畅饮。奇怪的是,因此而得病的人却很难找到。这引起了科学家的注意,他们检验恒河河水,发现水质良好,其中的细菌也并不危险,科学家有意将可怕的霍乱病菌投入水中观察化验,却发现它们在极短时间内就被消灭了。这是为什么呢?还有待科学家进一步揭开这个谜。

鸣响的格筛龙潭

我国贵州省长顺县睦乡简南村摆拱上院的格筛龙潭,犹如一个巨型“闹钟”,它一年中要鸣响两次,有时一年一次或隔两年一次。鸣响的声音十分悦耳动听，有唢呐声、木鱼声、锣鼓声、笛声和月琴声，而且响起来很有节奏，如优美动听的“交响乐”曲，令众多游客流连忘返。格篩龙潭每响一次，时间多则5天，少则3天，然后就要下五天六夜的瓢泼大雨，洪水暴发，常常淹没大片良田。这种预兆十分准确，当地群众称它为“气象台”。格篩龙潭为什么会定时鸣响，而且其后就是连日阴雨？至今还没有人揭开这种神奇而有趣的奥秘。

巨石之谜

在南半球的澳大利亚，广阔的维多利亚大沙漠中，有一块硕大的岩石。这块岩石周围长9千米、高330米，一块石头就构成了一座大山，堪称为世界上最大的岩石，蔚为奇观。人们不远万里，远渡重洋，来到这浩瀚的沙漠之中以一睹巨石为快。更为奇特的是，这块被称为艾尔斯石的巨石还有奇异的特性，就是会变色，当阳光从不同的角度照射时，会变出许多不同的颜色。澳大利亚旅游局为了招徕游客，让旅游者能欣赏到从清晨日出到中午阳光直射，直到夕阳西下时艾尔斯石颜色变换的奇景，他们在艾尔斯石附近寸草不生的山谷之中，花高代价铺上了人造草坪，建起了简易旅馆，荒漠一下子热闹起来。艾尔斯石如此巨大，对其成因比较一致的看法是，认为这可能是地质历史时期的一个特大的火成岩侵入体，在地球深部的条件下形成巨大的岩体，以后随着地壳抬升，盖在其上部的地层剥蚀殆尽，艾尔斯石就脱颖而出了。但对于艾尔斯石的变色，人们却久久不解其谜，有的地质学家认为这是由于艾尔斯石的“身体”里含有多种微量元素所致，但这种解释并不完满，其真正原因尚需深入研究探索。

复活节岛之谜

在浩瀚辽阔的太平洋东南部，有一个面积仅117平方千米的小岛，却被明显地标注在许多国家出版的世界地图上。这就是智利的复活节岛。

复活节岛又叫伊斯特岛，离智利本土3800多千米。因为它是在1772年4月5日复活节（庆祝基督复活的日子）那天被著名航海家荷兰海军舰队司令雅可布·罗杰文发现的，所以罗杰文司令给它命名为“复活节岛”。

这个岛上没有树木，但有许多举世瞩目的神奇之物：在岛的南部高大石墙残迹后面，矗立着500多尊造型奇特的巨人石雕像。这些石像的重量从4.5吨到50多吨不等，最高的一尊没有完工的巨大石像，重达400吨，仅头上的红石帽就有30吨。此外，还有被称为“天书”的石板，长约2米，上面镌满了人、兽、鱼、鸟组成的方块象形文字。刻字的方法十分奇特，一行从右至左，一行从左至右，前后两行首尾相接，构成“S”形。这种石板目前只剩下25块，上面的文字谁也看不懂。

这样一个小小的海岛上，竟有1000多尊巨大石像，是什么人、在什么时候、抱着什么目的雕刻的呢？要知道，当时岛上的居民还不懂得使用铁器，连最简单的工具都不会使用。还有那么巨大的石像又是怎样搬运的呢？此外，天书上的文字又说明了什么？200多年来，各方面的专家学者进行了大量的实地考察和研究，然而直到今天，人们对复活节岛之谜仍是未能解开。

吉萨金字塔之谜

自古以来，一提及“世界七大奇迹”，人们就会立即想到奥林匹亚的宙斯神像（古罗马的主神）、以弗所的阿苔密斯庙、哈利卡纳苏的王陵、罗德岛上的太阳巨像、亚历山大城的灯塔、巴比伦的空中花园以及吉萨金字塔（埃及法老的坟墓）。可是，这些奇迹保留到今天的，只有埃及吉萨金字塔了。吉萨金字塔建造于4800多年前，三座金字塔并排屹立着。其中规模最大的那座金字塔是胡夫法老的坟墓，传说这座金字塔是用230多万块岩石垒砌而成，所用岩石大约重6848000吨，如果用载重7吨的卡车来运送这些岩石，需要978286辆。像金字塔这样规模巨大的建筑，竟是在4800多年前建造的，这简直令人惊叹不已。因为即使在今天采用最先进的现代机械和技术，能否达到这种建筑水平还是一个问号。金字塔工程的秘密，将成为人们长期研究和探索的“世界之谜”。

环境致癌之谜

我国山西省阳城县境内丘陵山地连绵不绝，组成这些山地丘陵的岩层，在西南部年代较老，东北部年代较轻。其中，古生代石炭纪、二叠纪的一些砂岩、页岩和薄层的石灰岩出露在县境内的中北部一带，静静地伏卧在这丛山之中。

然而,这一些极为普通的岩石,竟和一个十分令人不安的现象联系在一起,即这一条带状地区是我国食道癌发病率最高的地区,其中的固隆乡和次营乡的食道癌死亡率高达2‰以上!食道癌是我国发病率很高的一种恶性肿瘤,在地理分布上,河南、河北和山西交界处的太行山区是高发病区。阳城县正在这个地区内。那么,究竟有哪些环境因素导致食道癌的发生呢?一些地学工作者指出上述石炭二叠纪地层的出露与食道癌的发病有密切的关系,发育在这一地层之上的是一种质地黏的碳酸盐褐土和褐土性土壤,这一地层的下层还有一些黏土页岩和山西式铁矿的分布,是不是这些地层中有某种致癌或诱癌物质?此外,从地貌特征上看,在海拔500~900米之间一些陇岗状和圆丘状丘陵地区的发病率和死亡率最高。地学工作者的分析,为揭开这一地区食道癌致病之谜提供了一条很重要的思路,尽管目前还未最终揭开环境因素致癌之谜,但人们很有希望从这些地学线索中破译出导致食道癌的"密码"来。

海平面"平"吗

人们平时习惯说"海平面"。但近年来,随着海洋调查船,特别是上世纪80年代人造卫星测量技术的发展,人们出乎意料地发现,海平面并不平!甚至在风平浪静时,世界大洋表面也有几十米至百米以上的凸起或凹陷区域,就像陆地上的山峰和盆地一样。只是因为这种海面凹凸是在方圆1000千米以上的广阔水平范围内逐渐变化的,因此不可能被过往的航海者用肉眼观察到。那么,是谁造成了海面的巨大凹陷和隆起呢?有的科学家发现,海面凹凸似乎与崎岖不平的海底地形有关。但是,并不是所有的海面凹凸都跟海底地形一一对应。尤其不可思议的是,我们都知道,水往低处流,然而为什么凸起海域之水不向四周流散,而凹陷海域也没有被四周的海水所填满,始终保持了巨大的凹凸不平的形态呢?有人据此指出,由于海底地形的影响,可使海面低于或高于周围地区约15米。另一些较大的凹凸区域,则可能与海底地壳的重力场分布不均匀有关。有的海底地壳构成物质重,密度大,引力也大,导致海面凹陷;而构成物质质量轻,密度小,引力也小,导致海面隆起。但事实上,这些解释并非完满,目前不少科学家仍在千方百计寻求最佳答案哩。

海水会越来越咸吗

海水是咸的，是因为海水中有3.5%左右的盐，其中大部分是氯化钠，还有少量的氯化镁、硫酸钾、碳酸钙等，正是这些盐类使海水变得又苦又涩，难以入口。那么，海水为什么是咸的呢？其中的盐类物质究竟来自何方？对此说法不一，大致有三种观点：一种观点认为，地球在漫长的地质时期，刚开始形成的地表水（包括海洋水）都是淡水，由于地球上水的循环，使海水蒸发成雨，雨水降落到陆地，水流冲刷侵蚀了地表岩石，岩石中的盐分就溶于水中，这些水流汇成大河奔腾入海，随着水分不断蒸发，盐分逐渐积累使海水变得越来越咸，这是一种"后天说"。另一种观点认为，海水一开始就是咸的，是先天就形成的。理由是，经过相当长时间观测，发现海水并没有越来越咸，海水中的盐分并没有显著增多。还有一种观点认为，海水所以是咸的，不仅有先天的原因，也有后天的原因，不仅有大陆上的盐类不断加入到海洋中去，而且在大洋底部随着海底火山喷发，也会不断地给海洋增加盐类。由此可见，海水为什么是咸的，它会不会越来越咸？这个谜底的揭晓还有待于科学家的进一步探索。

海洋中有"无底洞"吗

我国一些古书多次提及海外有个深奥莫测的无底洞。如《山海经·大荒东经》记载："东海之外有大壑。"那么，究竟有没有这种"无底洞"呢？有趣的是，在希腊克法利尼亚岛阿哥斯托利昂港附近的爱奥尼亚海域，就有一个许多世纪以来一直在吸取大量海水的海底。据估计，每天有3万吨之多的海水失踪于这个"无底洞"。对此，有人曾经怀疑，海洋里的这个"无底洞"，会不会是因当地石灰岩广布，而形成的漏斗、落水洞一类的地形。我国四川省兴文县的石海洞乡，就有一个长径650米、短径490米、深208米的世界上最大的大天坑，当地老乡称之为"天盆"。无论是暴雨倾盆，还是山水骤至，这里始终不积水，而是通过斗底暗河汇入长江水系，通常采用各种检测手段，总能够重新找到消失在漏斗里的水流的踪迹。可是，克法利尼亚岛附近的海底"无底洞"却与此不同，在那里失踪的海水怎么也找不到。为了揭开这个秘密，不少科学家做了"跟踪"试验。结果所有的随水流的跟踪试验品都被无底深渊所吞没。据法国《科学与生活》杂志报道,他们的试验失败了。这个“无底洞”为何没完没了地吞没海水,它的出口在哪里?实在还无法定论。

海底玻璃之谜

我们每天都要与各种各样的玻璃制品打交道,如玻璃杯、玻璃灯管、玻璃窗户等等。普通的玻璃,以花岗岩风化而成的硅砂为原料,在高温下熔化,经过成型,冷却后便成为我们所需要的玻璃制品了。

然而,在很难找到花岗岩的大西洋深海海底,居然也发现了许多体积巨大的玻璃块,这真是一件非常奇怪的事。

为了解开这个海底玻璃之谜,英国曼彻斯特大学的科学家们进行了多方面的分析和研究。

首先,这些玻璃块不可能是人工制造以后扔到深海里去的,因为它们的体积巨大,远非人工所能制造。

有些学者认为,这种玻璃的形成,有可能是海底玄武岩受到高压后,同海水中的某些物质发生一种未知的作用,生成了某种胶凝体,从而最终演变为玻璃。如果这真是属实的话,今后的玻璃生产就可以大大改观了。现在我们制造一块最普通的玻璃,都需要1400℃~1500℃的高温,而熔化炉所用的耐火材料受到高温玻璃溶液的剧烈侵蚀后,产生有害气体,影响工人的健康。假如能用高压代替高温,将会彻底改变这种状况。

由于这个设想,有些化学家把发现海底玻璃地区的深海底的花岗岩放在实验室的海水匣里,加压至400个大气压力,结果是根本没有形成什么玻璃。奇怪的海底玻璃到底是怎样形成的呢?迄今仍然是一个未能解开的自然之谜。

噬人鲨不吃身边小鱼之谜

噬人鲨也许是鱼类中最凶猛残暴的了。因为它皮肤色白,最爱向人发起攻击,不少沿海地方的居民都称它是“白色死神”。

噬人鲨个头很大,体长一般为7~8米,也有长达12米的。它的牙齿很特殊,属于多出性牙系,假如咬碎坚硬的东西时将牙齿折断了,会重新长出新牙来,如果再一次折断,还会再一次长出,一生中可以6次长出新牙来。还有,它的牙齿有好几排,最多的可以达到7排。这些牙齿不仅非常锐利,而且可多达1.5万颗!

噬人鲨能在海中称霸,还在于它有一个功能极佳的肚子。它不需要每天吃东西,经常是三四天才饱餐一顿。这是由于噬人鲨的腹内有一个像胃似的"袋子",这就是它的食物贮藏室。如果它吃饱之后又遇上一只海豚,它绝不会因为肚子已饱而将海豚放走,它会毫不犹豫地把这大家伙吞下肚,贮存在"袋子"里,当它饿了的时候,再把海豚转移到胃里。"袋子"里可贮存三四十条一斤多重的鱼,十几天甚至一个月都不会坏。噬人鲨生性贪婪,当它肚子很饿而"袋子"里又没有库存的时候,会在游过的路上把遇到的东西统统吞下。所以,噬人鲨的"袋子"就像个杂货店,里面什么都有,玻璃瓶、皮鞋、罐头盒等等,应有尽有。这种饥不择食的习性有时会使它们送命。例如,有一艘军舰发出了一枚深水定时炸弹,这枚炸弹刚刚扔下海,突然蹿过来一条噬人鲨将炸弹吞进肚里,不一会儿,水下响起了轰隆声,炸弹在噬人鲨肚子里爆炸了。

在噬人鲨的生活中还有一个奇特的现象,当它在水里游动时,身边经常有许多小鱼,像是它的侍从。这是一些身上有条带状纹的鱼。过去有些科学家认为,这些小鱼跟随噬人鲨是为了吃它剩下的残渣。但后来发现,这些鱼都是自己单独找东西吃的。原来,小鱼们伴随着噬人鲨,既不是充当侍从,也不是等着吃残渣剩饭,而是借着主人的威风来躲避其他敌害的袭击。然而奇怪的是,噬人鲨生性贪婪残暴,但它对身边的小鱼却很友好,经常形影相随,无论它怎样饥饿都不去吃这些小鱼。噬人鲨为什么不吃身边的小鱼?这是一个仍然未能解开的自然之谜。

鲨鱼不患癌症之谜

鲨鱼属软骨鱼纲,是一种鳃裂位于侧面的板鳃鱼类的通称。鲨鱼身体一般呈纺锤形,鳃裂每侧5~7个,有背鳍一个或两个,头部扁平,吻部很长,歪着的尾巴长得上下不对称。全世界的鲨鱼约有250种,仅我国沿海就有70多种。世界各地海洋中都有鲨鱼分布,但低纬度海域是它们的主要栖息场所。鲨鱼的食性很广,海里的浮游动物、贝类、甲壳类、鱼类和海兽分别是不同种鲨鱼的猎取对象。在众多的鲨鱼种类中,真正伤害人的种类并不多,只有性情残暴的双髻鲨、凶猛的鼬鲨和大型的青鲨、锥齿鲨、鲭鲨、噬人鲨等种类在饥饿的时候才会向人发起进攻。而鱼类中个子最大的鲸鲨和个子第二大的姥鲨却性情温顺,它们仍以细小的浮游动物为食,连牙齿也没有,口中只有密集的鳃耙,用以滤取海水中的细小食物。

近年来,许多科学家对鲨鱼进行了深入的研究,发现鲨鱼有着一些奇特的习性。比如:鲨鱼对电刺激极为敏感,它们能测出水中的电流,而且还能利用电流导航;鲨鱼的听力范围的低频区的最低点,远远低于人类的听力所及的限度;鲨鱼的嗅觉更是十分灵敏,它们不仅能够闻到远处极微弱的血腥味,并立即向受伤流血的鱼类或人类发起进攻,而且还能嗅出海水中其他的一系列微量化学物质。

过去,人们认为鲨鱼的视力很差,现在已证明这一看法是不对的。实际上,鲨鱼的眼睛对光线的敏感要比人的眼睛强 10 倍还多,它能看见的东西通常都是在焦点以外的。鲨鱼也不像人们传说的那样愚笨,而是比较“聪明”的,通过训练也能学到一些简单的动作。鲨鱼行动的方向也是极为有趣的,在大多数情况下,它们坚持着严格的群体秩序。它们的群体中有“首领”,有“部下”,有爱嫉妒的雄鲨,也有怕羞的雌鲨。在游动时,它们有着固定的路线,一般来说,地位低的鲨鱼都要把右行道让给它们的长辈们。鲨鱼的进食也不是杂乱无章的,它们总是根据一定的生理节奏来进行觅食和休息等活动。在鲨鱼世界中,还有着许多的谜等待人们去揭示。

最近,加拿大、美国和日本的科学家又对几种鲨鱼进行研究,以揭示鲨鱼为什么不会得癌症之谜。因为,即使使用大剂量的化学致癌物质,鲨鱼身上也不会形成肿瘤。目前,所有的解释都是假设的。一些科学家认为,是鲨鱼体内大量的维生素 A 保护了它们。另一些科学家则认为,鲨鱼之所以不得癌症,是因为它们体内含有活性酶,而其他动物体内的活性酶已在进化过程中逐渐消失了。如果这个假设能够得到证实,同时又能够成功地找到这种酶素的话,那么,人类就找到了非常有效的抗癌药物。

鲨鱼救人之谜

1986 年 1 月 5 日,到南太平洋斐济群岛旅游观光的美国佛罗里达州立大学教育系学生罗莎琳小姐,从马勒库拉岛乘轮渡返回苏瓦。轮渡在海上航行了约半个小时,罗莎琳忽然听到有人高声喊叫:“船漏水了!”顿时船上乱作一团。罗莎琳急忙穿上船上预先准备着的救生衣,和两位一起去旅游的同学挣扎着爬上了一条救生艇。这条救生艇上挤着18位逃生者,由于人太多,小艇随时有翻沉的危险。小艇在波涛中颠簸了两三个小时以后,远处出现了一线陆地。心粗胆大的罗莎琳率先跳入海中,她回头高声喊道:“胆大的跟我游过去,陆地不远了,不要再坐那该死的小艇了!”接着就有七八个人跟着她跳入海中。这时她看了一下手表,时间是下午4点05分。

在学校里,罗莎琳是出色的游泳能手,但海里浪头太大了,她无法发挥自己的特长,只好让水流带着她往前漂。

罗莎琳在海上漂泊了几个小时。暮色渐渐地笼罩着海面,一轮明月冉冉升起。忽然,她看到远处一根黑色的木头迅速地向她漂过来,很快她就看清楚原来是一条八九英尺长的大鲨鱼!罗莎琳惊恐万分,她感到自己已死到临头了,不禁伤心地哭了起来。

鲨鱼狠狠地撞了她一下,然后就张开大口向她咬了过来。但奇怪的是它没有咬着罗莎琳的身体,而是咬住了她的救生衣,用那尖刀般的牙齿将救生衣撕碎。这条鲨鱼围着罗莎琳团团转,还用尾巴梢去扫她的背。突然又有一条鲨鱼从她的身底下钻了出来,随即在她的周围上蹿下跳,最后竟潜下水去在她的身下浮了上来,这时罗莎琳才发现她竟莫名其妙地骑在这条鲨鱼背上,就像骑在马上似的!

第一条鲨鱼还是在她身边兜圈子,接着她骑的那条鲨鱼又悄悄地溜走了。随后这两条鲨鱼又从她的左右两边冒了上来,把她夹在中间,推着她向前游去。

到天亮的时候,这两条鲨鱼仍然同她在一起。这时候罗莎琳似乎意识到它们为什么要这样做。原来在这两条鲨鱼的外围还有四五条张着血盆大口的鲨鱼在转游,它们的眼睛始终在盯着她,口中露出一排排尖刀般的牙齿。每当那几条鲨鱼冲过来要咬她时,这两条鲨鱼就冲出去抵御它们,把它们赶走。要是没有这两个“保镖”,罗莎琳早就被撕得粉碎了。

当暮色再一次笼罩海面时,这两条鲨鱼还一直在陪伴着她。突然她听到头顶上有嗡嗡声,抬头一看,是一架救援直升机。直升机上放下了救援绳梯。她抓住了绳梯,用尽全身之力爬了上去。爬上直升机后,罗莎琳从半空中低头往下看,那两条救命鲨鱼已消失得无影无踪。

罗莎琳被送往医院治疗。她后来得知,这个海区经常有鲨鱼出没,其他跳入海中的人都已失踪,显然都已葬身鱼腹了!

鲨鱼,自古以来就被认为是人类在水中的最凶恶的敌害。可是,竟然会有两条鲨鱼拯救了一位落水的姑娘,并保护着她免受同类的伤害。这真是一件不可思议的事!为什么这两条鲨鱼会救人呢?难道它们对人类有着某种特殊的感情?或许是它们把罗莎琳当做了自己的同类?这一离奇事件给海洋生物学界留下了一个难解的谜。

海底洞穴壁画之谜

不久前,法国业余洞穴探险者在地中海一个景色优美的小海湾苏尔密乌发现了一处海底洞穴壁画,石壁上有6匹野马、2头野牛、1只鹿、2只鸟、1只山羊和1只猫,形象栩栩如生,可谓艺术珍品。这一海底洞穴古迹的发现,说来颇富传奇色彩。

1985年,洞穴业余探险者亨利·科斯克为了探索沉睡在苏尔密乌海湾的古代沉船的遗物,专门购买了一艘长14米的拖网渔船"克努马农"号,开始了他的水下探险活动。一天,他在水深36米处的岸壁上发现了一个隧道口。正当他试图潜入时,随身携带的照明灯熄灭了,加上海水浑浊,看不清周围的景物,不得不暂时中断探索。5年后的1990年,科斯克又找到了隧道口,进到了隧道尽头的洞穴,借助手电的光束,他看到了洞穴的石壁上有手的印迹。他决心探个究竟,特邀了卡西斯潜水俱乐部的6个伙伴组成了以科斯克为队长的水下探穴队。

7月29日,7名水下探穴队员乘坐"克鲁马农"号船,在海底隧道口前面的海上抛锚停泊。他们穿戴好潜水装具,下潜到36米深的海底,找到了那个隧道口。虽然水下隧道狭窄蜿蜒,海水昏暗难辨方向,还有海流夹带泥沙的阵阵冲击,但他们坚强地克服了这些困难,潜游约20分钟,终于顺利地通过了长约200米的水下隧道。当他们浮出海面时,一个令人目瞪口呆的奇观便呈现在眼前:在这高出海平面4米、直径约50米的洞穴里,千姿百态的钟乳石首先映入眼帘;在灯光的照耀下,石壁上的3只手印清晰可见;还有那栩栩如生的动物壁画,简直把人们带进了一个神秘的殿堂。经过一阵高兴之后,他们赶紧拍照、录像。他们不仅为这些艺术品发出同声的赞叹,而且不约而同地产生了一个疑问:这些海底洞穴壁画究竟是史前艺术家的作品呢,还是后人有意制造的恶作剧？为此，他们决定在真假未定的情况下暂时对外保守秘密。

1991年9月1日，发生了有3名业余水下探险者在苏尔密乌海湾失踪的事件。科斯克参加了寻觅失踪者的行动。他迅速潜入这个神秘的洞穴，在石壁下的隧道里找到了3位失踪者的尸体。原来这3名业余潜水者由于缺乏潜水经验，没有携带水下电筒等必需的潜水设备，在黑暗的海水里误入隧道而迷失方向，最后因氧气耗尽窒息而死。科斯克面对着这个海底隧道已被世人知晓的事实，决定将海底洞穴壁画的秘密公之于世。9月3日，他便向马赛海洋考古研究所报告了这一发现，并要求采取措施保护这些壁画。9月15日，科斯克和史前考古学家让·古尔坦带领的水下探险队潜入海底洞穴，采用现代分析仪器对洞穴内的氧气、水、木炭、岸石等进行了调查研究，初步认为洞内的壁画可能是史前艺术家用黑色木炭和红土完成的。据古尔坦分析，石壁上的手印可能是史前艺术家在动物脂肪里混入有色矿石粉末制成油彩，然后将手贴于石壁上，用空心兽骨将油彩吹喷到石壁上，制成了这一杰作。

人们疑惑不解，1万多年前，古代艺术家是怎样潜入这个海底洞穴的？洞穴壁画为何奇迹般地完好如初？有的考古学家解释说，那时正处于冰河时代末期，地中海海平面比今天要低100米以上，苏尔密乌海湾水下隧道无疑是处于海平面之上，人们可以很容易地从悬崖下的隧道口进入洞穴。后来冰河时代结束，海水上涨，海水将隧道淹没，洞穴被密封起来，洞穴内的壁画得以保护，避免了风化和破坏，直到今天。

但是，也有一些人认为壁画完好如初，可能不是1万多年前的作品；而且在1万多年前这一地区是否有史前人类居住也值得怀疑，因为从来没有发现过有关史前人类的遗迹，因而这些壁画很可能是后人的伪作。

海底“风暴”之谜

几年前，科学家们在美国东北部大西洋沿岸的诺瓦斯科特亚南部海域考察时，有两件事使他们大为吃惊：一是从5000米深的海底采集上来的海水，竟混浊得漆黑一团，其混浊程度比一般大洋高出100倍；二是从海底拍摄的照片上可以看出，在平坦的海底沉积物表面出现了一道道有规则的波纹，犹如一阵大风刚刚刮过，水面留下了一片涟漪。在通常是非常平静的深海世界里，出现这种奇异的现象，实在令人费解。

莫非在深海下也出现了“风暴”？为了查明原因，美国的海洋学家和地质学家在诺瓦斯科特亚南部海进行了一次名为“赫伯尔实验”的科学考察。

这次考察采集了海底水样，拍摄了海底照片，测量了海水透明度，并在海底设置了一连串的自记海流计，对底层海流进了长时间的连续测量。

科学家们在“赫伯尔实验”期间又采到了混浊的水样，再次表明实验地区底层海水的扰动确实异常强烈。还发现这里海水的混浊程度随地点、时间变化很大，越靠近海底海水混浊度越大；有一个地点海水非常混浊，可是一个星期后又突然变清了。

实验中还发现这里的海水透明度的变化也很大。有一架透明度仪观察到3次极端黑暗期，每次持续3～5天，黑暗程度达到伸手不见五指，比世界上任何河口、港湾的海水都混、都脏。

科学家们认为，这是由于有一股1千米长的沉积物“云雾”状潜流在海底滚滚奔腾的结果。它犹如刮起的一股海底“风暴”，非常地猛烈，将海底沉积物刮起，使海水变得异常混浊。但是，这股深海潜流为什么如此激烈呢？有的海洋学家认为，这是从附近流来的一支强大的海流——墨西哥湾流左右摆动的结果；另一些海洋学家认为，该海区有一南一北走向的海底隆起，这种上下起伏的地方，使深海水激烈地扰动；还有一些科学家指出，在“赫伯尔实验”区域的南部有水下死火山山脉，这种海底起伏也能够改变海流方向，形成剧烈的涡旋。科学家们的说法不一，有关这支深海潜流产生的原因，仍是一个有待揭示的自然之谜。

海中自转小岛之谜

1964年，从西印度群岛传来了一件令人瞠目的奇闻：一艘海轮上的船员，突然发现这个群岛中的一个无人小岛，竟然会像地球自转那样，每24小时自己旋转一周，并且一直不停。这可真是一件闻所未闻的怪事！

这个旋转的岛屿是一艘名叫“参捷”号的货轮在航经西印度群岛时偶然发现的。当时，这个小岛被茂密的植物覆盖着，处处是沼泽泥潭。岛很小，船长卡得那命令舵手驾船绕岛航行一周，只用了半个小时，随后他们抛锚登岛，巡视了一番，没有发现什么珍禽异兽和奇草怪木。船长在一棵树的树干上刻下了自己的名字、登岛的时间和他们的船名，便和随员们一起回到了原来登岛的地点。

“奇怪，抛下锚的船为什么会自己走动呢？”一位船员突然发现不对劲，大叫起来，“这儿离刚才停船的地方差了好几十米呀！”

回到船上的水手们也都大为惊异，他们检查了刚才抛锚的地方，铁锚仍然十分牢固地钩住海底，没有被拖走的迹象。船长对此满腹狐疑，心想：这是不是小岛本身在移动呢？

这件奇闻使人们大感兴趣，一些人闻讯前去岛上察看。根据观察结果，一致认为是小岛本身在旋转，至于旋转的原因，就众说纷纭，莫能归一了。比较多的人认为，这座小岛实际上是一座浮在海面上的冰山，因潮水的起落而旋转。但真相究竟如何，当时谁也不能断言，只好留待科学家们去研究了。

过了不久，这座怪岛又从海面上消失，不知所终。

带鳞乌贼之谜

乌贼是头足纲动物，广泛分布在世界各地的海洋中，约有600多种，大的种类可长达20米，小的种类只有两三厘米长。乌贼体呈袋形，背腹略扁平，头发达，眼大，有腕(触手)10条，体内有墨囊，遇敌即放出墨汁而逃走。

乌贼一般都是体表光滑，没有鳞片。可是前不久，一位名叫约·尼·尤霍夫的前苏联科学家，却发现了一种身上有鳞片的乌贼。

尤霍夫带领一个科学考察小组，在南半球海域从事调查抹香鲸的摄食对象工作。这工作非常繁琐，他们要剖开一头头抹香鲸的胃，将里面的东西一一清洗、登记、测量和拍照。

有一天，尤霍夫检查一头抹香鲸的胃时，突然发现了一条绛红色的乌贼，它的身上披着一层鳞片！它很漂亮，头挺大，身体壮实，比一般乌贼稍长。尤霍夫非常高兴。他从这头抹香鲸的胃中，又找出了几条身上有鳞的乌贼，其中最大的一条长两米左右，腹宽约1米。这些乌贼全都没有触手，这更使尤霍夫感到十分惊奇！

经过仔细的观察和研究，发现这种乌贼并不是全身披鳞，它们的尾腔和一些末梢部分没鳞片。没有鳞片的地方，皮肤很光滑。

这种乌贼的鳞片像建筑物上的绛色瓦片，通过肌肉组织延伸，紧紧地排列在一起。鳞片随着乌贼的生长逐渐增大，数量也不断增加，一条体长29.5厘米的乌贼，全身竟有12465片鳞！每一鳞片内部都有微小的薄层，充满着空气和油,可以说,一片鳞就像是一个微小的气瓶。显然,这种包着空气的鳞甲,可使乌贼的漂浮和行动更加自由。

带鳞乌贼刚孵出时是有触手的,但到成年时它们的触手全都没有了。人们知道,几乎所有乌贼都有触手。乌贼凭借触手猎取食物和御敌防身;游动时触手又是一个个灵巧的"舵",要靠它们掌握方向;雄性乌贼左侧第4条触手还茎化为它的生殖腕。由此可见,触手是乌贼的最重要的生命器官,对于乌贼的生存具有十分重要的意义,很难想象失去全部触手的乌贼能够活下来。可是,为什么带鳞乌贼没有了触手却能生活得很好?它们的触手为什么会退化?这些都还是未解之谜。

人们知道,乌贼的行动比较特殊,别的动物前进速度快,乌贼却是后退速度快。乌贼靠肌肉收缩,把外套腔里的水从漏斗管中喷出,由于水流的反作用,使它飞快地向后离去。可是,带鳞乌贼不是这样。它不靠喷射水流的方式行动,而是像一般海洋动物那样游动。它为什么会这样?这又是一个谜。有人认为,也许是它们生活在海水底层,贴底捕食,属于嗜静动物,不需要快速运动。但这仅仅是猜测而已。对于这种罕见的带鳞的乌贼,人们还很不了解,还有着许多未解之谜。

海龟自埋之谜

在美国佛罗里达州东海岸的加纳维拉尔海峡,人们发现了整个身体都埋在淤泥里的海龟。挖出来一看,海龟竟是活的!奇闻传开,令许多潜水员大惑不解,因为在他们的潜水生涯中,还从来没有见到过这种海龟自己把自己埋起来的怪事。

海龟是海洋中躯体较大的爬行动物,它们用肺呼吸,因此每下潜十几分钟就要浮到水面上换一次气,不然就会被憋死。究竟是什么原因导致海龟自己把自己活埋起来呢?它们全身埋在淤泥里为什么不会憋死?这是它们冬眠的一种形式,还是它们清除藤壶的一种方法?或者是它们在冰凉的海水中自我取暖的一个窍门?面对这一个个谜,人们苦思冥想,不得其解。

藤壶是一种小型甲壳动物,体外有6片壳板,壳口有4片小壳板组成的盖,固着生活于海滨岩石、船底、软体动物以及其他大型甲壳动物身上。专家们观察发现,在一些大个儿的海龟身上也常常寄生着许多藤壶,这既影响它们游泳,又会使它们感到难受。因此,有人猜测,可能是为了要摆脱藤壶,海龟才钻进淤泥。但是,埋在淤泥中的海龟是头朝下,尾巴朝上,它们头部和前半身的藤壶因陷进淤泥较深而缺氧死掉,可后半身和尾部埋得很浅的藤壶却依然活着。这不是解决问题的办法,因此,关于藤壶的猜测就难以成立了。

后来,人们在美国东海岸帕耳姆东南的一个港湾里,发现许多大个儿的海龟也有这种在海底淤泥中"自埋"的习性。当时一个潜水俱乐部的潜水员们正在进行训练。当女潜水员罗丝潜入海底时,发现不远处的淤泥中露出一只海龟的尾部。她游了过去,碰了一下那海龟的尾,于是,那被惊动的海龟慢悠悠地醒来,从泥土中抬起头,抖掉身上的淤泥,仿佛对不速之客很不满意似的,转身游走了。接着,罗丝又看到了一只海龟的尾巴,这是一只特大的雌海龟,它没有沉睡,对罗丝的到来反应迅速,马上搅起淤泥游动起来。罗丝眼前变得一片浑浊,什么也看不清了。这是在27.4米深的海底,水温是21.7℃。不一会儿,罗丝的伙伴们也发现了两只埋在淤泥中的大个儿雌海龟。

但从那次潜水以后,罗丝他们在海底只找到了一些海龟呆过的泥窝,再没有看到一只"自埋"的海龟。这说明,海龟的"自埋"仅仅是一个短时期的现象。要不就是它们将自己埋得太深,使人无法发现。最新的观察表明,海龟在这一地区逗留、"自埋"的时间不长,所以不能认为它们是在冬眠。如果海龟"自埋"的现象经常发生的话,那么由这一现象派生出来的新课题可就更多了。

月相影响海鱼之谜

一些多年在大西洋捕鲭鱼的前苏联渔民,发现他们的捕获量有着周期性的变化:每两周中有一天的捕获量明显地高于平时的捕获量。

前苏联加里宁格勒大西洋海洋渔业与海洋科学研究所的研究人员普·菲杜洛夫认为,这一天的捕获量增高,是由于鲭鱼受到月相影响的结果。

月相,是指人们所看到的月亮表面发亮部分的形状。月亮绕地球转,地球绕太阳转,三者的相对位置时刻发生变化,因此人们从地球上所看到的月亮被太阳照射部分的多少也时刻发生变化。主要的月相有4个:朔月(夏历每月初一,也称新月)、上弦月(夏历每月初七、初八)、望月(夏历每月十五日,也称满月)、下弦月(夏历每月二十二、二十三日)。普·莫杜洛夫经过研究,发现大西洋鲭鱼的捕获量,在每月的新月和满月的日子比其他的日子要多。他又进一步分析了多年来在北海和其他海域捕鱼的资料,发现除了鲭鱼以外,其他许多种海水鱼也受到月相的影响,最大的捕获量也是在新月和满月的日子。

实际上,许多海洋生物都受到月相的影响。如某些牡蛎在夜里 12 点时壳张得最大;螃蟹的活动积极性的波动间隔也是 12 小时。过去,学者们通常认为这些现象只是与月亮的间接影响有关,即只是受潮汐的影响;但现在看来,在有些情况下,月相会直接影响生物活动,即它们会受海洋表面照明变化的影响。我们知道,光对许多海洋生物的活动与生态起很大的作用。晚上,通常是许多鱼类升游到海面觅食的时间,它们对水面的能见度是很关心的。水面照明度好,有利于一些鱼的捕食;但另一些鱼则会因此而吓跑,这些鱼喜欢在能见度低的夜间浮到海面觅食。而海面光的强弱与月相(月亮的大小)有关,是以一个月为周期的。

科学考察还表明,在新月和满月的日子,在一昼夜中,鲭鱼的最大捕获量总是在午夜一点半与白天一点半。为什么会这样?人们还不知道。其他的海鱼是否也是这样?人们也还不知道。人们希望能早日揭开这个自然之谜。这样,渔民们就可安排最佳时间出海捕鱼和下网,更有计划地进行工作,并预测出可能的捕获量。

海猿之谜

正统的人类进化理论认为,生活在 800 万 ~1400 万年前的古猿是人类的远祖,而生活在 170 万 ~400 万年前的南猿和 20 万 ~170 万年前的猿人则是人类的近祖。

于是,这里就存在一个问题:古猿是怎样进化到南猿和猿人的?也就是说,继古猿之后、南猿之前这 400 万年的漫长时间里,人类的祖先是什么样子?它们的生活环境与范围是什么样的?很遗憾,这一时期的化石资料几乎一直是空白。围绕着这一难解之谜,古人类学家和古生物学家对人类进化史中缺少的这一非常重要的环节提出了种种推测和假设。大多数学者认为,无论是古猿还是猿人都是生活在陆地上,这一时期的人类祖先也应当是生活在陆上的树林之中。

然而,在 1960 年,英国人类学家爱利斯特·哈戴教授却提出了不同的看法,他经过对地史的多年研究以后提出了新颖的“海猿”学说。哈戴教授推断,在 400 万 ~800 万年前,非洲东北部大片陆相地区受到海水入侵,浩瀚的海水迫使生活在这里的古猿不得不下海谋生,慢慢进化成海猿。海猿历经沧桑,在海相环境里进化出两足直立、控制呼吸等本领,为以后的直立行走、解放双手、发展语言交流等进化步骤创造了大大不同于其他灵长类动物的重要条件。

哈戴指出,地球上所有灵长类动物的体表都长满浓密的毛发,皮下没有脂肪结构;而人却和生活在海水中的兽类一样,不但皮肤裸露,而且有着厚厚的皮下脂肪。另外,人类胎儿的胎毛着生位置、泪腺分泌的泪液、排出盐分的生理现象等,也明显不同于其他灵长类动物,而与生活在海中的兽类相似。起初,人们认为哈戴的观点纯属无稽之谈。但是,随着研究工作的深入,出现了一些支持这一学说的新证据,人们这才感到有必要重视这一学说。

1983 年,英国科学家戈顿和爱尔默在非洲出土直立猿人化石的地方,研究了和直立猿人化石一起出土的贝类。他们发现,这些贝类都是生长在较深的海底。很明显,如果当时生活在这里的猿人没有出色的潜水本领,它们是得不到这些贝类的。

前不久,澳大利亚生物学家彼立克·丹通教授在对人类和其他哺乳动物控制体内盐分平衡的生理机制进行研究时发现,在这方面,人类与所有陆生哺乳动物大相径庭。陆生哺乳动物自身食盐的需求量有着精确的感觉,因而摄入盐分也极有分寸;而人类对盐分的需求量不但没有感觉,摄入量也毫无分寸。人类这一生理机能竟与海兽相似,这难道是偶然的巧合吗?绝对不是。如果人类在进化过程中不曾经历过食盐丰富的海洋环境,而始终生活在缺盐的森林和草原地区,那么人类自然会具备与其他陆上哺乳动物相同的对食盐需求的机制。丹通教授的这一发现,有力地支持了海猿学说。

1974 年,一支英法联合考察队在埃塞俄比亚境内发掘出了一批十分重要的古人类化石。其中一具被命名为"露茜"的南猿化石,生活在 300 万年前的时代。其肩关节灵活,上臂可以向前向上伸直。传统进化论认为,这种现象是抓攀树枝的证据。而如果真是那样的话,用于抓攀的手臂就应该强健有力,臂骨和指骨也应是相当长。可是正相反,"露茜"的手臂细弱,臂骨和手指骨短小,下肢骨也较短小纤弱,根本不适应攀爬树木的需要。对"露茜"骨骼的这种结构,比较合理的解释只能是这样:生活在水里的海猿,由于水的浮力,它们的四肢无须像陆上其他灵长类那样强健有力;其脚趾细长而弯曲,则是为了适应在海底泥沙上行走的需要;其髋、膝、踝关节转动灵活,为的是在游泳潜水时掌握方向,控制速度。

另外,"露茜"的骨盆特征也与海洋哺乳动物的骨盆特征相似。"露茜"的骨盆粗壮结实,而且又宽又短,似乎与其细弱的下肢很不相称。然而,正是由于这一点,才进一步佐证了由于水的浮力,海猿无须完全靠下肢来支撑其全身重量,致使下肢没有得到充分的进化。

尽管科学家们目前尚未在地层中找到海猿学说的直接证据——海猿化石,但是可以相信,有朝一日,人类终会解开这一老祖宗的起源之谜。

太平洋"墓岛"之谜

在南太平洋波纳佩岛东南侧有一个名叫泰蒙的小岛。泰蒙小岛延伸出去的珊瑚浅滩上矗立着一座座用巨大的玄武岩石柱纵横交错垒起的高达4米多的建筑物,远远望去怪石嶙峋,好像是大自然留下的杰作,近看又仿佛是一座座神庙。这就是太平洋上的"墓岛"。据说它们是波纳佩岛上土著人历代酋长的坟墓,大大小小共有89座,散布在长达1100米、宽450米的海域上。它们之间环水相隔,形成了一个个小岛礁。

当地人把这一巨大的石造遗迹叫做"南马特尔",按波纳佩语有两个意思:一个是"众多的集中着的家",另一个是"环绕群岛的宇宙"。这些遗迹一半浸没在海水之中,为此,人们只有在涨潮时才能驾着小船进入;退潮时,遗迹周围露出了一大片泥泞的沼泽地,小船根本进不去。与同在太平洋上的复活节岛的石像相比,南马特尔遗迹鲜为人知,但它那充满离奇的传说,使它蒙上了一层神秘的色彩,而它是怎样建造起来的,更是一个难以解开的谜。

据当地人说,这些古墓的来历,从来没有文字记载,而是完全靠口授,从当地酋长的世系中一代一代地口头传下来。口授的内容,只有酋长本人和酋长的继承人才知道,且不得向外人泄露,否则就将遭到诅咒,死神将降临到他们的头上。

在二次世界大战期间,日本人占领了波纳佩岛。日本学者杉浦健一教授曾利用占领者的权势,强迫酋长说出古墓的秘密,几天后,酋长遭雷击身亡。那位杉浦教授正打算将记录的古墓秘密整理成书出版,也不幸突然暴死。后来杉浦家族委托泉靖一教授继续整理出版,奇怪的是泉教授不久也突然暴死,从此再也无人敢去完成死者的一这遗愿。

类似的怪事早在1907年德国占领波纳佩岛时也曾发生过。据说当时波纳佩岛第二任总督伯格对南马特尔遗迹发生了兴趣,根据酋长的口授对伊索克莱尔酋长的墓进行发掘,可是下令还不到一天,总督就突然暴死。19世纪时德国考古学家长伯纳曾到波纳佩岛发掘文物,结果同样遭到暴亡的下场。

为了解开南马特尔遗迹的建造之谜,近年来,不少欧美学者到波纳佩岛做过调查,他们都认为,这项宏伟工程远非当地人力所能完成。整个建筑用了大约100万根玄武岩石柱。这些石柱是从该岛北岸的采石场开凿,加工好后用筏子运到墓地的。学者们估计,如果每天有1000名壮劳力从事这项工作,那么光是采石就需要655年,将石料加工成五边形或六边形棱柱需要200~300年,最终完成这项建筑总共需要1550年时间。波纳佩岛现有2.5万人,而在建造古墓时人口还不到现在的1/10。据此,1000名壮劳力实际上是该岛的全部劳动力,而为了生存,还得用一部分人去从事农业和渔业劳动。据用碳十四对遗迹进行年代测定,表明该遗迹是在距今约800年前建造的。因此,学者们设想,这项工程不可能凭借人力来完成。

美国的一个调查小组经过详细调查,认定南马特尔遗迹是在公元1200年前后建造的。公元13世纪初是萨乌鲁鲁王朝统治波纳佩岛的时期。所以美国调查组设想环绕海岛的南马特尔遗迹也许是作为王朝的要塞修建的。萨乌鲁鲁王朝创始于公元11世纪,经历了200多年就灭亡了。因此,在这样短的时间内就完成了南马特尔建筑,怎么也不能使人相信。于是,南马特尔建筑也就成了一个至今尚未解开的谜。

动物撒谎之谜

新的科学研究向人们揭示了一个非常有趣的现象,那就是在自然界生活的动物会常常撒谎,从中取利。

比如,大森林里的一只黑猩猩向其他的同伴表示,附近有香蕉,而它却不动,但是当其他猩猩向“有香蕉”的地方摸过去以后,这只黑猩猩就站起来,独自向真有香蕉的地方摸去,饱餐一顿,这种声东击西的手法,足以说明它的狡猾。

还有飞虫类,雌性的萤火虫要吃掉雄性萤火虫时,会施展自己的萤光,一闪一闪的,告诉异性准备交配,异性被吸引住了,赶忙追上去求爱,但是却被雌萤火虫吃掉了。

动物王国里的这类事情很多,充满了奇趣。以前的人们认为,动物的智力不足以构成什么策划能力,事实却正好相反。

动物思维之谜

在动物与人类共存的过程中,除了人有思维外,动物是否有思维的问题,一直是动物学者们探讨和争论的热点。

如果说动物没有思维,但在实践上,很多动物的行为表现却好像受到大脑的指挥。比如马戏团里的狗、鹦鹉、马、黑猩猩等,为观众表演节目,会像演员一样表演得准确无误。骑兵在打仗受伤落马后,他的战马并不弃他而去,而是在他的主人身边转来转去,好似在想办法救它的主人。有一家人养了一只猫,它会记住主人上班的时间,每天早晨一到这个时间,它都会把主人弄醒。因此,他的主人说自从有了这只猫他没有迟到过。另外,信鸽会送信,大鹅会看家。

这些家畜家禽同人接触多,受过训练。可在野生动物中,有的动物根本未受过训练,但它们的行为表现好像是通过大脑思维后才做出的。比如海豚搭救遇难的船员,它们为什么要救船员?没有经过思索能办到吗?

再如大象群如果有同伴死了,它们会集体为它"下葬",先挖坑,然后将死象埋掉。象的复仇心很强。有一家动物园里的雄性大象因不听话而被主人打过,它记恨在心,伺机复仇。有一天机会终于来了,它拉了一堆粪便,主人看见后立即拿扫帚簸箕进去为它打扫,它趁机用长鼻将主人顶死。非洲的一只小象亲眼看到它的母亲被猎人杀死后,它被捕捉卖到马戏团里当了"演员"。以后它渐渐地长大了,但杀害母亲的仇人它一直没忘。它利用每场演出绕场的机会巡视着观众。有一天,当它绕场时终于发现了那个仇人,它不顾一切地冲到观众席上,用长鼻将仇人卷起摔死在地上。

北京动物园的一匹雄野马,有一天看到饲养员打破以往先喂它的惯例,先去喂隔壁的野驴时它即刻发怒了,用它那有力的蹄子踢门,示意饲养员先喂野驴不对。当饲养员过来喂它时,它又踢又咬。野马的所作所为是否有过简单的思维呢?

一只海鸥会帮管理人员拦挡游客免进禁地。有人看到猫头鹰在找不到树洞做窝时,会乘喜鹊不在时偷偷占据树洞归己所有。

总之,在动物界中,有很多动物行为接近于人类。它们是否有思维,尚待科学家进一步去研究。

骆驼耐渴之谜

被称为“沙漠之舟”的骆驼，有惊人的耐渴能力。这种特殊的能力是人的10倍，是驴的3倍。在不喝水的情况下，骆驼可以在沙漠里走45天。

骆驼为什么能这样耐渴？令人感兴趣，又令人费解。有人认为，它有贮水的水囊，可解剖时又找不到；有人认为，它体内可以自己“造水”，那么，是用什么“造”呢？

有人提出，骆驼耐渴与其脂肪分布有关。它的脂肪大部分集中在背部和驼峰上，形成“隔热层”，能减少体内水分蒸发，又能散热，使体温不致升高。

最新的看法是，骆驼血液中有一种特殊的蛋白质，使血液脱水后仍然保持正常而不变得粘稠，这样，它们仍然能正常生存和行走。如果真是这样的话，便可能为仿生学提出新的课题：培植这种蛋白质注入人体，人不就更能适应各种恶劣的环境了吗？

动植物共存互益之谜

植物与动物之间，有的是你死我活的斗争，如动物吃植物，人们能看到的例子很多，这已不是什么新鲜事了。有的植物为了抵御动物的攻击，生长着锐利的刺或毛；有的则放出怪味、臭味甚至有毒气体；有的植物还敢于“捕食小动物”，如毛毡苔和狸藻等植物。

可是，植物与动物之间还存在着一种“友谊”关系，如大象给大王花植物传播种子，蜜蜂给无花果传粉。这只是“友谊”的一个方面，还有一种共存互益和更为亲密的“友谊”呢。

法国植物学家埃尔马诺·来翁1931年在古巴发现了一种棕树，并定名叫蝙蝠棕。树高15米左右，树干直立高耸，树顶集生着许多能庇荫的又长又大的羽状复叶，形成下垂潇洒的伞状树冠。由于它枝叶繁茂，白天枝叶间藏匿着成千上万的蝙蝠，夜幕降临，蝙蝠纷纷出窝找食，第二天早晨又重新回棕树栖息。就这样长年累月地往返，树下周围已覆盖了9寸左右厚的蝙蝠粪便，成为蝙蝠棕树生长的最好肥料。蝙蝠和棕树之间，它们结成长期共存友好的“感情”，彼此理解,相得益彰。

更有趣的是,生长在巴西森林中的一种蚁栖树,与我国桑树是同一个“家族”,都属于桑树科。

蚁栖树能“邀请”一种益蚁,并让它住在自己中空的树干里,上面有像笛子上的眼那么大小的孔,益蚁正好从这里出入。在当地,有一种专爱啮食各种树叶的蚂蚁,当它们来到蚁栖树时,益蚁就会群起而攻之,直至把这些害虫全部赶跑为止。益蚁为什么甘当蚁栖树的“卫士”呢?原来,蚁栖树的叶柄基部长着一丛毛,毛中生长着一种蛋白质和脂肪构成的小球,益蚁把这些小球搬回去当做自己的粮食。奇怪的是,不久又可以长出新的小球。这样,益蚁既有“房子”住,又有吃不完的粮食,它们当然会自愿成为蚁栖树的“终身卫士”了。

在自然界中,像这种动物与植物共存互益的“朋友”究竟有多少,它们之间有哪些微妙的关系,仍有待于人类进一步探讨和揭开。

仙人掌类植物多肉多刺的奥秘

仙人掌类植物属仙人掌科,有2000多种,它的叶片退化成刺状、毛状,茎部变成多浆、多肉的植物体。形态变化无穷,千姿百态,有圆的、有扁的,或高、或矮,有的长条条,有的软乎乎,也有柱形直立似棒和短柱垒叠成山,真是形形色色,古怪奇特。

仙人掌类植物为什么会长成这种多肉多刺的古怪形状呢?这是因为仙人掌类植物的老家在南美和墨西哥,长期生长在干旱沙漠环境里,为了适应这种生存环境,多肉多刺的形状主要作用就是为了减少蒸腾和贮藏水分。

大家知道,植物生长需要大量水分,但吸收的水分又大部分消耗于蒸腾作用,叶子是主要蒸腾部位,大部分水分从这里跑掉。据统计,植物每吸收100克水,大约有99克从植物体里跑掉,只有1克保持在体内。在干旱环境里,水分来之不易,为对付酷旱,仙人掌干脆堵住水分的去路,叶子退化了,有的甚至变成针状或刺状(一般把它看作变态叶),从根本上减少蒸腾面,紧缩水分开支。有人做过实验,把同样高的苹果树和仙人掌种在一起,在夏天里观察它们一天的失水量,结果苹果是10~20千克,而仙人掌却只有20克,相差上千倍。另外,仙人掌的多种多样的刺,有的刺变成白色茸毛,可以反射强烈的阳光,借以降低体表温度,也可以收到减少水分蒸腾的功效。

仙人掌类植物一方面最大限度地减少水分蒸腾,一方面却大量贮水。沙漠地带水少,如果不贮备水分,就随时有干死的可能。仙人掌的茎干变得肉质多浆,根部也深入沙漠里,这是它长期练出的另一抗旱本事。这种肉质茎能够贮存大量水分,因为这种肉质茎含有许多胶状物,它的吸水力很强,但水分要想散逸却很困难。仙人掌之类植物正是以它体态的这些变化来适应干旱气候,才得以繁殖生存。

总之,仙人掌类植物的多肉多刺性状的作用就是为了减少水分蒸腾和贮藏水分,是它适应生存环境的需要。至于仙人掌类植物的多肉多刺是否还有其他作用,它的多肉多刺是如何演变的,怎样从沙漠环境下适应人工栽植环境,在人工栽植环境下它的古怪形状有没有退化的可能,红色和黄色花只有靠嫁接才能生活吗?所有这些都有待于人们去研究。

“昙花一现”之谜

昙花是仙人掌科昙花属,原产于南非、南美洲热带森林,属附生类型的仙人掌类植物。性喜温暖湿润和半荫环境,不耐寒冷,忌阳光曝晒。其花洁白如玉,芳香扑鼻,夜间开放,故有“月下美人”之称。据报道本属约有 20 个种、3000 多个品种。昙花引入我国仅有半个多世纪的时间,品种较少,常见栽培的只有白花种,但是“昙花一现”的成语却在我国广为流传,这是由于昙花只在夜间开放数小时后就凋萎的缘故。

昙花究竟能开放多长时间,与当时的气温有一定的关系。一般情况,7 ~ 8 月份多在夜间 9 ~ 10 点钟开,至半夜 2 ~ 3 点钟凋谢,花开 4 ~ 5 小时;如在 9 月下旬至 10 月份开花,则多在晚上 8 点左右开放,至凌晨 4 ~ 5 点钟凋谢,花开 8 ~ 9小时。为了改变昙花这种晚上开花的习性,使更多的人更方便地观赏到昙花的真容,可采用“昼夜颠倒”的方法,使其白天开放。当花蕾开始向上翘时(花前 4 ~ 6 天),白天搬入暗室或用黑布罩住,不能透一点光,从上午 8 时至晚上 8 时共遮光 12 小时,晚上 8 时后至翌晨 8 时前,利用灯光进行照射,这样处理 4 ~ 6 天,即可使昙花在白天开放,时间可长达 1 天。如欲使昙花延缓 1 ~ 2 天开放,可在临近开花的时候,把整个植株用黑罩子罩起来,放在低温环境下,它便可以按照人们预定的日期开放。昙花还有一种特性,不开就一朵也不开,要开就整株或一个地区的同种昙花同时开花,因此,一株栽培管理良好的昙花,夏季往往同时开放几十朵花,开花时清香四溢,光彩夺目,蔚为壮观。

总之,昙花夜间开花是它自身生物学特性决定的,要想让它白天开花,人们一直采用“昼夜颠倒”的技术措施。但是,为什么昙花开放的时间这么短?是体内营养的关系还是另有原因?昙花体内是否有一种特殊的控花激素,致使整株或一个地区的同种昙花一齐开放,这种信息又是怎样传递的?这些问题目前还没有明确解释,有待于人们去揭示。

“起死回生”的圣泉

法国比利牛斯山脉中有个叫劳狄斯的小集镇,镇上有个岩洞,洞内有一股清泉长年累月不停地流淌。泉水以其神奇的治病功能吸引了成千上万世界各地的人慕名而来,这就是闻名全球的神秘的圣泉。据统计,每年约有430万人去劳狄斯,其中不少人是身患疾病、甚至是病入膏肓已被现代医学宣判“死刑”的病人。据报道,在124年中,为医学界所承认的医疗奇迹就达64例。这64例均经过设在劳狄斯的国际医学委员会严格审定。那么,圣泉这种“起死回生”的奥秘究竟何在呢?随着现代医学的不断发展,我们相信,人们一定能剥去圣泉扑朔迷离的宗教外衣,揭示出它的本质,从而解开这个谜团。

1.5亿年前始祖鸟有“四个翅膀”

据美国《科学日报》2007年9月24日报道,加拿大一项最新研究显示,1.5亿年前的始祖鸟竟是四翼飞翔,两个后肢能作为另外两个翅膀飞行。

加拿大卡尔加里大学博士生尼克·隆格瑞彻说:“这项研究是证实早期鸟类具备从树枝等高处滑翔飞行特征的强有力证据,这一特征与飞鼠十分相似。”这项研究与早期鸟类在达到丰羽飞行之前就学会了从树上滑翔降落的理论相一致。目前,该研究发表在近日出版的《古生物学》杂志上。

始祖鸟是生活在距今1.5亿年前类似于乌鸦的动物,外表上它介于鸟类与恐龙之间,它具备鸟类的羽毛和叉骨,但同时它的长尾骨、爪子和牙齿却兼具爬行动物的特征。据悉,首次发现始祖鸟骨骼化石是在1861年,从此科学界展开了关于爬行动物、始祖鸟与鸟类进化链的深入探索研究。

隆格瑞彻使用解剖显微镜对5具始祖鸟后肢羽毛化石进行检测，发现这些羽毛具备现代鸟类飞羽的特征：始祖鸟的羽毛具有曲线轴、自平衡交叠和风向不对称模式，同时构成飞羽的平行羽支要比另一侧的更长。接着，隆格瑞彻使用标准数学模型计算始祖鸟两个后肢是如何形成飞行影响的，他发现后肢的羽毛能使始祖鸟飞行减缓并急速转向。急速转向可提高始祖鸟机动捕获猎物的能力，能有效逃避掠食者追捕和飞越杂乱的树丛。同时，飞行减缓则意味着始祖鸟有更多的时间避开障碍物并安全着陆。

隆格瑞彻推测，后肢羽毛除了促进飞行之外还具有其他重要作用。就如同现代鸽子、三趾鸥和兀鹫一样，始祖鸟的后肢羽毛具有空气制动装置或水平尾翼的作用，它能够控制飞行平衡。

科学家们并不知道在鸟类进化史上具体什么时候开始出现“四翼鸟类”，但是他们认同的一点是，采用四翼飞行必然失去后肢的其他功能，如奔跑、游泳和捕捉猎物。隆格瑞彻最后强调指出，始祖鸟采用多翼飞行的观点已存在一个多世纪，但是很少有科学家会关注。他相信其中一个因素就是人们都倾向于自己所期望的观点，多数人都相信鸟类是不会四翼飞行的，因此，在研究始祖鸟过程中，即使科学家能发现这一特征，最终却是擦肩而过。

3亿年前地球上可能存在大冰期

越来越多的证据表明距今3亿年左右的石炭纪晚期至二叠纪早期，地球上可能存在一个相当大的冰期。

在“第十六届国际石炭——二叠系地质大会”中，国内外许多地质学专家都提出了这一观点。据众多专家多年研究发现，在石炭纪晚期至二叠纪早期将近四五百万年的时间里，海洋生物在全球范围内以冷水动物为主，原来以暖水生物带为主的海域，也随时间的推移由暖水动物向冷水动物渐变；氧同位素所代表的古温度也逐年在全球范围内下降了4℃～7℃。

有科学家认为这一时期的冰期可能同全球性的海平面下降有关，或者同全球性大气温室气体的下降，如大气中二氧化碳浓度的下降有关。有学者甚至提出，这是地球5亿多年以来最大的一次冰期。但也有科学家提出证据，认为陆地植物的表现并不明显。

专家介绍说，大冰期的发现对研究冰期前后生物的演化、植被的埋藏、气候的变幻、洋流的改变都有极其重要的作用,特别是对研究现代工业化导致温室气体的快速上升对全球气候所带来的影响有很大参考价值。

大冰期也叫冰河时代,冰期,冰川期。现在地球上冰川的面积为1497万平方千米,占陆地面积的10%,但在地球的历史上,冰川的面积曾经要大上很多倍,形成大冰期(iceage)。有记载的大冰期一共发生过三次,周期为将近三亿年发生一次。

第一次发生在大约六亿年前的元古代末期,称为震旦纪大冰期,这次大冰期在世界各大陆产生的时间略有不同,当时地球上的动植物还很贫乏。第二次发生在大约三亿年前的石炭纪至二叠纪,这次大冰期主要发生在冈瓦那古陆,其中在南美洲、非洲发生和消退的时间较早,在印度、澳大利亚发生和消退的时间较晚,冰川退却之后,出现大面积的舌羊齿植物群。第三次大冰期就是最著名的第四纪大冰期,也是对现在影响最大的冰期。

1977年日本海怪尸体事件

1977年4月25日,日本大洋渔业公司的一艘远洋拖网船“瑞弹丸”号,在新西兰克拉斯特御奇市以东50多千米的海面上捕鱼。当船员们把沉到海下300米处的网拉上来时,一只意想不到的庞然大物呼地一下和网一起被拉了上来。网里是一具从来没有见过的怪兽的尸体。由于被网套着,看不清它的全貌,于是,他们把绳索拴在怪兽尸体的中部,用起重机把它吊了起来。一股强烈的腐臭从尸体中散发了出来,尸体上的脂肪和一小部分肌肉,拉着长长的粘丝掉在甲板上。船内一片骚动,现在人们看清楚了:这是一个类似爬虫类动物的尸体。尽管已经开始腐烂,但整个躯体却保存得很完整,可以清楚地看到它有一个长长的脖子,小小的脑袋,很大很大的肚子(腹部已空,五脏俱无),而且长着4个很大的鳍。用卷尺测定的结果表明,怪兽身长大约10米,颈长1.5米,尾部长2米,重量约2吨,估计已死去一个月(事后经研究分析,认为已死半年到1年之久)。它既不是鱼类,也不像是海龟,在海上捕鱼多年的船员谁也不认识它。大家发出了惊奇的议论:“这和尼斯湖里的蛇颈龙不是一样吗?”“是尼斯湖的怪兽——尼西吧?”闻讯赶来的船长,见大家在欣赏一具腐臭的怪物,大发雷霆,他担心自己船舱里的鱼受到损失,命令船员们立即把它丢到海里去!幸好,随船有位矢野道彦先生,觉得这个发现不寻常,在怪兽抛下大海之前,拍摄了几张照片并做了相关记录。

消息传到日本，顿时轰动全国，尤其是动物学家、古生物学家们更是兴奋，他们看了照片，进行了分析，认为："这不像是鱼类，一定是非常珍贵的动物。""非常惊人呀！这是不次于发现矛尾鱼那样的世纪性的大发现。""本世纪最大的发现——活着的蛇颈龙。"消息也立刻传遍了全世界，各国报刊都很快转载了照片，发了消息。这件事引起各国著名生物学家极大的兴趣和关注，他们都对此发表了感想和谈话。

把怪兽尸体又抛回大海这件事，引发了人们深深的遗憾和强烈的谴责。尤其是日本的一些生物学家，对此举简直气愤得"切齿扼腕"、"怒发冲冠"，他们指责船长"无知、愚蠢"。日本生物学权威鹿间时夫教授说："怎么也不该扔掉，看来日本的教育太差了，才会发生这样的事。为了2亿日元的商品，竟然把国宝扔掉，简直是国际上的大笑话。"尽管大洋渔业公司立刻命令在新西兰海域的所有渔船，奔赴现场，重新捕捞怪兽尸体，甚至包括前苏联和美国在内的一些国家的船只，也闻讯赶往现场进行捕捞。但由于消息发表之日(7月20日)与丢弃怪物之日已相隔3个月，虽然他们想尽了各种办法寻找它，然而在茫茫的大海里，谁也没能再把它打捞上来。人类可能认识一种新动物的最好机会，就这样遗憾地错过了。

值得庆幸的是，这次发现总算给生物学家们保留下了3件证据：一是怪兽的4张彩色照片，二是四五十根怪兽的鳍须(鳍端部像纤维一样的须条)，三是矢野道彦先生在现场画的怪兽骨骼草图。

照片是从三个不同角度拍摄的。有两张是刚把渔网拖上甲板时拍摄的，网里是那只全身由白色的脂肪层包裹着的怪兽；另两张是在怪兽由起重机吊起时拍的，其中一张是从怪兽侧面拍的，另一张是从怪兽背面拍的。可以清楚地看到，怪兽有一个硕大的脊背，对称地长着4个大鳍，照片中还可看到它腹内已空，整个身躯肌肉完整，只是头部露出白骨，怪兽白色的脂肪下面有着赤红的肌肉。从个头儿大小来看，海洋里只有鲸鱼、巨鲨、大乌贼可以与它相比。但从照片来看，它的头部甚小，与现存的所有鲸鱼类的头骨显然不同，而且颈部奇长，特别是有4个对称的大鳍，这就没有其他海洋动物或鱼类可以与它相提并论了。

阿基米德"死光"之谜

罗马人侵略叙拉古，却发现对方士兵们手里只拿着镜子——然而，就在船要靠近西西里岛时，一道光柱从岸边射来，他们的船顿时烈焰升腾，罗马人成了太阳能“死光”最早的牺牲品。

几个世纪以来，学者们对古代伟大的科学家阿基米德，如何在公元前212年利用聚集的太阳能摧毁罗马舰队，始终争论不休。有历史学家说，当时的人并不了解光学和镜子的知识，这只是一个传说。但是，不久前的一份研究表明，某些古代文明（包括阿基米德的文明在内），已经有了相当发达的光学知识，他们可以制造出望远镜，而且已经掌握了“燃烧镜”的使用。

肯塔基州的路易斯维尔大学科学哲学和历史学教授罗伯特·泰普尔说，他的研究表明，阿基米德的成功，意味着他是现代激光武器——如制导炸弹和导弹之父。

阿基米德大约出生于公元前280年，他以数学技能和能将其用于制造武器方面而著称，但他最为人知的，还是他在浴池中认识到，能用相同体积的水做替换，计算出黄金纯度后，一边大喊“我找到它了”，一边赤裸身体穿过叙拉古城。这就是浮力定律的发现。

泰普尔重译了详细描述古代文明与光学有关的文本，在出版的《透明的太阳》一书中，令人耳目一新地描述了阿基米德利用镜子对付罗马人的过程。那些文本中最古老的是在那次围城300多年之后，由一位叫卢奇安的历史学家和一个名为伽仑的医学家写于公元2世纪的作品。他们利用了那次战斗后不久的文字资料。

泰普尔相信，这些学者读过现在已经丢失的阿基米德同时代人、希腊历史学家波利比阿的著作。他的遗作中对罗马崛起成为世纪主宰的描写，在当时最受崇拜。

对于泰普尔说，铁证来源于后来对阿基米德功绩的重新验证。第一次在6世纪拜占庭首都君士坦丁堡，它被敌舰围困，直到有几十人手持镜子，放火烧了敌舰，他们才算得救。现代科学家也重做了同样的试验。1973年，希腊科学家伊奥安尼斯·萨卡斯决定检验是否能用“燃烧镜”点燃一只船。他让60个水手排队站在码头上，拿着大镜子，把光线反射到150英尺开外的一只小船上，不到3分钟，船就着火了。

牛津大学物理学教授和光学专家保罗·尤尔特说，阿基米德利用当时可得的技术，未必能够把镜子造那么平滑。但大英博物馆保管员最近给一个从古代卡尔胡阿西利亚城出土的玻璃碎片重贴标签时，认识到他们先前以为是小玩意的东西，可能是一个用来矫正近视的精制凸镜。它制造于大约公元前800年，还在阿基米德诞生前大约600年!

澳大利亚的三大“自然之谜”

处于南半球的澳大利亚,是世界上最小的大陆,却又是世界最大的岛屿,自然景色美不胜收。可是有三处景致,神奇得让人们至今都难以解释它们形成的原因。

澳大利亚旅游的象征是什么?10个答案中,会有9个是“考拉”。但是正确的答案是:地处澳大利亚版图中央的一块巨石——艾雅斯岩。澳大利亚人形象地称它为澳大利亚的“肚脐”,这不仅是因为它的地理位置,还因为岩石的表面有许多阿波利基尼岩画,记录着居住在这一带土著族的传说,所以被当成澳大利亚的发祥地。土著人在澳大利亚已有5万余年的历史。他们已与自己的这片土地合二为一,探索到了自己周围的环境、草木及禽兽的奥秘。与大自然的交融贯穿了澳大利亚土著的文化体系,存在于他们的“梦想”、他们讲述的故事及他们那特有的世界上最古老的艺术形式中。整个民族中随处可见的岩石艺术主要表现为颜色、形状及图案的堆集,记录着他们长达5万年历史长河中的传说、图腾及宗教信仰。

但是这块巨石真正神奇之处,既不是“旅游的象征”,也不是“发祥地”,而是它位于浩如大海的沙漠之中,却高达348米,周长9400米,你如果想绕它走一圈,起码得用3个小时!艾利斯岩是目前世界上最大的整块不可分割的单体巨石。它的形成距今已有5亿年历史。面上镌刻着无数平行的直线纹路,形状有点像胡瓜,又像两端略圆的长面包。岩石整体色泽赭红,光溜溜的表面在太阳底下闪烁着光芒,在空寂无物的广袤沙漠上突兀隆拔,直刺苍穹,显得既雄伟壮观又神秘莫测。在澳洲土著人心目中,艾利斯岩是他们顶礼膜拜的“圣石”,因此人们又把艾利斯岩所处的澳洲中部沙漠地带称为“图腾崇拜”的古典地区。即使是今天,到艾利斯岩旅游依旧是困境重重。游客一般从风景名胜艾利斯温泉出发,那里距艾利斯岩还有300多千米。

不用说,你也会发出这样的疑问:茫茫沙漠中,这块巨石从哪里来呢?有人说,这块全世界最著名和最长的独块巨石,是“天外来客”,是世界上最大的一块陨石;有人说,这是地壳板块挤压的结果;还有人根据阿南古人的传说和法则,断定是由土著人的祖先建造起来的……但是真正的科学答案是什么呢?这个问号一直没有人能扳倒。

或许正是这个澳大利亚头号自然之谜的吸引力,去参拜这块大石头的游人至今络绎不绝。亲临这块巨石前,你会感到它真不是能用一个“大”字概括的。土著导游滔滔不绝地讲述那些古老的传说,不仅为这块巨石蒙上了一层绚丽而又斑斓的历史色彩,而且几乎就要使你相信土著人所说的巨石形成的缘由。神奇的太阳也在帮忙,特别是日出和日落时分,这块巨石会变幻出由黛蓝到鲜红、由金黄到鲜红的夺目光彩。无论是步行、骑骆驼、骑电动自行车还是乘直升机,你都能从不同的角度、以不同的节奏,领略到这一“世界之最”的风采。

从澳大利亚的中央来到南端的墨尔本,又一处自然奇观让游人蜂拥而至。那就是大洋路上的十二使徒岩。大洋路是公认的世界级沿海公路之一,蜿蜒飘逸在南太平洋汹涌的波涛和维多利亚州起伏的山峦之间。这条修建于1919年、用于纪念第一次世界大战中阵亡将士的公路,也是回国的士兵用凿和铲历经13年修筑而成的。亲身来到大洋路,你会感受到千年的海浪和海风,就像大自然的斧子和凿子,巧夺天工般勾画出了眼前瑰丽的自然画卷。伦敦桥、拱门岩无不是大自然鬼斧神工的杰作。但是,最让人叹为观止的还是十二使徒岩。屹立在离岸边咫尺之遥的12块巨石,有着摄人心魄的雕琢突兀的美感,而动荡的大海,则赋予了它们生命。夕阳西下,一抹余晖映照在岩石和海面上,勾勒出人间最美的晚景。任何一个面对此情此景的人都难以保持心潮的平静。据说这里的海面曾淹没过500多只帆船。

这12尊从海面上突起的巨岩,每一尊都酷似真人,而且表情各异。有的悲悲切切,有的柔情似水……更为蹊跷的是,巨岩的数目竟与《圣经》中基督的门徒数目不谋而合,都是12个!后人把12尊巨岩视为前世神人的化身,显然是无法解释这些巨岩由来的一种自圆其说。如果圣人都有化身,那比12门徒更“神”的圣人还多着呢。可这12尊巨岩如果不是12使徒的化身,又是怎么形成的呢?通常的解释是几千年海浪的侵蚀而成。可是几百千米长的海岸线,为什么偏偏在这里形成了12尊酷似人像的巨岩呢?

到澳大利亚旅游,首都堪培拉当然不能不去。在从悉尼到堪培拉的高速公路左侧,有一大片一望无际的洼地。原来这就是澳大利亚的第三个“自然之谜”——乔治湖。

它的神奇之处是行踪不定,每隔一段时间就要消失,过些时候又重新出现,而且其消失和再现是周期性的。乔治湖最近一次消失是1983年。从1820年至今,它已经消失和复现过5次。科学家曾对这一奇怪的自然现象进行了多年的研究。有人认为它的消失与再现可能与星球运行有关;有的人认为,它是时令湖,水源主要是河水和雨水,如果当年雨量少,水分大量蒸发,湖水就会干涸,因而它时隐时现;还有人认为乔治湖是个“漏湖”,这个地区地球板块有自动开启和关闭的“特异功能”。要不然,怎么解释湖水会在短时间内消失,甚至连湖中的鱼都无影无踪了呢?现在呈现在我们面前的乔治湖就是个滴水全无的洼地,由于已有整整20年的干涸历史,湖底长起的树都有十几米高!悠闲的羊群在其中吃着茂盛的青草。有谁会知道,那里原本是鱼虾生活的乐园,难怪乔治湖还有个“变幻湖”的别名。只不过变幻的原因一直是个问号,悬挂在探索大自然奥秘的科学家的心头。

巴西现未知蛇类

巴西科学家最近在巴西托坎廷斯州发现了一种长约2米、半水生、长有黑色发亮鳞片的蛇,目前科学界对这种蛇还没有记录。

巴西布坦坦毒蛇研究所科学家弗朗西斯科·弗朗科等人在专门刊登新物种的学术刊物上发表文章,正式介绍了这种爬行动物。弗朗科等人初步考虑将这种蛇称为“黑水蛇”。这种蛇喜欢生活在河流和湖泊中,主要捕食鱼类和青蛙。

弗朗科说:“这种蛇的唾液有轻微的毒性,人被咬后可能出现红肿,需要一些治疗,但并不严重。”

这种蛇最早是在托坎廷斯州一个水库中发现的,至今在巴西只发现了两种相似的蛇,它们的身体颜色都介于奶油色和棕色之间,因此科学家意识到这种全黑的蛇是一个新种类。

白天突然变成黑夜之谜

白天突降夜幕,而在此之前往往是阴云密布。

在晴朗的白天,突然间出现了一段时间的黑暗。它既不是日食,也不是发生在龙卷风之前,而是区域性的暂时情况。这种现象在中国曾多次发生。1944年秋天的一个下午,在我国辽宁省班吉境内,晴朗的天空突然一片漆黑,伸手不见五指,天好像要塌下来似的。人们惊慌失措,呼天喊地。大约1个小时后又恢复了光明,人们才渐渐地平静下来。青岛也曾出现过白天突降夜幕的奇特现象。一天上午11时,阳光高照的天空渐暗,阴云密布。至12时许,黑云压顶,天地间一团漆黑,风雨交加,电闪雷鸣,众多行人措手不及,纷纷避往沿街店铺。街上顿时“万家灯火”,路灯齐放,过往车辆车灯大开。这一现象持续了半个多小时。

伴随“迪安圈”的灾难

“迪安圈”引起人们众多的猜疑。

更多的实践证明,这种奇怪神秘的圆圈总是出现在彭其波尔、罕普什尔郡和威尔郡等几个固定的地方。这些地方经常发生意外事故,不是出车祸,就是飞机失事,并且这些事故总是伴随着怪圈的出现而发生的。“迪安圈”可能已经存在很长时期了,只不过人们没有把这种现象记录下来而已。直到1975年,这种怪异的现象才被人们注意。从有文字记录的资料看来,最早发现这种现象的是英国罕普什尔郡的一个农民,他是在田野里发现这种奇怪的圆圈的。当时,那些被压倒的植物也是按照顺时针方向倒伏的。

超自然的沈阳怪坡

神奇的怪坡是一个长为80多米、宽约15米的西高东低的斜坡,位于沈阳市新城子区清水塔镇帽山西麓,它的怪处在于:当您把汽车开到坡下熄火停车后,会惊奇地发现车在自动地向坡顶滑行。骑上自行车感觉会更奇妙,上坡不用蹬,车会飞快地滑向坡顶,下坡却要用力蹬。

怪坡面世后,吸引了众多的国内外游人,这里逐渐形成了以怪坡为中心,有20多个景点的风景区。自然景观除怪坡外,还有响山、嗡顶、“五岳”、“三湖一泉”。人文景观有10多处,既有古老的寺院“鹏[illegible]寺”、“七眼透龙碑”,又有现代惊险刺激的“同心索桥”、“游艺射击场”。

大象能用脚来倾听

科学家最新研究发现，大象能用脚来"听"其他大象所发出的声音，而且，如果声音来自它所认识的大象的话，它还会作出回应。

20 年前科学家就曾研究发现，大象能够通过发出低频声音与几千米以外的象群进行交谈，而这些低频声音人的耳朵无法捕捉到。

由斯坦福大学医学中心的 Caitlin O'Connell – Rodwell 领导的研究小组认为，大象发出的这些低频声音能够像地震波一样通过地面传播，其他大象能够通过它们十分敏感的脚接收到这些信号。当地面噪音过大时，大象很有可能就是用这种方式进行交流。

O'Connell – Rodwell 的研究小组录下了一段纳米比亚和肯尼亚一群大象在发现了潜伏的狮群时所发出的警告声。然后他们在纳米比亚的水洞里重放了声音中含地震波的那部分，并通过地面传递给象群。结果，象群反应十分强烈，它们先是一愣，然后便是紧紧地聚在一起，并把小象围在了中间。

但是，如果这个声音来自它们越不熟悉的象群，它们所做出的反应就越小。例如，纳米比亚的象群对肯尼亚象群发出的警告声所做出的反应是最小的，显然是因为这两个象群之间互不熟悉。

狼的奥秘

狼起源于新大陆，距今约 500 万年——在人类兴盛以前，狼曾是世界上分布最广的野生动物。狼广泛分布于欧、亚、美洲，狼的记录仅北美就已经达到 23 种，亚种之多，不胜枚举。

狼属于犬科动物。狼机警、多疑，形态与狗很相似，只是眼较斜，口稍宽，尾巴较短且从不卷起，垂在后肢间，耳朵竖立不曲，有尖锐的犬齿。狼的视觉、嗅觉和听觉十分灵敏，毛色有白色、黑色、杂色等，体重一般有 40 多千克，连同 40 厘米长的尾巴在内，平均身长 154 厘米，肩高有 1 米左右，雌狼比公狼的身材小约 20%。

狼基本上是肉食动物，食量很大，一次能吞吃十几千克肉，夏季也偶尔吃点青草、嫩芽或浆果,但经常的食物是野兔、鼠类、河狸,间或还能捕到小鸟。

狼雌雄同居,成群捕猎。狼的最大本领是利用群体的作用,捕杀比它们大得多的草食动物。每个狼群中都有一定的等级制,每个成员都很明确自己的身份,因此相互之间很少发生仇恨和打架的行为。相反,在围捕猎物和共同抚幼方面,还表现出一种友爱与合作的精神。

从历史资料看来,虽然在欧洲有大量的关于狼侵害牲畜、攻击人类的记录,但在狼群汇集的北美大陆,却几乎没有狼攻击人的记录。

远古的人们把狼的形象画在石壁上时,心中充溢着惊奇。爱斯基摩人和印第安人很早就认识到狼的优秀特质,许多印第安部落还把狼选作他们的图腾,他们尊重狼的勇气、智慧和惊人的技能,他们珍视狼的存在,甚至认为在地球上,除了猎枪、毒药和陷阱,狼几乎可以和一切抗衡。

追溯远古,我们的祖先对狼充满敬意。上古时候,人们相信捕食动物为生的兽类属于另外一些种族,它们身上存在着令人崇拜的神奇力量,人类毫不怀疑地把自己的部落看做是这种或那种神奇动物种族的属员,把它们奉若自己的祖先加以敬仰,把这种动物作为自己部落的标志,这就是所谓的图腾。在各民族的风俗习惯里至今仍可找到狼图腾,如:居住在北美西北海岸的印第安族特林基特人以及大湖东南的伊罗克人当中有“狼”姓氏族;土库曼族里 11 个部落以狼作图腾;乌兹别克人以狼为祖续写家谱;白令海一带因纽特人的武器和用具上,甚至在人的面部上都涂有各种图腾,为数最多的是狼,然后才是隼和乌鸦。几十年以前还保持着氏族形式的乌兹别克人虔诚地相信,狼(祖先)会使他们遇难呈祥。为了减轻妇女分娩时的痛苦,他们把狼颌骨戴在产妇手上,或者把晒干研碎了的狼心给产妇灌进肚里。婴儿出生后,立即用狼皮裹起来,以保长命百岁。在小孩摇篮下面拉拉扯扯地挂着据说是可以驱邪除灾的狼牙、狼爪和狼的蹄腕骨。成年乌兹别克人的衣兜里,总是揣着一些狼的大獠牙,随身携带的口袋里也少不了狼牙和狼爪一类的护身符。他们认为,这些狼玩意儿可保逢凶化吉,大难不死。护身符不许买卖,但可以互相赠送。布里亚特人习惯把麻疹病患者裹进狼皮来消灾除病。

古人相信,狼懂人言。如果对狼不尊敬,狼就会施加报复。好些民族甚至不敢直呼狼的大名,以至流传着许多挖空心思的避狼讳的说法。斯摩棱斯克农民碰见狼时会问候:“您好,棒小伙子!”爱沙尼亚人管狼叫“叔叔”、“牧人”或“长尾巴”;立陶宛人称狼为“野外的”;科里亚克人管狼叫“袖手旁观者”;阿布哈兹猎人则称其“幸福之口”。楚奇克人最怕狼的报复,眼看着狼咬死自己的鹿也不敢动狼一根毫毛。布里亚特人冬天用雪、夏天用土撒盖狼血,否则会后患无穷,因为狼是天狗,天狗会降祸人间。雅库特人认为狼是上古乌卢·托依翁巨神之子。科里亚克人承认狼是鹿的东家、冻土带的老爷,不但禁止杀死狼,而且反对任何形式的伤害。北印第安人的神话讲到,狼是主宰动物界的"长者",它可以召集自己的伙伴和同类,命令它们去帮助神话里的英雄。

在中世纪,欧洲的王公贵族喜欢在宫廷中豢养狼,认为狼是了不起的猎手,智勇双全的斗士。后来,为了使狼看上去更威风,人们有意识地让狼与大狗杂交,结果出现了性情变化无常、高大威猛、攻击性特别强的狼狗,它们肆虐于乡村、城镇,恶名却落到了狼的身上,导致今天只有在美国阿拉斯加、明尼苏达州和加拿大的一些地方生活着相当数量的狼。

在欧洲一些国家的传说里,狼被尊为保护神。公元1世纪罗马学者兼作家普林尼·斯塔尔希笔下的狼头能战胜魔力。当时各个庄园的门上都挂一个狼头,以借神威。西西里岛上的居民到了19世纪还在马厩里放一个狼爪子,马病了,就把狼爪子挨在马耳朵上除魔。连死掉的狼,很多民族也恭敬有加。古雅典人有一个规矩,谁打死了狼,谁必须把狼埋葬;亚库梯人对狼尸毫不马虎,他们模仿西伯利亚泰加原始森林居民的葬仪,把死狼裹在干草里,挂在树上,可谓尽心。

在意大利罗马的卡皮托利丘上有一座母狼塑像。相传,古希腊人攻破特洛伊城后,特洛伊人准备到别处重建新城。他们的后裔经过长期漂泊,在意大利定居下来,建立了古代的龙格城。该城统治者努米托尔的外孙罗慕洛和烈姆这对孪生兄弟从一出生就受到篡位的叔祖父的迫害,被抛入台伯河,但他俩大难不死,被水流冲到岸边。一只母狼听到孩子的哭声,就来到河边,用狼奶喂活了他们。后来,一位牧人发现了他们,把他们带回家养育成人。当兄弟俩得知自己出生的秘密后,便杀死了叔祖父,为外祖父夺回了王位,同时决定在母狼给他们喂奶的地方建立一座新城。由于在用谁的名字给城市命名这个问题上两人发生争执,罗慕洛杀死了烈姆,以自己名字的头几个字母(拉丁字母 Roma)作城市的名字,并当了该城的第一个统治者。这样,约在公元前754年建成了罗马城。为了感谢和纪念拯救罗马城奠基人性命的母狼,人们在卡皮托利丘上的神庙里立了一座母狼纪念碑,母狼也就成了罗马的城徽。公元15世纪,又在母狼身下添了两个正在吃奶的孩子的青铜像。神话中说斯拉夫民族的两个大力士瓦利果拉和维尔维杜布是母狼和母熊养大的。母狼还奶大了波斯帝国的创始人基拉、德国民间英雄季特里赫等等。古人相信,被野兽特别是被狼喂养大的小孩尤其健壮、勇敢坚韧、力大无比。在神话和传说里，他们或者是民族始祖，或者是民族英雄，或者是壮士，决不是无能之辈。

人们通过深入研究发现，狼是一种不可思议的动物。从自然历史的进化来看，狼也是世界上发育最完善、最成功的大型肉食动物之一。它们具有超常的速度、精力和能量，有丰富的嚎叫信息和体态语言，还有非常发达的嗅觉；它们为了生活和生存而友好相处，为了哺育后代而相互合作，其突出表现在群体社交和相互关心方面，可以说仅次于灵长目动物。因此它们的活动范围，伸展到山区、平原、沙漠、冻原……几乎遍及全世界！狼的历史比人类还长……从生态学上来说，狼可以控制草食动物的数量，也就是起着维护草原和森林生态平衡的作用，而且它们追捕的对象多是老、弱、病、残，对食草动物本身也起着复壮种群的作用。所以，在自然界中应该有狼；没有狼，就不是一个完整的生态系统。

大自然的鬼斧神工——云南元谋土林

元谋土林位于元谋县境内，距县城 12 ~ 38 千米。

一踏进土林，那千姿百态的造型就仿佛使人进入另一个新奇的天地。有的土柱如锥似剑，直指蓝天；有的像威严武士，整装待发；有的如亭亭少女，凝视远方；有的土柱顶上杂草丛生，间或长有野花；有的砂石垒垒，裸露身躯……当然，各种形态的土柱是混杂分布的，这就使得土林形成了丰富多彩、变化层出不穷的姿态，令人叹为观止。

但只要走进土林，你就会发现这些土林多由沙粒、黏土组成。据科学工作者考察，其中还有丰富的动植物化石，如巨大的栎属性硅化木、剑齿象、中国犀、剑齿虎等等。它们是距今两百万年前早第四纪积淀下来的，沙子和黏土中含有少量钙质胶结物，间或夹杂一些铁质结合体。

由于这些土壤在漫长的岁月中不断吸水、膨胀，失水、收缩，致使地面龟裂，加之雨水沿裂缝冲刷、流动，久而久之，裂缝逐渐加深、扩宽、延长，土柱逐渐显露、增高，因而形成土林。

土柱身上杂有的石英、玛瑙等，显露出来后，在太阳的照射下，放出奇异的光彩。

沙石铺地，向纵深弥漫而去，两边的土林千姿百态，使人恍若来到了一个与世隔绝的仙境。在这片大自然赋予的“丛林”中徜徉，无不被一种深沉的极富历史余韵的壮美所感染。

云南土林分布较广，其中以元谋县的班果、小雷山，以及永德县的土林为佳。它与西双版纳热带雨林、路南石林并称为“云南三林”。

元谋土林主要分布在金沙江支流龙川江西侧，并沿分支水流的河谷、冲沟的边缘而分布，其中规模较大、发育较典型的有班果、虎跳滩(芝麻)、弯保、小雷宰、新华等土林群落。

土林千变万化，有土芽型、古堡型、尖笋型、铁帽型。

世界奇观——元谋土林，以它峻峭、挺拔、粗犷、博大而又雄浑的气韵，让你一饱眼福，神绪驰越。

元谋土林在元谋县有多处分布，面积约 50 平方千米，其中最为壮观的是新华、班果、虎跳滩 3 处，居国内土林奇观之首。土林各具特色，雄奇伟岸，千姿百态。有神乎玄乎的“天方夜谭城堡”，有沉睡多年大梦初醒的“昂首雄狮”，有古埃及的“人面狮身”雕像，有古罗马的“教堂”，更有高大、瑰玮的“从远古走来的元谋壮士”。这些不同造型的土林雕像，伫立旷野，正在做一个个远古的梦，等待着您去唤醒。

土林主要是砾岩、沙土，这两种土都比较贫瘠，不适合植物生长，尽管元谋当地很暖和，也是湿润地区，可是这里的植物非常少，所以雨水一来，就会造成水土流失，久而久之就形成了土林。

其实土林的形成原因和石林是一样的，都是水冲刷的结果。

大自然中 35 个令人不可思议的事实

大自然和人类历史上有许多事情令人不可思议，看起来不像是真的，但却都是事实，这正是大自然的奇妙之处。比如：人说一个字需要动 70 块肌肉；激光消除文身可能引发爆炸；高尔夫球的速度相当于赛车的平均速度；大象鼻子有 4 万块肌肉……美国“发现频道”就列举了一些这样的事实，令人大开眼界而又叹为观止。

1. 近期有记录的海洋中最高的浪高达 21 米，是 2004 年发生在毛伊岛上的巨浪，不过有史以来有记录的最高巨浪却是 1958 年发生在美国阿拉斯加州利图亚湾的巨浪，海浪超过 510 米，比纽约的摩天大楼帝国大厦还高，是由海啸引起的。

2. 一个蚕茧可抽出1000英尺的丝来,而制造一根丝绸领带需要用100多个蚕茧。

3. 人的身体共有650块肌肉,而大象的鼻子居然有4万块肌肉。

4. 一棵最大的软木橡树生产的软木塞可以密封10万瓶葡萄酒。说起软木塞,人被香槟酒瓶塞打死的概率比被毒蜘蛛咬死的概率高3倍。

5. 我们吃东西时能感觉到有酸甜苦辣咸的味道,这是因为我们的舌头上有味蕾,不过味蕾的寿命不长,平均只有10天,舌头上的味蕾有1万个。

6. 人类说一个字需要动用70块肌肉,而机器人Elektro的嘴只需一个继电器操纵就会说话。

7. 银河系中有2.5万亿颗星星,人的身体里有250万亿根血管。

8. 赤脚在火上行走是一项令人心惊胆战的活动,1998年7月2日,一个名叫大卫·韦利的人创下了在火上行走的最长世界纪录,他在燃烧的煤上行走了165英尺,当时的温度最高达到了华氏1300度(约为摄氏704度),这么高的温度足可以让钢熔化。

9. 被从正面击打的高尔夫球的速度可达每小时170英里,这是一级方程式赛车的平均速度。

10. 月球上没有大气层,因为它的地心引力太强大了,所有的气体粒子都被吸附在其表面。由于没有大气层,当一个人试图在月球上说话时,他的话就不会从嘴中传递出去。

11. 有一座叫"圣海伦斯"的火山1980年爆发,岩石崩裂飞出的速度创造了历史纪录,达到每小时250英里,比日本著名的子弹头火车速度还快。

12. 玻璃是一种非常固定的物质,如果让其自然分解的话,需要100万年的时间,所以我们为了保护环境而注意使用玻璃制品,要有回收利用的意识,每回收一个玻璃瓶所节省的能量足可以让100瓦的灯泡亮4小时。

13. 鸟最高的飞行高度达到37000英尺,而商业飞机最高才飞35000英尺左右。

14. 飞机喷出的烟雾占美国烟雾的1%,而一架波音747飞机在起飞和降落时喷出的烟雾比一辆车行驶5600英里排放的烟雾都要多。

15. 苏格兰威士忌的香味由300多种化学物质构成。

16. 一架航天飞机穿越美国只需8小时,速度真是非常快,但跳蚤起跳时的加速度是航天飞机升空时加速度的20倍。

17. 鲟鱼可活100年,体重可达2500磅,相当于一辆小型汽车的重量。

18. 蜘蛛丝比防弹背心里的纤维 B(一种质地牢固重量轻的合成纤维)还要坚固,一根由蜘蛛丝拧成的铅笔一样粗的绳索可以拉住一架飞行中的波音 747 飞机。

19.“阿波罗”号宇宙飞船宇航员在月球上的脚印在 1000 万年后仍将会留在那里,不过,到那个时候,月球离地球的距离将比现在远 357 英里。

20. 有人以文身为美,尤其是一些时尚的小伙子,但煤矿工人常常意外地被文身,当煤灰进入伤口而伤口又愈合了,就成为文身,让他们非常苦恼。如果不小心因黑色火药而导致了文身,用激光进行消除时可引发火药爆炸。

21. 世界上最响的喊叫声达到了 129 分贝,而 130 分贝就会让人感到疼痛并引起耳朵损伤。

22. 人类的心跳平均每分钟是 75 次,一个心脏一年输送的血液量可以充满一个奥运会标准的游泳池。

23. 1 磅炸药可产生 2200 兆瓦的能量,一秒钟引爆 1000 亿吨炸药产生的能量相当于太阳产生的能量。

24. 在古代埃及,尸体变成木乃伊的过程需要 70 天,科学家估计埃及共制作了 7000 万个木乃伊。

25. 狗让耳朵运动的肌肉数量是人让耳内运动动用的肌肉数量的 2 倍,而长颈鹿可以用舌头清洗自己的耳朵。

26. 人类的牙齿的咬合力是 200 磅,而美洲鳄的咬合力达到 2000 磅。

27. 人的耳朵能够承受而不至引起损害的最高声音是 129 分贝,而摇滚乐的音量平均达到 150 分贝。

28. 地球每一秒钟都会遭受 100 次闪电的袭击,一次闪电可以让 100 瓦的灯泡亮 3 个月。

29. 人们常说万里无云,你也许真的发现你头上的天空一望无际全是蓝的,没有一丝云彩,但任何时候,云彩都布满二分之一的天空,不是这里就是那里有云,而一个雨滴是由一百万个云滴组成的。

30. 有些蜗牛一次可以睡 3 年,人的一生睡眠时间平均为 25 年。

31. 直升机的主旋翼叶片每分钟转 300 次,而一只角嘴海雀一分钟拍动翅膀的次数也是 300 次。

32. 一个体重 150 磅的人到月球上的重量是 25 磅,而在太阳上的重量则有 4200 磅。

33. 眨一次眼的时间是 1/10 秒,而一个人平均每年眨眼 420 万次。

34. 如果一艘太空船飞向宇宙黑洞，那么它离黑洞越近飞行的速度就越慢，直到停止，颜色开始变成橙色然后变成红色，最后消失得无影无踪。

35. 将国际空间站完全建成后，其长度有一个足球场那么大，地球上 90% 的人将能够用肉眼看得到它。

地球的高山、土地和海洋

我们生活在一个奇妙的星球上，人类试图征服高山、海洋，以武力劫掠土地。地球的过去将决定我们的未来。

人类曾上过多高的天呢？人类曾入过多深的地呢？让我们先看看现实吧。在一个 3 英尺直径的地球仪上，世界上的最高峰——珠穆朗玛峰的厚度只不过是一张纸而已，而大洋的最深处(菲律宾群岛东侧的马里亚纳海沟)看上去如同邮票上的齿孔。人类曾搭载热气球和飞行器飞上高空，那高度也只比珠穆朗玛峰高一点，但是，等待人类去探索的大气层仍然还有 97%。至于海洋，人类到达过的太平洋深度不及 3%。而且，假如把各大洲的最高峰都塞到大洋的最深渊，珠穆朗玛峰的峰顶还会在海平面几千英尺之下。

高　山

可见，山峰之巅尚不及深海之渊。为什么会这样呢？人类至今还无法解答。

对这些令人困惑的事实，现代科学知识无法做出解释。对地壳的过去和将来，人类还是一无所知。我们已经知道，火山并非那些被认为是地球内部的热物质的喷发口，所以，我们也无需再去研究火山，希望从它那儿找出地球内部构造的证据(人类的祖先曾有过这样的幻想)。如果我的比喻不是特别令人讨厌的话，火山就好比人身的脓肿，尽管腐烂疼痛，但只是一个局部问题，而非身体内部的毛病(由于受当时的科学发展水平所局限，作者得出了这样错误的认识。实际上，火山正是由于地球内部岩浆等高温物质喷出地面而形成的。

世界上的活火山原来有 400 座，但随着岁月的流逝，一部分活火山逐渐丧失了活力，后来干脆就退休，变成了普通山峰。活火山目前大概还有 320 座。

事实上，大部分地壳活动频繁地区都临近海洋，例如日本(据地震监测显示，这个国家每天发生四次轻微火山震动，每年发生1447次地震）就是一个孤立的岛屿之国，马提尼克和喀拉喀托——最近火山爆发最惨痛的牺牲品，都位于大洋的中央。所以，绝大部分的火山都位于沿海地带。由于大多数的火山离海洋很近，人们就想当然地认为，火山喷发是因为海水渗进地球内部，导致强烈的爆炸，使熔岩、蒸汽之类的物质喷发四溢，以致形成了灾难。

可是，后来人类发现，还有一些火山相当活跃，但与海洋却相隔万里之遥，于是，上述的想当然就不攻自破了。另外，对地球的表面，人类又懂得一些什么呢？过去，人们总是把亘古不变的事物比喻为坚如磐石。然而，现代科学对这个比喻并不支持，它告诉人们，岩石不但处在不断成长之中，而且也处在持续变化之中。由于风吹雨打，高山在变矮，以每千年减少3英寸的速度进行，假如这种侵蚀没有反作用力来抵消，所有的山峦早已消失很久了。甚至于把喜马拉雅山脉夷为平地也只要11600万年就够了。

土　地

为了对地表运动有个大概的认识，请拿出半打干净的手帕，把它们在桌子上平整地摆放着，然后从两边用手向中间慢慢地挤这些手帕。你会看到，这堆手帕上形成了一大堆奇形怪状的褶皱，有些凸起如山峰，有些凹进如低谷，有些重叠如丘陵。这些褶曲就像地球的地表。地壳是地球这个庞然大物的一部分，它在宇宙中高速运转时，热量也在不断地散失，随着热量的散失，就会缓慢地紧缩，进而褶曲变形，如同被挤压在一起的一堆手帕。

根据当前最权威的猜想（仅仅是猜想而已），自地球形成之日起，它的直径已皱缩了大约30英里。30英里作为直线距离，也许你会想这并不太长，但是，请不要忘记，我们所面对的是一个巨大的曲面。地球表面积是1.9695亿平方英里，如果它的直径突然缩短了几码，一场巨大的灾难就会出现，这灾难足以把全人类毁灭。所幸的是，自然界的奇迹是一点一点地创造出来的，它精巧地保持着整个世界的平衡。

假如它要干涸一片海洋（美国盐湖就在迅速枯干，而瑞士康斯坦丁湖将在10万年后消失），而在另一个地方她会创造一片新的海洋；当它要把一段山脉磨平（61300万年之后，欧洲中心的阿尔卑斯山就会变得像美国大平原一样平坦），在地球的另一个角落它会再造出一座高山来。这至少是人类的一厢情愿。当然，我们无法观察到地壳运动中发生的细微变化，因为它运动的过程是那么悠长而缓慢。

不过，情况也并不总是如此。虽然大自然本身是一个慢性子，但是，在人类的怂恿和推动下，有时它也快得让人害怕，让人恐惧。既然人已经进化得如此文明，蒸汽机和炸药这些玩意儿被发明出来了，于是，翻天覆地的变化在一刹那间就在地表发生了。如果我们的曾祖能够回来和我们共度佳节，他们肯定认不出这些就是他们曾经生活过的牧场和花园了。由于对森林的贪婪索取，一片又一片山区的绿衣被人类无情地剥光了，连绵青山因为森林和灌木被砍尽而变成了一片太古的蛮荒。随着森林消失殆尽，雨水就把原来牢牢固定在岩石表层的肥沃土壤冲刷得一干二净，狰狞的山脊露出来了，对周边地区构成巨大威胁。

不见了树根和草皮，雨水无处藏身，只好化身为洪流，汹涌地从山顶冲下山谷，在平原上横冲直撞，所过之处，生灵一片涂炭。这绝不是危言耸听。在冰川期，它那神奇的力量在北欧和北美大陆铺上的厚厚的冰雪，在各个山区中留下的危崖，我们还不必去看呢，只需回到罗马时代，去看看那些第一流的拓荒者（难道他们不是古代“最讲究实际的人”吗？）是怎样用了不足五代人的力量，就把那个半岛上所有可以保持均衡气温的条件摧毁了，彻底“改造”了他们那个半岛的气候。在南美洲，勤恳而卑微的印第安人世世代代耕耘着他们的肥沃梯田，但在西班牙人的铁蹄下，这片沃土终于化为荒原。这是发生在眼前的事实，无需多费口舌。

当然，对土著人进行剥削、奴役最简单的办法就是把他们的食物来源断绝掉。

美国政府在这方面堪称“表率”。他们把美洲野牛杀绝了，于是，那些勇敢无畏的印第安战士就被他们轻易地变成了肮脏、懒惰的保留地教化居民。然而，这些残酷愚蠢的措施最终将回过头来惩罚殖民者自己。如果你知道美国大平原和安第斯山脉的状况，就会明白这是美国政府咎由自取。土地是人类生命的源泉。所幸的是，执政者最终认识到了这一问题的严重性。

如今，对这种无耻的侵害土地的行径，各国政府都不再视而不见了。尽管对地表的整体运动，人类是无能为力的，但是，人类能够在一定的范围内对地表进行微小的局部性的改造，让大地多承一些甘露，让绿洲少裹一些黄沙。人类也许对地壳的深处一无所知，但我们对大地的外表至少有所了解。我们能够应用这日积月累的知识去造福全人类。直到今天，人类的家园尚有 75% 的地表——海洋世界是人类既无法居住、更无力改造的。

这一些地表为深浅不一的海水所覆盖。最浅的地方只有 2 英尺，而最深的地方是位于菲律宾群岛以东的世界最深的海沟，深达3.5万英尺。人类把这些海水划分为三部分。最广阔的水域叫做太平洋，足有6850万平方英里之大，另外还有面积为4100万平方英里的大西洋和2900万平方英里的印度洋。除了海洋，还有2000万平方英里的内陆海，以及总面积也达到了1000万平方英里的河流湖泊。无论是过去、将来还是现在，这些水域都不是人类的居所，除非人类也能像几百万年前的祖先那样，再长出一片鳃来。

人类的土地面积总共有5751万平方英里，但在这些人类可支配的土地资源中，还要扣除掉那些无法开发利用的"土地"——500万平方英里的沙漠、1900万平方英里像西伯利亚那样没有多少利用价值的荒原，还有一片相当广袤的地区无法利用，它们或是由于海拔太高（如喜马拉雅山和阿尔卑斯山区），或是由于温度太低（如两极地区），或是由于湿度太大（如南美洲沼泽地带），或是由于森林过密（如非洲中部的丛林地带）。这种土地的危机感使人们相信，假如上帝再把土地赐给人类，我们更会倍加珍惜利用。因此，那浩渺如烟的海洋覆盖了一大片土地资源，乍一看，这似乎是一种巨大的浪费，人类似乎应该因此而懊恼。

然而，如果没有浩瀚的海洋充当蓄热池，人类的生存就是一件很值得怀疑的事情了。地质遗迹告诉人们，在史前时代，地球的陆地面积曾一度相当大，海洋所占面积比现在小得多，但是，那时的地球很寒冷。目前，地球上陆地与海洋的面积比是1:4，这个分配比例是很理想的。只要这个比例不变化，目前的气候就可以长久地维持下去，人类就能够永远地安居乐业。与地壳一样，环绕地球的海洋也在不停地运动着。太阳与月亮的引力牵引着海水，让海水不断地上涨，升高的海水又有一部分在热能的作用下，蒸发成了水蒸气，然后，北极地区的严寒又把它们转化为寒冰。从实用的角度上看，因为大气流（风）影响着海洋，所以它们是影响人类生活的最直接的自然因素。

当你对一盆汤吹气时，汤就会向外荡开去。同样，当一股大气流长年累月地不停地吹向大洋表面时，海水就会顺着大气流吹来的方向向前"漂流"。

假如从几个方向来的几股大气流同时吹向洋面，这些水流就会彼此抵消掉。但是，当风向较为稳定时，就像从赤道两边吹来的风，它们所形成的漂流就会变成真正的洋流。这些洋流对人类的历史产生过重要影响，为人类创造出了一片又一片宜人的乐土。假如没有洋流出现，一些地方也许就会是严寒世界，还像格陵兰岛那样，一片冰天雪地。

海 洋

太平洋中最重要的洋流是日本暖流(蓝色盐洋流),它是由一股从北向东吹来的信风所形成的。在日本海完成了它的使命之后,这条洋流就横跨北太平洋,把它的祝福送到了阿拉斯加,减弱那儿的寒冷,让人类在那儿居住得更加舒适,然后,它又转锋南下,在加利福尼亚创造出了宜人的气候。说到洋流,就不能不提及墨西哥湾暖流。这是一条神秘的洋流,它有50英里宽,2000英尺深。在漫长的岁月里,它不仅把墨西哥湾的温暖源源不断地提供给北欧,还把富庶与繁荣带给了英格兰、爱尔兰和北海沿岸诸国。

墨西哥湾暖流颇富传奇色彩。它从北大西洋涡流发源,而北大西洋涡流更似一种漂流,而不是一种洋流。它是大西洋中部的一个巨大的旋涡,不停地旋转着,把半凝滞的海水卷入旋涡中心,里面裹带着成千上万条小鱼和浮游生物,就像一片藻海。在人类早期的航海史上,这股涡流扮演了一个重要角色。

中世纪的水手们坚信,一旦航船被信风(北半球的东风)吹进了这一片藻海之中,就会有去无回了:航船一旦陷入藻海,方向就迷失了,因为又饥又渴,船上的水手会慢慢地死去,而在无云的晴空下,阴森的死船就在那儿永远地上下漂浮,如同一个无声的死亡警告,恐吓着那些胆敢冒犯神灵的人。藻海的故事很有中世纪的古韵遗风,与但丁的地狱之旅极为相像。然而当这片沉寂的海水被哥伦布(美洲大陆的发现者,意大利航海家,1451~1506。出生在一个寓居于热那亚的西班牙犹太织布工家庭。一生四度远航,为欧洲开拓了新殖民地)的船队安然穿过之时,这个关于无边藻海的故事就变得更离谱了。但是,对许多人来说,直到今天,它仍是一个神秘而恐怖的名字。可是,实际上,它远不如纽约中央公园的那个天鹅池令人神往。

地球恐龙可能进化成人

科学家猜测,恐龙如未灭绝,而是顺利度过冰河时代,那么哺乳动物和人类可能不会诞生。

目前被广泛接受的一种说法是,恐龙灭绝于6500万年前一小行星撞击地球的灾难中。如果那颗小行星只是与地球擦肩而过,那么现在的地球将会是什么模样？人类和其他哺乳动物是否还能进化出来，并在恐龙的巨爪下生存？多名古生物学专家最近接受英国广播公司《我的宠物恐龙》节目采访时，讲述了他们对地球演变的猜想。

恐龙能挺过冰河时代

据英国广播公司报道，以前科学家一直认为，恐龙是一种笨拙、冷血、随时可能灭绝的爬行动物，即使它们逃过了小行星撞地球的灾难，也会在地球冰河时代走向灭绝。

然而，美国明尼苏达州科学博物馆古生物学家克里斯蒂·科里·罗杰斯，在分析了一些6500万年前到9900万年前白垩纪晚期的恐龙骨骼化石后发现，这些恐龙不像爬行动物，而更接近于哺乳动物和鸟类。

罗杰斯在节目中说："证据显示它们成长得非常快，这意味着其中部分恐龙可能已变成温血动物，它们已能够很好地适应各种体温问题。"换句话说，一些恐龙已具备足够能力，抵御地球演变过程中发生的气候剧变。这也意味着，恐龙如果没遭遇小行星撞地球的灭顶之灾，将可以度过冰河时代存活下来。

霸王龙统治非洲草原

加拿大阿尔伯达大学古生物学家菲尔·科里称，如果小行星没有撞地球，他相信恐龙至今仍将是地球的主宰。他说："将不会有我们熟悉的现代动物，如长颈鹿、大象等，它们不可能进化出来。"他认为，地球上将拥有大量大型爬行动物，而霸王龙也许将代替狮子统治非洲草原。此外，恐龙将会不断适应环境，迁徙到不同地区，包括两极地区。

科学家认为，假如人类能够和恐龙生活在同一时代，也将缺乏赖以生存的条件。因为地球上将不会有奶牛、绵羊、猫狗等动物，也就没有了牛奶、皮革、羊毛、宠物等生活用品。不过科学家认为，人类也许可以养殖一些恐龙，如喂养原角龙，人类可以食用和交易它们的恐龙蛋。1.2米长、2.5千克重的温顺的奇齿龙，则可以成为人类的完美宠物。

最聪明恐龙进化成"人"

科学家认为，在恐龙濒临灭绝的时代，最聪明的恐龙要数伤齿龙，美国俄亥俄州大学古生物学家拉里·惠特默称,伤齿龙"像狐狸一样狡猾"。它们个子很小,直立行走,喜欢群居。通过研究它们的大脑容量,惠特默发现它们不但拥有良好的视力,甚至还拥有潜在的解决问题的能力。进化古生物学家西蒙·康威·莫里斯相信,如果恐龙没有灭绝,伤齿龙很可能会沿着灵长类或人类的发展方向进化,最后成为具有智慧的"恐龙人"。

地球上最"极端"的四个地方

天气最干旱的地方

在南美洲智利北部的沙漠里,有一个不知名的地方,从1845~1936年的91年里,没有落过一滴雨。

智利北部濒临大洋,为什么会这样呢?原来那里正好位于副热带高压常年坐镇不动的地区,而靠近智利的海岸,又是秘鲁寒流流经之处。由于寒流的温度较低,使那里的空气十分稳定,大气不发生上升运动,即使在海边,水汽也不能进入高空凝结成雨,因此成了世界"旱极"。

气温最高的地方

盛夏,寒暑表上的温度在35℃以上探出头时,住在沿海的人们已经感到热不可耐了。其实,35℃算得了什么!我国新疆吐鲁番盆地,号称"火焰山图库",那里于1941年7月出现了47.8℃的最高气温,这才是真正的热。

要是放眼世界,47.8℃又算得了什么!早在1879年7月,在阿尔及利亚的瓦拉格拉就测到了53.6℃的最高气温,遥遥领先于吐鲁番盆地的记录。此后30多年里没有突破。可是到了1913年7月,在美国加利福尼亚州的岱斯谷中,测得56.7℃的记录,夺得世界极热的称号。不到10年,1922年9月,利比里亚的加里延温度突然上升到了57.8℃的最高纪录,"极热"又从北美洲大陆回到了非洲。

天气最冷的地方

1838年,俄国商人尼曼诺夫路经西伯利亚的亚尔库次克,无意中测得一次零下60℃的最低温度，在当时引起了一场轰动。但是谁也不太相信这位商人测得的记录是正确的。47年以后的1885年2月，人们在位于北纬64°的奥依米糠测得了零下67.8℃最低温度，真正获得了世界寒极的称号。

1957年5月，位于南极“极点”的美国安莫森－斯考托观测站传出了一个惊人的消息，那里的最低气温降到零下73.6℃，因而世界寒极由北半球迁到南极去了。同年9月，这个观测站又记录到了一个更冷的零下74.5℃的温度。

雨量最大的地方

1816年，位于世界屋脊喜马拉雅山南麓的印度阿萨密邦的乞拉朋齐，一年里下了20447毫米的雨量，夺得了世界“雨极”的称号。以后来自世界各大洲的年雨量记录，都远远落在它的后面，可望而不可即。时隔99年以后，1960年8月～1961年7月乞拉朋齐记录到一次26461.2毫米的雨量，打破了他自己的纪录，蝉联了世界“雨极”的荣誉！

26461.2毫米是一个十分惊人的数字，它比台湾省火烧寮于1912年创造的我国“雨极”的纪录8408.0毫米多了18053.2毫米，比北京42年的总降水量还多。

唐山大地震前恐怖自然预警

1976年7月28日，北京时间凌晨3时42分53.8秒，如有400枚投向广岛的原子弹，在距地面16千米的地壳中猛然爆炸，唐山——这座百万人口的城市，顷刻间被夷为平地。这似乎是一场无法预料、无法阻止的浩劫，可是，大自然又确实警告过。正是这些大自然的警告，使得那些在灾难发生之后重新搜集起它们的地震学者们毛骨悚然并陷入深思。《唐山大地震——30周年纪念版》全景式记录了当时人类面对自然灾害时的种种表现，追溯了地震前后扑朔迷离的事实与现象，反思了人类在现代化过程中究竟应该如何与自然和谐相处的终极问题。

恐怖极了的鱼

唐山八中教师吴宝刚、周荨夫妇：

1976年7月中旬,唐山街头卖鲜鱼的突然增多。他们只是奇怪,多少日子里难得买到新鲜鱼,为什么今年特别多,而且价格非常便宜。“这是哪儿的鱼?”“陡河水库的。”卖鱼人告诉他们,“这几天怪了,鱼特别好打。”这一对夫妇当时怎么也想不到,一场灾难已经临头。几天后,他们于地震中失去一儿一女。

蔡家堡、北戴河一带的打鱼人:

鱼儿像是疯了。

7月20日前后,离唐山不远的沿海渔场,梭鱼、鲶鱼、鲈板鱼纷纷上浮、翻白,极易捕捉,渔民们遇到了从未有过的好运气。

唐山市赵各庄煤矿陈玉成:

7月24日,他家里的两只鱼缸中的金鱼争着跳离水面,跃出缸外。把跳出来的鱼又放回去,金鱼居然尖叫不止。

唐山柏各庄农场四分场养鱼场霍善华:

7月25日,鱼塘中一片哗哗水响,草鱼成群跳跃,有的跳离水面一尺多高。更有奇者,有的鱼尾朝上头朝下,倒立水面,竟似陀螺一般飞快地打转。

唐山以南天津大沽口海面,“长湖”号油轮船员:

7月27日那天,不少船员挤在舷边垂钓。油轮周围的海蜇突然增多,成群的小鱼急促地游来游去。放下钓钩,片刻就能钓上一百多条。有一位船员用一根钓丝,拴上四只鱼钩,竟可以同时钓四条鱼。鱼儿好像在争先恐后地咬鱼钩。

失去“理智”的飞虫、鸟类和蝙蝠

唐山以南天津大沽口海面,“长湖”号油轮船员:

7月25日,油轮四周海面上的空气咝咝地响,一大群深绿色翅膀的蜻蜓飞来,栖在船窗、桅杆、灯和船舷上,密匝匝一片,一动不动,任凭人去捕捉驱赶,一只也不飞起。不久,油轮上出现了更大的骚动,一大群五彩缤纷的蝴蝶、土色的蝗虫、黑色的蝉以及许许多多蝼蛄、麻雀和不知名的小鸟也飞来了,仿佛是不期而遇的一次避难的团聚会。最后飞来的是一只色彩斑斓的虎皮鹦鹉,它傻了似的立于船尾,一动不动。

河北矿冶学院教师李印溥:

7月27日,他正在唐山市郊郑庄子公社参加夏收,看见小戴庄大队的民兵营长手拿一串蝙蝠,约有十几只,用绳子拴着。

他说:“这是益鸟,放了吧。”民兵营长说:“怪了!大白天,蝙蝠满院子飞。”

唐山市迁安县平村镇张友：

7月27日，家中屋檐下的老燕衔着小燕飞走了。

（同日，唐山以南宁海县潘庄公社西塘坨大队一户社员家，屋檐下的老燕也带着两只剩余的小燕飞走了；据说，自7月25日起，这只老燕就像发了疯，每天要将一只小燕从巢里抛出，主人将小燕捡起送回，随即又被老燕扔出来。）

宁河县板桥王石庄社员：

7月27日，在棉花地里干活的社员反映，大群密集的蜻蜓组成了一个约30平方米的方阵，自南向北飞行。

（同日，迁安县商庄子公社有人看见，蜻蜓如蝗虫般飞来，飞行队伍宽100多米，自东向西飞，持续约15分钟之久。蜻蜓飞过时，一片嗡嗡的声响，气势之大，足以使在场的人目瞪口呆。）

动物界的逃亡大迁徙

唐山市滦南县城公社王东庄王盖山：

7月27日，他亲眼看见棉花地里成群的老鼠在仓皇奔窜，大老鼠带着小老鼠跑，小老鼠则互相咬着尾巴，连成一串。有人感到好奇，追着打，好心人劝阻说："别打啦，怕要发水，耗子怕灌了洞。"

（同时，距唐山不远的蓟县桑梓公社河海工地库房院子里，那几天有300多只老鼠钻出洞子，聚集在一起发愣。）

抚宁县坟坨公社徐庄徐春祥等人：

7月25日上午，他们看见100多只黄鼠狼，大的背着小的或是叼着小的，挤挤挨挨地钻出一个古墙洞，向村内大转移。天黑时分，有十多只在一棵核桃树下乱转，当场被打死5只，其余的则不停地哀嚎，有面临死期时的恐慌感。26日、27日两日，这群黄鼠狼继续向村外转移，一片惊惧气氛。

敏感的飞虫、鸟类及大大小小的动物，比人类早早地迈开了逃难的第一步。然而人类却没有意识到这就是来自大自然的警告。他们万万没有想到，一场毁灭生灵的巨大灾难已经迫近了。

不可捉摸的信息

唐山东南的海岸线上，浪涛发出动人心魄的喧响。7月下旬起，北戴河一带的渔民就感到疑惑:一向露出海面的礁石,怎么被海水吞没了呢?海滩上过去能晒三张渔网的地方,怎么如今只能晒一张渔网了呢?海滨浴场淋浴用的房子进了海水。常年捕鱼的海区也比过去深了。距唐山较近的蔡家堡至大神堂海域,渔民们似乎不太相信自己的眼睛:那从来是碧澄澄的海水,为什么变得一片浑黄?

唐山市丰润县杨官林公社一口深约五十多米的机井,从中旬起,水泥盖板上的小孔就"嗤嗤"地向外冒气。7 月 25 日、26 日,喷气达到高潮,20 米外能听见响声,气孔上方,小石块都能在空气中悬浮。

在唐山市滦县高坎公社也有一口神秘的井。这口井并不深,平时用扁担就可以提水,可是在 27 日这天,有人忽然发现扁担挂着的桶已够不到水面,他转身回家取来井绳,谁知下降的井水又猛然回升了,不但用不着扁担,而且直接提着水桶就能打满水!那几天,唐山附近的一些村子里,有的池塘的水忽然莫名其妙地干了,有的池塘却又腾起济南趵突泉那样的水柱。

人类有时也收到了大自然的信息,可这些信息是那样的不可捉摸。

在北京、唐山,半夜,不少人家中关闭了的日光灯依然奇怪地亮着。在通县,有人发现一支卸下的 20 瓦日光灯管在闪闪发光。

27 日是一个不可思议的日子。在唐山林西矿矿区,飘来了一股淡黄色的雾。这是一股散发着硫黄味的"臭雾",它障人眼目,令人迷茫。人们被那股异味熏糊涂了,他们已经看不清这世界的面目,更弄不清大自然正在酝酿着一场什么样的悲剧。

人们眨着大惑不解的眼睛,迷迷蒙蒙地,不知不觉地走到了 7 月 27 日深夜。

大毁灭前的"七·二七"深夜

唐山市郊栗园公社茅草营大队王财:

深夜 12 点钟看完电影回家,看见出门前总赶不进院子的四只鸭子,依然站在门外,一见主人,它们齐声叫起来,伸长脖子,张开翅膀,摇撒着羽毛,摇摇晃晃地扑上前。

王财走到哪儿,它们追到哪儿,拼命用嘴拧着他的裤腿。

滦南县东八户大队张保贵:

7 月 27 日深夜,久久睡不着,老听见猫叫。他以为猫饿了,起来给它喂食,猫不吃，依然叫声不绝，并乱窜乱跑。

那一夜，唐山周围方圆几百千米的地方，人们都听见了长时间的尖厉的犬吠。

丰南县毕武庄公社李极庄大队刘文亮：

7 月 27 日夜里，他是被狗叫吵醒的。当时，他家的狗在院内使劲挠着他的房门。他打开门放狗进来，狗却要把他拖出屋去。

唐山市遵化县刘备寨公社安各寨大队张洪祥：

他家的狗也不停地狂叫，一直叫到张家的人下了床。狗在张洪祥的兄弟的腿上咬了一口，像要引路似的，奔向屋子外。

大厂回族自治县陈福公社东柏辛大队李番：

他亲眼看见他家的母狗把 7 月 15 日生的四只小狗，一只一只从一个棚子里叼出来。

夜越来越深了。这是一个充满喧嚣的夜，7 月 28 日就在这不安的气氛中来临了。1 时 30 分，抚宁县大山头养貂场的张春柱被一阵“吱吱”的叫声惊醒，全场 415 只貂，像“炸营”似的，在铁笼里乱蹦乱撞，惊恐万状。

与此同时，丰润县左家坞公社扬谷塔大队饲养员陈富刚，在一个马车店里起来喂料。他发现骡马在乱咬乱踢乱蹦，怎么吆喝也不管用。3 点多钟，60 辆马车的 100 多匹马全部挣断了缰绳，大声怪叫着，争先恐后跃出马厩，在大路上撒蹄狂奔！

与此同时，唐山市昌黎县虹桥公社马铁庄大队的李会成亲眼看见，邻居家的 200 多只鸽子突然倾巢而出，飞入房顶上空，盘旋着，冲撞着，久久不肯下落！

显然，在唐山地震前，许多人都接收到了大自然的警告信号。但是这些信号具有“不唯一性”——天气闷热也会使鸡犬不宁，连日多雨也会使井水突涨，人们也正是用最寻常的经验解释了那些“异常”。知识使人类变得敏锐和坚强，知识也使人类变得聋盲和脆弱。1978 年美国地质调查局出版的《地震情报通报》中，刊印了一张幽默照片——一只闭眼张口、惊恐惨叫的黑猩猩，照片上方写着：“为什么我能预报地震，而地震学家们不能？”

这是人类的自责。然而人们常常忘了：人是社会的动物，即使在同大自然的斗争中，人也只是作为一个整体，才能显示出他们的力量。当人各自为战的时候，也并不比动物有更多的优越性。仅仅依赖本能，人甚至远不及动物。在地震这样重大而又神秘的自然灾害面前，人们没有形成一个防范的整体，没有相应的通讯渠道和手段对自然界的异常信息进行及时的收集和处理，他们怎能不被突降的恶魔各个击破?

音乐影响人类情感的超自然之谜

截至目前,科学家们尚未揭开音乐神秘力量的面纱,但是在最近的研究中,科学家们已经就大脑如何感受和体验音乐形成了一系列的理论。

无论是情人窗前温柔缠绵的月下情歌,还是威武雄壮撼山震海的军乐;无论是充满浪漫激情的婚礼进行曲,还是悲凉凄恻的丧礼哀乐,人类情感生活中的每一个角落都与音乐有着密切联系。

人类对音乐的追求和享受很早以前就引起了生物学家们的关注,因为世上再没有其他任何东西像音乐那样在人类历史进程中历久不衰,世上也没有其他任何东西像音乐那样成为人类亘古不变的追求。于是,科学家们提出了一个发人深省的问题:为什么在人类大脑的进化过程中会产生音乐这一令人神魂颠倒、宠辱皆忘的愉悦之源呢?正如达尔文在《关于人类享受音乐的天赋》中所说的:"人类享受音乐的才能是人类最神秘的天赋之一。"

来自加拿大蒙特利尔神经学研究所的恩·布拉德和罗伯特·查托利在前不久进行了一项颇有意思的实验:他们让一些音乐家聆听自己创作中最满意的音乐作品,然后对这些音乐家的大脑反应进行追踪扫描。结果发现,音乐能够激发受试者神经中枢的快感和激情,就像饮食、性行为和服用毒品那样能给予人们无尽的满足感。

据来自美国哈佛大学的心理学家斯蒂芬·宾克博士表示,音乐就像我们吃甜饼那样能够在我们大脑的某些区域激发惬意的感觉。

另外一些进化论心理学家则认为,人类欣赏音乐的能力并不是偶然产生的。达尔文早在他所处的那个年代就提出了自己的理论:我们的祖先在尚未学会说话之前就已经通过发声的强弱和音调的高低互相吸引注意和进行交流了。达尔文认为,音乐之所以能应用到求爱过程中,就是因为它能够表达丰富、生动且强烈的情感,能够令对方产生情感共鸣。

达尔文在他的自然进化理论中表示,在求爱过程中能够使对方产生美好感觉的动物能有更多的机会将它们的基因遗传给后代。就这样,不同的动物所拥有的美好特征得到了长足的发展,如孔雀美丽的尾巴对它逃生并没有太大的意义,但是却有利于吸引异性,从而没有使它在充满血腥的自然界中遭遇灭绝。

来自新墨西哥大学的进化论心理学家杰夫里·米勒博士在对达尔文的这一理论进行详尽的分析后表示,达尔文的这一理论还圆满地解释了为什么音乐家在异性眼里具有无尽的魅力。如摇滚吉他手吉米·亨德里克斯就与数百名异性崇拜者发生过性关系,美国、德国和瑞典等国都有他的孩子。如果他生在避孕药具发明之前的某个年代的话,他的孩子将遍布世界各地。

然而,还有一些心理学家表示,米勒博士的求爱理论并没有完全反映出音乐的魅力——音乐在处理社会关系和协调人类活动领域也有着不可磨灭的功勋。来自利物浦大学的罗宾·唐巴研究发现,吟唱圣歌能够刺激内啡呔(一种荷尔蒙,其主要作用是调节社会关系)的分泌。来自柏林大学的爱德华·哈根和来自加利福尼亚大学的戈兰高里·布莱特则认为,音乐在人类历史进化过程中的重要作用不光是保证了本民族的社会团结,而且还向敌人炫耀他们坚不可摧的紧密团结。一个典型的例子就是,五角大楼仅在1997年一年间就为军乐队拨款1.63亿美元,这或多或少印证了这两位专家对音乐的评价。

无论是音乐求爱理论,还是音乐的社会团结理论都意味着在人的大脑中确实存在着一种专门感受音乐的特殊神经中心。

来自加拿大多伦多大学的萨德拉·特里哈布就采取了专业方法判断2~6个月的婴儿喜欢哪种类型的音乐。她的研究表明,婴儿更喜欢听和谐的声音,而讨厌听不和谐音。因此她得出结论称:“感受音乐的能力是人类与生俱来的天赋。”她的这一研究结果就发表在《自然神经系统科学》(Nature Neuroscience)杂志上。

据来自马萨诸塞技术学院的马克杰姆莫特表示:“任何人天生对音乐的爱好都由其大脑结构来决定,然而,目前我们还不知道是否有专门负责处理音乐的大脑神经中枢。”

我们姑且不论音乐的功能及音乐在人类社会生活中的意义到底是享乐、是求爱还是催人奋进,但它所蕴含的超自然的情感震撼力之源泉无疑将是当前和今后科学界进一步探索的主题。

关于鸽子,你不知道的十个惊人事实

你知道鸽子存在了多久吗?你知道鸽子粪曾经被奉为无价之宝吗?你知道为什么鸽子的头总是动个不停吗?

鸽子存在了多久

鸽子和人类伴居已经有上万年的历史了,考古学家发现的第一幅鸽子图像,来自于公元前3000年的美索不达米亚,也就是现在的伊拉克。美索不达米亚的苏美尔人首先开始驯养白鸽和其他野生鸽子,如今在很多城镇我们都能见到颜色各异的鸽群飞过。

对于古代人来说白鸽太不可思议了,于是这种鸟儿受到了广泛的尊敬并被奉若神明。在整个的人类历史上,鸽子扮演过相当多的角色,从神的象征到祭祀牺牲、信使、宠物、食物甚至是战争英雄。

鸽子和圣经有关

圣经上第一次提到鸽子,是在第一个千禧年的《旧约》当中,那是诺亚和和平鸽的故事。稍后,在《新约》当中,鸽子第一次被提及是在耶稣受洗礼的时候,鸽子被当做传下来的圣灵。

这些早期圣经当中记载的故事,无疑为鸽子出现在现代城市当中铺平了道路。几个世纪以来,人们对于鸽子的印象不断地发生改变,从神灵到恶魔,从英雄到一文不名。

鸽子粪,肮脏还是神奇

虽然鸽子粪对于现在的人来说是一个大麻烦,但是在16~18世纪的欧洲却被当做无价之宝,当时鸽子粪被认为是比农家肥要有效的肥料,以至于会有武装警卫守护在鸽子窝的周围,防止小偷偷走鸽子粪。

不仅如此。在16世纪的英国,鸽子粪还是唯一已知的硝石来源,而硝石是制作黑色火药的重要成分。在伊朗,食用鸽子肉是被禁止的,养鸽子就是为了收集鸽子粪,当做肥料种植瓜果,而在法国和意大利则用鸽子粪来培养葡萄和麻类作物。

鸽子也是战争英雄

在现代,鸽子多次在战争期间发挥了巨大的作用。在第一次和第二次世界大战期间,鸽子携带信息穿过敌人的封锁线拯救了成千上万人的生命。船只上面都带有鸽子,当遭到德国潜艇攻击之后,就放出鸽子告知沉船的具体位置,这样幸存的人员就可能获救。

鸽子在信息收集方面扮演了重要角色,在第二次世界大战中,由于通讯技术的发展,鸽子的重要性有所降低,但是它仍然把德国 V1 和 V2 火箭的位置带到了海峡的对面。英国和法国政府还为战争期间建立功勋的鸽子颁了奖。

作为信使的鸽子

最早使用鸽子建立大规模通讯网络,始于公元前 5 世纪的叙利亚和波斯。到公元 12 世纪的时候,巴格达城和叙利亚、埃及所有的主要城镇之间,都通过鸽子建立了信息联系,也是唯一的联系方式。

在罗马时代,鸽子用来携带例如奥运会等体育赛事的信息,这也是为什么现代奥运会开幕的时候会放白鸽的原因。在电报出现之前,英国人通常用鸽子来传递足球赛事的结果。最后一只执行邮递服务的信鸽于 2004 年在印度退休,之后在平静的日子里安享晚年。

著名的鸽子

在第一次世界大战期间,一个名叫 Cher Ami(亲爱朋友)的鸽子携带信息穿过激战的阵地,拯救了许多法国士兵的生命。Cher Ami 在飞行过程中被击中了胸部和腿部,甚至几乎失掉了带有信息的那条腿,不过它仍然坚持飞行了 25 分钟,把信息带到。

这只鸽子被法国政府授予战争十字勋章(Croix de Guerre)。另一个英雄的鸽子叫做 G. I. Joe,那是在第二次世界大战期间。当时 1000 名英军在意大利的小城集结驻扎,德军计划对这个部队进行轰炸。当时的通讯设备都不能使用,唯一的希望就寄托在信鸽身上。G. I. Joe 成功地把信息送抵 20 英里之外,就在轰炸前 5 分钟警报拉响。后来 G. I. Joe 被授予迪肯勋章(Dickin Medal)——动物界的最高军事奖章。

为什么鸽子头总是动个不停

鸽子的眼睛不像人类或者猫头鹰那样,而是一边一个。这样鸽子看到的就是两个单眼的成像,而不是两个眼睛形成的图像。于是它们必须不断移动自己的脑袋,以便获得更多的信息。

信鸽航空邮件服务

第一个有组织的信鸽航空邮件服务始于1896年,航线是在新西兰和大堡礁之间。S S Wairarapa 号在大堡礁附近沉没,造成134人死亡,这一事件是促成这一服务的催化剂。由于灾难信息不能在3天之内到达新西兰,直接的结果就是在两个岛之间开通了信鸽服务。

第一条信息发送于1896年1月,经过1.75个小时之后抵达奥克兰。每只信鸽最多可以携带5封信,其中最快的运送记录是50分钟,那只鸽子的平均飞行速度达到了125千米/小时。

鸽子的繁殖习性

野生的鸽子在条件适宜的情况下,每年最多可以进行8次繁殖,每次都会有两个小生命诞生。鸽子繁殖的频率,取决于食物的充足程度。小鸽子大约需要18~19天才能孵化破壳,父母会用一种特殊的鸽子奶喂养小家伙。刚破壳而出的小鸽子一天之内体重就会增加一倍,不过4天之后才能睁开眼睛。大约两个月之后,小鸽子们就可以离巢了。

鸽子是怎样导航的

关于鸽子为什么能从很远的地方回到"家里"的问题,答案有上千个。一只比赛冠军鸽子,可以在一天之内从400~600英里之外回到家里。而这一惊人的能力并不仅限于赛鸽或者家鸽,所有的鸽子都拥有返回栖息地的能力。

牛津大学的一份研究报告指出鸽子使用道路、高速公路等进行导航,其他的理论认为鸽子是通过地球磁场、地标、太阳甚至次声等进行导航。无论真相是什么,都让鸽子成为独一无二的特殊鸟类。

关于极光成因的种种推测

我国早在几千年前就有了极光的记载,只是当时的人们不了解这种自然现象的起因,而把它当做灾难的先兆。随着科学的进步,人们不再相信这种迷信的说法,而开始从科学的角度来观察它、研究它。目前,关于极光的成因有以下两种解释:第一种解释是,极光是由于太阳的反射作用而形成的。极光在北极以北冰洋四周或者北纬70°左右最常见,每年平均出现100多次。然而,这种解释似乎过于简单。另一种解释是,极光与地球磁场和太阳辐射有关。当太阳黑子里发出的高能质子和电子到达地球时,受地球磁场的影响和南北两极地区的偏斜,大部分进入南极和北极地区,在下降过程中会碰撞高层大气的原子,大气原子受力而发出闪耀的光辉,形成极光。然而,这种解释也是基于一种推测,还有待于科学的进一步证实。

海水为什么是蓝色的

舀一勺海水看看,海水既不是蓝色的,也不是白色的,海水就像自来水一样,是无色透明的。是谁给大海涂上了颜色呢?这是太阳光变的戏法。

太阳光是由红、橙、黄、绿、青、蓝、紫七种颜色的光组成的。当太阳光照射到大海上,红光、橙光这些波长较长的光,能绕过一切阻碍,勇往直前。它们在前进的过程中,不断被海水和海里的生物所吸收。而像蓝光、紫光这些波长较短的光,虽然也有一部分被海水和海藻等吸收,但是大部分一遇到海水的阻碍就纷纷散射到周围去了,或者干脆被反射回来了。我们看到的就是这部分被散射或被反射出来的光。海水越深,被散射和反射的蓝光就越多,所以,大海看上去总是碧蓝碧蓝的。

极光现象

在地球南、北两极附近的高空,夜间常会出现一种奇异的光。其色彩斑斓:

有紫红色,有玫瑰红,有橙红色,也有白色和蓝色;其形状也是千差万别:有的像空中飘舞的彩带,有的像一团跳动的火焰,有的像帷幕,有的像柔丝,有的像巨伞。这种大自然的"火树银花不夜天"的景象就是极光。1957 年 3 月 2 日夜晚,人们在黑龙江省呼玛县的上空观察到了这种离奇的光变。7 点多钟,西北方的天空中出现了几个稀有的彩色光点,接着,光点放射出不断变化的橙黄色的强烈光线。不久,光线渐渐模糊而形成幕状。尔后,彩色逐渐变弱,到 8 点 30 分消失。但 10 点零 3 分,这一情景又再次出现。令人惊奇的是,在同一天晚上 7 点零 7 分,新疆北部阿尔泰山背后的天空也出现了鲜艳的红光,像山林起火一般。红色的天空里射出很多片状,垂直于地面形成白而略带黄色的光带,渐渐地,光带变成了银白色。这些光带呈辐射状,逐渐向天顶推进。各光带之间呈淡红色,并不断忽明忽暗。光带的长短也不断变化。7 点 40 分左右,光带伸展到天顶附近,这时的光色最为鲜明,好似一束白绸带,飘扬在淡红色的天空中。大约 10 点,景色完全消失。

海拔 3500 米以下已无雪莲

在我国新疆境内的天山山脉,雪线下生长着闻名的中药新秀——天山雪莲。天山雪莲又名大苞雪莲,雪荷花,当地维吾尔语称其为"塔格依力斯"。

雪莲属菊科凤毛菊,多年生草本植物,靠种子繁育,生命力极强,但生长速度缓慢,从种子发芽到开花结籽,需 3 ~ 5 年时间。它是新疆特有的珍奇名贵中草药,生长于天山山脉海拔 4000 米左右的悬崖陡壁之上、冰渍岩缝之中。那里气候奇寒,终年积雪不化,一般植物根本无法生存,而雪莲却能在零下几十度的严寒中和空气稀薄的缺氧环境中傲霜斗雪,顽强生长。这种独有的生存习性和独特的生长环境使其天然而稀有,并造就了它独特的药理作用和神奇的药用价值,人们奉雪莲为"百草之王"、"药中极品"。

它的植株一般高达 15 ~ 20 厘米,幼时全株有悦人的香味。茎粗厚,基部有纤维状残叶基。叶密集丛生,近革质,茎叶互生,阔倒披针形或短圆形,无柄,边有锯齿。10 ~ 20 枝头状花序聚生茎顶呈球形,外包以十余片的大型膜质苞叶,苞叶微透明,淡黄绿色,形如花瓣,盛开时,形如大朵莲花,故名雪莲。

雪莲种类繁多,如水母雪莲、毛头雪莲、绵头雪莲、西藏雪莲等。新疆雪莲,在本草纲目拾遗的记载中被视为正品,以天池一带的博格达峰所产者质量最佳,并且有神秘色彩。过去高山牧民在行路途中遇到雪莲时,被认为有吉祥如意的征兆,并以圣洁之物相待。据传,这雪中之莲花,是瑶池王母到天池洗澡时由仙女们撒下来的,对面海拔5000多米的雪峰则是一面漂亮的镜子。雪莲被视为神物。饮过苞叶上的露珠水滴,则认为可以驱邪除病,延年益寿。

雪莲种子在0℃发芽,3~5℃生长,幼苗能经受零下21℃的严寒。在生长期不到两个月的环境里,高度却能超过其他植物的5~7倍,它虽然要5年才能开花,但实际生长天数只有8个月。这在生物学上也是相当独特的。

雪莲形态娇艳,这也许是风云多变的复杂气候的结晶吧!它根黑,叶绿,苞白,花红,恰似神话中红盔素铠、绿甲皂靴、手持利剑的白娘子,屹立于冰峰悬崖、狂风暴雪之处,构成一幅雪涌金山寺的绝妙画图。

营养成分

现代科学研究证明,天山雪莲含有多种对人体机能有益的成分,能对人体起到极好的调理和保健作用:

一、性大热。对风湿类风湿及肾虚引起的腰膝酸痛、性功能衰退、妇女月经不调、痛经、崩漏均有很好的疗效。

二、含有丰富的蛋白质和氨基酸,可有效地调节人体酸碱度,增强人体免疫力,起到抗疲劳、抗衰老作用。

三、含有天然雪莲黄硐类、雪莲内脂、雪莲多糖等。其防晒系数高达22DSE,因此,可有效地保护皮肤免受紫外线侵害,改善皮肤色素沉着,延缓人体衰老,使人常葆青春。

药用价值

雪莲7~8月开花,9月结实。据研究,雪莲是全草入药。对它的药物化学和药理的分析证明,雪莲含有挥发油、生物碱、黄酮类、酚类、糖类、鞣质等成分,可祛风湿、治关节炎、通经活血、暖宫散瘀、治月经不调、宫冷小腹冷疼,还能壮阳补血,治肾虚腰痛、麻疹不透等症。在7~8月初花时采集,药效最好。采后不要放烈日下晒,以防挥发油丧失和有效成分的破坏。雪莲不能水煎服(因含挥发油),多用白酒泡浸,一朵大的雪莲加白酒500克,泡7天后即可服用,日服2次,每服10毫升,对风湿关节炎效果好。它是可深开发的珍贵药用植物。

雪莲的保护

你知道吗？一棵野生小号雪莲的长成需要6~8年的时间，一棵中大号雪莲的长成需要3~5轮小雪莲的周期（也就是说一棵小雪莲第一次开花被采摘后，如果留下了根茎，那么下一次开花它就会大点，再下次就会再大点），珍贵程度可想而知。

每年七八月是新疆天山野生雪莲花盛开的时节，然而每逢此时，3000米以上的雪线附近都会有大批不法分子疯狂采挖雪莲。盗挖者将野生雪莲连根拔起，再以每株2元的价格卖给天山天池风景名胜区的商贩。近几年，随着气候转暖，雪线上升，野生雪莲的生长区域不断缩小。目前，在海拔3500米以下已难觅雪莲踪影。野生雪莲是靠种子繁育的，盗挖者将它们连根拔起，使得雪莲连开花结籽的机会都没有，导致天山雪莲数量锐减。有关专家呼吁，如果这种现象得不到遏制，用不了几年，这种珍贵的物种可能消失。

雪莲不但是一种美丽的雪山花卉，而且是珍贵的药用植物。

清代赵学敏的《本草纲目拾遗》中就有这样的记载："大寒之地积雪，春夏不散，雪间有草，类荷花独茎，婷婷雪间可爱。其根茎有散寒除湿、强筋活血之奇效。"但也正因为雪莲具有这种独特的药用功效，外地高价求购，致使盗掘者争先恐后狂挖不止。

中国科学院专家带队、志愿者随行的科考队于2006年7月20日至22日对新疆雪莲的生存状况进行调查后吃惊地发现，由于采挖严重，这种分布在海拔2400米至4000米的高山地带，具有抗炎、镇痛、抑制肿瘤及调节免疫等药效的珍稀植物，在3500米以下的高山地带已经难寻踪影。

科考队于20日开始徒步穿越乌鲁木齐南部的博格达峰，这是天山雪莲最集中的雪峰。在两天的行程里，科考队所见所闻触目惊心：出发首日，科考队到达了博格达峰海拔2700米的高山，但在那里，科考队几经搜索，竟然没有发现一株雪莲。同行的牧民告诉科考队专家，他两年前上博格达峰时，在这里还随处可以看到雪莲。

第二天，科考队到达了博格达峰海拔3370米的高山雪峰，在这里，科考队决定全面查找雪莲踪迹，但是，令科考队失望的是，所有人员经过一个上午的查找，只在一处人迹罕至的岩石缝里发现了一朵含苞待放的雪莲花，在风中孤独地摇曳。

牧民盗采贱价出售

“就在十年前,在海拔3000米以下的地带都能看见许多野生雪莲。”中国科学院新疆理化技术研究所雪莲项目科研处工程师努尔波拉提说。

21日下午,科考队抵达海拔3520米高度,经过2小时查找,也只发现了11朵正在盛开的雪莲。在这里,科考队还发现了许多雪莲被盗采后留下的根茎。

随行的牧民告诉科考队的专家,经常可以看见当地的牧民骑马上山采摘雪莲,然后驮下山,以每支3元的价格卖给贩卖雪莲的人,这些雪莲被带到城市里,以一支数十元,甚至逾百元的价格卖给旅游者。

中国科学院生态与地理研究所教授刘国钧告诉记者:“20世纪五六十年代,一般在海拔1800米左右的砾石质坡地上就可以采到雪莲。当时,我们在野外考察,这里雪莲遍地都是,雪莲花大片大片地盛开,到处是花海,骑在马上弯腰就可以采一朵。”刘国钧称,经普查表明,在20世纪五六十年代,新疆雪莲面积大约为5000万亩,但现在已经不足1000万亩了,雪莲已经被列为国家二级濒危植物。

连根拔起破坏繁衍

努尔波拉提告诉记者,近几年,随着人们对雪莲药用价值的不断认识,掀起了采挖天山雪莲的浪潮。“本地和外地的农牧民受利益驱使,专门在雪莲花开的季节上山采挖雪莲,直接贩卖或制成低档次的雪莲产品出售;此外,一些游客到这里旅游时,也会上山盗采雪莲。”努尔波拉提说,“这些盗采者由于缺乏对雪莲采挖的基本知识,野生雪莲被连根拔起,失去了继续生长开花以及播撒花粉繁衍的可能。”他忧虑地表示:“现在如果不加大保护力度,不出20年,天山雪莲就会绝迹。”

新疆博格达峰环境检测站雪莲项目组组长苏明辉告诉记者,面对天山雪莲濒临灭绝的状况,每年6~8月底雪莲开花的季节,博格达峰环境检测站都会联合有关部门对博格达峰进行巡查,对雪莲的采摘和运输进行封锁,禁止采摘雪莲。目前,新疆还出台规定,限定每年雪莲流通量为50万盒。

神奇非洲的七宗“最”

尼罗河

“最”名:世界最长的河。

位置:流经坦桑尼亚、埃塞俄比亚、埃及等国。

看点:沙漠中的长河,源远流长的历史文化。

尼罗河,神秘而优雅,神话《尼罗河女神的千古之恋》更为它添加了几分浪漫色彩。尼罗河恰似一条华贵的“项链”挂在非洲的东北端,金字塔、狮身人面像就是这条“项链”上的颗颗宝石。

尼罗河纵贯非洲大陆东北部,流经布隆迪、卢旺达、坦桑尼亚、乌干达、埃塞俄比亚、苏丹、埃及,跨越世界上面积最大的撒哈拉沙漠,最后注入地中海。流域面积约335万平方千米,占非洲大陆面积的1/9,全长6650千米,年平均流量每秒3100立方米,为世界最长的河流。尼罗河流域分为7个大区:东非湖区高原、山岳河流区、白尼罗河区、青尼罗河区、阿特巴拉河区、喀土穆以北尼罗河区和尼罗河三角洲。

尼罗河以它优美奇特的自然风光、源远流长的历史文化吸引着全世界的人们,这里一直是世界旅游的热点路线。

沙漠日夜温差十分大,日间气温约40℃(被晒着的温度计更高达47℃),晚上则在10℃左右。

撒哈拉沙漠

“最”名:世界最大的沙漠。

位置:覆盖摩洛哥、突尼斯、埃及和苏丹等国。

看点:探访远古文明,感受大自然带给人的震撼。

还记得《英国病人》中那美丽且令人震撼的爱情背景吗?那就是非洲北部的撒哈拉沙漠……这里不只有黄沙,还有长达1300千米的地中海海岸线,以及可与希腊媲美的古文明和多元文化圣地突尼斯城……

撒哈拉沙漠是世界上最大的沙漠。阿拉伯语“撒哈拉”意即“大荒漠”。位于阿特拉斯山脉和地中海以南,约北纬14°线(250毫米等雨量线)以北,西起大西洋海岸,东到红海之滨,横贯非洲大陆北部,东西长达5600千米,南北宽约1600千米,面积约960万平方千米,约占非洲总面积的32%。

撒哈拉地区地广人稀,平均每平方千米不足1人,以阿拉伯人为主,其次是柏柏尔人等。居民和农业生产主要分布在尼罗河谷地和绿洲,部分以游牧为主。20世纪50年代以来,沙漠中陆续发现丰富的石油、天然气、铀、铁、锰、磷酸盐等矿。随着矿产资源的大规模开采,改变了该地区一些国家的经济面貌,如利比亚、阿尔及利亚已成为世界主要石油生产国,尼日尔成为著名产铀国。沙漠中也出现了公路网、航空线和新的居民点。

撒哈拉沙漠气候炎热干燥。然而,令人迷惑不解的是:在这极端干旱缺水、土地龟裂、植物稀少的荒漠,竟然曾经有过繁荣昌盛的远古文明。沙漠上许多绮丽多姿的大型壁画,就是这远古文明的结晶。人们不仅对这些壁画的绘制年代难以稽考,而且对壁画中那些奇形怪状的形象也茫然无知,成为人类文明史上的一个谜。

乞力马扎罗山

“最”名:非洲之巅“赤道雪峰”。

国家:坦桑尼亚。

位置:位于坦桑尼亚东北部,邻近肯尼亚。

看点:冷热两极化的“赤道雪峰”。

“赤道雪峰”乞力马扎罗山位于赤道附近的坦桑尼亚东北部。在赤道附近“冒”出这一晶莹的冰雪世界,世人称奇。这里绿草如茵,树木苍翠,斑马和长颈鹿在草原上漫游……

乞力马扎罗山是非洲最高的山脉,是一个火山丘,高5963米,面积756平方千米,位于坦桑尼亚东北部,邻近肯尼亚,坐落于南纬3°,距离赤道仅300多千米。乞力马扎罗山素有“非洲屋脊”之称,而许多地理学家则喜欢称它为“非洲之王”。公园和森林保护区占据了整个乞力马扎罗山及周围的山地森林。公园由林木线以上的所有山区和穿过山地森林带的6个森林走廊组成。乞力马扎罗山四周都是山林,那里生活着众多的哺乳动物,其中一些还是濒于灭绝的种类。

在斯瓦希里语中,乞力马扎罗山意为“闪闪发光的山”。它的轮廓非常鲜明:缓缓上升的斜坡引向一长长的、扁平的山顶,那是一个真正的巨型火山口——一个盆状的火山峰顶。酷热的日子里,从很远处望去,蓝色的山基赏心悦目,而白雪皑皑的山顶似乎在空中盘旋。常伸展到雪线以下缥渺的云雾,增加了这种幻觉。山麓的气温有时高达59℃,而峰顶的气温又常在零下34℃,故有“赤道雪峰”之称。在过去的几个世纪里,乞力马扎罗山一直是一座神秘而迷人的山——没有人真的相信在赤道附近居然有这样一座覆盖着白雪的山。乞力马扎罗山在坦桑尼亚人心中无比神圣,很多部族每年都要在山脚下举行传统的祭祀活动,拜山神,求平安。

维多利亚瀑布

“最”名:非洲最大的瀑布。

国家:赞比亚、津巴布韦交界。

位置:位于赞比亚和津巴布韦之间国界的赞比西河。

看点:听涛声,看彩虹,体验部落文化艺术。

以英国女王维多利亚命名的维多利亚瀑布气势磅礴、妩媚多彩,是赏美景、玩冒险的佳地。如果你够幸运的话,还能在河岸边看到河马、鳄鱼等非洲野生动物。

维多利亚瀑布是世界上最大的瀑布之一,位于构成赞比亚和津巴布韦国界的赞比西河上,赞比西河上游缓慢地流经宽浅的谷地,维多利亚大瀑布以1708米的宽度成为世界上跨度最大的瀑布。维多利亚瀑布是由一条深邃的岩石断裂谷正好横切赞比西河,断裂谷由1.5亿年以前的地壳运动而形成。

关于大瀑布,还有一个动人的传说:据说在瀑布的深潭下面,每天都有一群如花般美丽的姑娘,日夜不停地敲着非洲的金鼓,金鼓发出的咚咚声,变成了瀑布震天的轰鸣;姑娘们身上穿的五彩衣裳的光芒被瀑布反射到了天上,被太阳变成了美丽的七色彩虹;姑娘们跳舞溅起的千姿百态的水花变成了漫天的云雾。多么美妙、令人神往的景色呀!

马赛马拉

“最”名:非洲最大的动物家园。

国家:肯尼亚。

位置:位于肯尼亚的西南角,与坦桑尼亚的塞伦盖蒂野生动物园毗邻。

看点:原始大草原风光,“亲密”接触野生动物。

想与野生动物真情面对面接触吗?想感受大草原日出、日落时的美妙仙境吗?想寻找一种回归的轻松与快乐吗?马赛马拉会让你如愿以偿!

马赛马拉国家野生动物保护区(Massai Mara Game Drive Reserve)占地1800平方千米,著名电视节目《动物世界》中的许多镜头都是在这里拍摄的。这里是动物最集中的栖息地和最多色彩的大草原,狮子、猎豹、大象、长颈鹿、斑马等野生动物比比皆是,游客可乘坐专用旅游车深入保护区追逐、探寻动物。在这里,人与自然、人与动物的和谐相处,独特的原始文化,草原日出、日落的仙境般的美妙,可以使久居都市的现代人忘记一切压力与心事,完全融入奇妙的大自然中,感受到一种回归的轻松与快乐。

马拉河(MARA RIVER)是众多尼罗鳄和河马的家园,也是野生哺乳动物的生命线。在这里,每年发生世界上最壮观的野生动物大迁徙,即“马拉河之渡”。届时可以看到成千上万头角马前赴后继,从鳄鱼张开的血盆大口中横渡马拉河的壮观场面,体会动物世界里的物竞天择和适者生存。

拉利贝拉岩石教堂

“最”名:举世无双的岩石教堂。

国家:埃塞俄比亚。

位置:位于埃塞俄比亚首都亚的斯亚贝巴以北300多千米处。

看点:奇特的教堂群,罕见的绘画和雕塑。

用许多块石头垒成的教堂并不为奇,你见过用一块大石头建造的教堂吗?拉利贝拉的每一座教堂就是一块大石头,用最原始的工具挖凿而成……

传说12世纪埃塞俄比亚第七代国王拉利贝拉梦中得神谕:“在埃塞俄比亚造一座新的耶路撒冷城,并要求用一整块岩石建造教堂。”于是拉利贝拉按照神谕在埃塞俄比亚北部海拔2600米的岩石高原上,动用2万人工,花了24年的时间凿出了11座岩石教堂,人们将这里称为拉利贝拉。从此,拉利贝拉成为埃塞俄比亚人的圣地。至今,每年1月7日埃塞俄比亚圣诞节,信徒们都会汇集于此。

这些教堂坐落在岩石的巨大深坑中。精雕细琢的教堂像庞大的雕塑,与埃洛拉的庙宇一样从坚硬的岩石中开凿而成。它们外观造型惊人,内部装修独特,是12和13世纪基督教文明在埃塞俄比亚繁荣发展的非凡产物,始建于公元前1000年左右,有“非洲奇迹”之称。1979年列入世界遗产名录。

爱情树海椰子

“最”名:最奇特的爱情树海椰子。

国家:塞舌尔。

位置:位于维多利亚植物园内。

看点:观赏海景风光,品尝海椰子。

“世外桃源”塞舌尔是世界著名的旅游胜地,被誉为“旅游者天堂”。塞舌尔生长有许多珍奇植物,其中最诱人的是塞舌尔国宝“海椰子”。海椰树可生存千年,雌雄异株,树根缠绕,相依而生,结出雌雄不同的海椰子。更为奇特的是一株若被砍,另一株则殉情而死。

16世纪葡萄牙人曾到此地。1609年英国入侵。1756年被法国占领。1794年英国取代法国。此后英法多次易手,轮流占领。1814年英法签订和约,塞舌尔成为英国殖民地,归英国在毛里求斯的殖民当局管辖。1903年改为英直辖殖民地。1970年实行内部自治。1976年6月29日宣告独立,成立塞舌尔共和国,仍留在英联邦内。

塞舌尔是位于印度洋西部的群岛国家,由115个大小岛屿组成,最大岛屿马埃岛面积为148平方千米。西距非洲大陆东岸1500千米,南离马达加斯加900多千米。面积455.39平方千米(陆地面积),领海面积40万平方千米,专属海洋经济区面积100万平方千米。地处欧、亚、非三大洲中心地带。

揭秘动物世界“绝对隐私”

大熊猫喜欢在树上留下自己的气味吸引异性。熊猫为什么喜欢玩倒立?雌萤火虫为什么要谋杀“情郎”?在五光十色、生机盎然的动物世界里,每时每刻都在上演着不可思议的奇妙故事。

玩倒立留尿液炫威猛

大熊猫喜欢在树上留下自己的气味吸引异性。雌熊猫喜欢在树干接近地面的部位留下尿液召唤对方，而雄熊猫会以撒尿方式留记号，有时干脆以肥厚的臀部猛擦树干留下味道。为了显示自己威猛无比，它们喜欢在更高的地方留下自己的尿液，所以它们喜欢玩倒立，以屁股朝天的高难度倒立撒尿动作在树干上留下记号，尿得越高，就证明它越强大。

雄蜂和雌蜂交配后，会将生殖器遗留在雌蜂的体内，它这样做是为了防止雌蜂再和其他雄蜂交配，所以这有点像是昆虫界的“贞操带”。鲜为人知的是，一些雄性动物还有两个生殖器官，譬如某些种类的鲨鱼、蛇、蜥蜴或一些甲壳类动物。

爱你只是为了吃掉你

有一种雌萤火虫堪称是昆虫界中最残忍的“唯利是图”者，它通常会先引诱雄萤火虫，然后将对方整个活活吃掉。这是因为雄性体内能自然产生一种对付天敌蜘蛛的生化血清，而雌性却无法产生。

雌性漏斗网蜘蛛通常也会在交配后吃掉异性，一些雄性漏斗网蜘蛛因此逐渐进化出了一种特殊的“化学武器”，当雄性漏斗网蜘蛛和异性交配时，身体会分泌出一种令雌蜘蛛昏迷的气体，使雌蜘蛛进入虚弱和轻微昏厥状态。

“超级妈妈”一天哺乳 50 次

怀孕的袋鼠有一种其他动物没有的独特本领，能让自己的胚胎处于“假死状态”。如果生存环境不好，或者碰上天气恶劣、食物不足，母袋鼠的乳腺会分泌出一种物质，抑制胚胎的生长，直到环境重新变好。

刚生过宝宝的蓝鲸也是一位“超级妈妈”，它一天必须分泌 94 加仑以上的乳汁才能满足小蓝鲸的胃口。小蓝鲸因此平均每小时体重就增加至少 4.5 千克，一天下来体重能增加 110 多千克。为了不让小蓝鲸饿着，蓝鲸妈妈一天需要哺乳 50 次。

绵羊记忆力特别好

羊通常被认为是温驯而笨拙的动物,但实际上羊的记忆力非常好。科学家的实验发现,有些绵羊可以识别出50张“绵羊伙伴”的面孔以及10多张人类的面孔,而且这种记忆能够保持两年之久。

此外,猫的记忆要比狗强很多,一般狗的记忆只有5分钟,但猫的记忆却可以维持16小时,这个记忆力甚至超过了被人类认为比较聪明的猴子和猩猩。

海豚游水速度很快

海豚可以在1.5~3米深的水下以每小时32千米的速度前行,然后在接近水面时一跃而起,这是因为海豚在水中前行时会造成很大的波浪,而在空气中飞跃前行阻力就大大减少了。

夫妻体重相差4万倍

在所有动物中,雌雄之间差异最大的要数海洋中的紫毯章鱼,雌紫毯章鱼的体重是雄章鱼的4万倍,在体形上,雄性只有雌性的一颗眼珠子那么大。一位科学家曾将它们的交配过程比喻成麻雀和战斗机“做爱”。

猩猩之间谈论美食的语言

猩猩之间也会像人类一样谈论美食。英国爱丁堡动物园的一项研究发现,猩猩在谈论食物时会发出各种不同的咕哝声。尖锐的咕哝声通常表示它们正谈论着面包等爱吃的东西,而低沉的咕哝声则表示它们正在谈论苹果等不爱吃的东西。

鸭子值班睁只眼闭只眼

鸭子在晚上显得更老于世故,睡在鸭群外围边缘的鸭子只用一半大脑来睡觉,另一半大脑用来守夜,因此鸭子值夜班时总是睁一只眼、闭一只眼,值班、睡觉两不误。

鲨鱼从来不生病

鲨鱼是动物世界中已知的唯一一种不会生病的动物，它们对包括癌症在内的所有疾病都具有免疫能力。另外，如果它掉了一颗牙齿，那么只需短短24小时就能重新长出一颗新牙来。

蚂蚁是动物界的举重冠军，它可以举起比自身重50倍的东西。它的另一个特征是，不敢跨越粉笔线，因此如果你想阻止它们前进，只需在地上画道粉笔线就可以了。家蝇在品尝食物时，用的居然是它的腿，家蝇腿部的味觉比人类的舌头要灵敏1000万倍。

达尔文蛙多见于南美洲，当雌蛙产卵后，雄蛙会小心地守护这些卵，然后再用舌头把卵全部吞进自己的嘴中，这些蛙卵会在父亲的发声囊中成长，直到变成真正的蛙后，再从父亲的嘴巴里跳出来。

单独的一只雌鸽子不会下蛋，它必须看到其他鸽子，卵巢功能才会正常运作，如果实在没有其他鸽子可看，给它看自己的镜中影像也能产生同样的效果。

在动物世界里，科学家还发现了一个迷你"女儿国"，有一种红蜘蛛完全由雌性组成，它们可以单性繁殖，并且只生"女孩"，是名副其实的"女权世界"。

解古老历法　释自然奥秘

一种具有数千年历史的古老历法——天干地支，以其神奇的魅力吸引着中国从普通百姓到杰出科学家的注意。尽管有偏见、有误解、有糟粕，但更有我们现在还没有完全认识的科学价值，其中所揭示的自然奥秘令现代科学家也击掌而叹。

甲乙丙丁戊己庚辛壬癸，子丑寅卯辰巳午未申酉戌亥，前十个字（天干）与后十二个字（地支）按奇对奇、偶对偶的规律一一配对，组成甲子、乙丑、丙寅、丁卯……癸亥，共60个组合，而后又从甲子开始，癸亥结束，如此以60为周期循环往复。如果把某个基准时间（年、月、日或时）定为甲子，其后的时间就可以此类推。这就是被称为"60花甲子"的天干地支记历法。

天干地支记历与目前的通用历法相比，有一个独特优点，即连续不断。它没有规定时间的原点,不存在"公元零年"这样一个不连续问题,并且上记东方几千年的历史,下望人类绵延的未来,是记时永不间断的参考系。我国科学家翁文波建议把天干地支作为副历与通用历法并用。

但天干地支仅仅是一种用来记时的历法吗?翁文波等科学家发现,天干地支具有其他历法所没有的预测天灾的功能。

提到预测,有人会想到用天干地支算命(俗称推"八字")。把一个人在出生的时间(年、月、日、时)用干支表示就是八个字,就从这八个字能看出一生的命运,这无疑是荒谬的。同一个时辰出生的人何止千万,其命运却有天壤之别。有一个民间传说讲道,明代开国皇帝朱元璋听说有人和他同年同月同日同时出生,朱元璋想:此人和他八字相同,说明他也是当皇帝的"命"。皇帝只有一个,那岂不是说他要篡夺皇位?朱元璋立即派人去查,若此人有当皇帝的野心,立即杀掉。结果令朱元璋哑然失笑,这个人确实与他的"命"相同:这是一个养蜂人,养着 13 箱蜂,而朱元璋正好统治着 13 个省;养蜂人从 13 个蜂箱中收取蜂蜜,朱元璋从 13 个省中收取税负;而且养蜂人所养的蜜蜂与朱元璋所统治的人口也大致相同。这当然只是有人为了宣扬"八字"的准确而编造的一个故事,其实养蜂人的"命"怎么能和皇帝相比?

但是根根天干地支预测天灾却是真正的科学。天干地支的精髓是 10、12 和 60 为周期。而许多自然灾害恰好存在类似周期。早在 2000 多年前我们的祖先似乎就明白了这个道理,他们利用天干地支的周期性作为预测灾祥、指导行动的重要依据。如《越绝·计倪内经》一书在介绍公元 4 世纪南方的博物知识时有下列一段话:"最初三年,太阴的位置在金(西)的方向,各地都得到丰收;当在水(北)的方向时,就有三年歉收;当它在木(东)的方向时,有三年富足;当它在火(南)的方向时,则有三年干旱。因此,有时过于囤积农产品,有时却要把米粮分散出去。囤积品不必超过三年的需要。只要明智地考虑并进行决断,人们就可以靠自然界规律的帮助,用盈余来补救不足,第一年可以有两倍的丰产,第二年是正常收成,第三年是歉收。水灾时候就应该想到制造车子,旱灾时期也要想到准备舟船。每六年有一次大丰收,每十二年有一次灾荒。所以圣人既能预见自然界的反复,也能对未来的灾变早做准备。"

这一段如殷切叮咛般的语言就传达了十二地支与天气灾祥关系的信息。而我国最早预测天气的文献是湖南一带民间流行的《娄景书》,成书时间大约在公元前 206 年前后,书的内容主要是根据天干地支六十花甲判断水旱情况。经过了 2000 多年,这本书仍有生命力。如 1935 年为乙亥年,湖南大水,《娄景书》

说:“乙亥年来处处忧,高低田禾满田畴。低田淹没禾成腐,中田只有四分收。”1954年甲午年大水,《娄景书》说:“甲午年来雨水多,夏忧田地也成河。高处田禾宜早种,低乡禾稻在奔波。”当然,自然现象不可能对任何地区都有严格而简单的单一周期,但近似的60年周期却广泛存在。

据统计,从1827年以来长江共发生洪灾16次,其年份分别为1827、1849、1860、1870、1887、1905、1909、1917、1931、1935、1945、1954、1969、1980、1991、1996。仔细分析这些数据,有:

1887 - 1827 = 60

1909 - 1849 = 60

1931 - 1870 = 61

1945 - 1887 = 58

1969 - 1909 = 60

1991 - 1931 = 60

1996 - 1935 = 61

可以说,长江洪水的准60年周期是非常明显的(当然其中还隐含22周期,与太阳黑子有关)。而且间隔约60年的洪水都有相同特点,如1870年、1931年和1991年相隔60年或61年,这3次特大洪水都是全流域性质的,从四川到江浙,都蒙受了巨大损失。而1935年和1996年相隔61年,两次洪水都是区域性的,主要发生地在荆江两岸,即湖北的江汉平原和湖南的洞庭湖地区。湖南有些老农民和老船民似乎明白天干地支与洪水的关系,他们往往用10年、60年周期来预测水旱趋势。1968年湖南安乡县有许多农民说:“明年是乙酉年,老乙酉年(公元1849年)大水,前乙酉年(公元1909年)也大水,明年会遇上60年大水周期。”安乡县气象站根据民间经验结合其他信息准确地预报了1969年的大水。

黄河的水量变化也与天干地支周期有关。黄河有丰水期和枯水期,据花园口水文站的统计,黄河水量大约每10年一个小变化,30年一个中变化,60年一个大变化。在山东胜利油田从事野外测绘时,从渤海莱州湾之滨的羊角沟镇镇志上收集了100年来的飓风海湖袭击该镇的时间表,发现其中也隐含着30年和60年周期。

正因为天灾中的60年周期是普遍现象,翁文波利用天干地支创造了一系列经验公式,多次非常准确地预测了长江洪水、华北干旱,北美、日本及我国华北、西北、西南的地震,在国内外引起了强烈反响。

例如,翁文波收集了美国加利福尼亚州最近200年来发生的大于7级的地震16次,发现有4次发生在壬申年,于是把这一系列地震命名为美国壬申地震。他根据其经验公式,通过电脑计算,得出地震预测三要素:

时间:1992年6月19日

震级:6.8

地点:旧金山大区域范围内

这个预测通过某种渠道传送给了一位美国友人,1992年4月5日旧金山发生了6.9级地震,美国友人兴奋地告诉翁文波预测准确。翁文波却认为此次地震与预测日期还差54天,略大于通常可能误差,恐怕主震尚未发生,果然1992年6月28日发生了7.9级强烈地震,这才是主震,与预测仅差9天。1992年又是壬申年。

那么为什么天灾周期与天干地支周期如此接近呢?这是科学上的一个未解之谜。翁文波等科学家认为,干支周期与某些星体的运转周期非常接近,这些天体的运转又影响到了地球上的自然灾害。木星是太阳系中最大的行星,其质量是其他行星质量总和的2.5倍,无疑是太阳系众行星中的大哥大,所以有人把九星会聚对地球产生的影响叫做"木星效应"。而木星的恒星周期为11.86年,差不多等于地支周期12年。其他许多天体的运转周期都接近60的整数倍,如地球绕太阳运转的平均周期365.2422日,约等于60日的6倍;火星对日、地的汇合周期779.94日,接近60日的13倍;水星对日、地的汇合周期115.88日,大致等于60日的2倍。其他行星对日、地的汇合周期分别为:木星398.88日;天王星369.66日;海王星367.49日;冥王星366.74日,这些日数除以6,都近似60。地球自转速度的变化大约有59.55年的长周期,也接近60。

中国气象科学研究院的研究员任振球发现,太阳系的4颗巨行星(木星、土星、天王星、海王星)的力矩效应在近千年来呈现相当稳定的准60年周期变化。在本世纪内,这种准周期性变化与全球尤其是北半球气温变化的间隔准60年振动相当一致。

在20世纪初,气温是非常低的。当时(1901年)地球冬至时的公转半径延长了94万千米(相当于日地距离的6%)。

30多年之后,气温开始迅速升高(20世纪30~40年代是一个相当温暖的时期)。1940年,地球冬至时公转半径缩短了76万千米。

又过了30多年,到20世纪60~70年代,气候相对变冷。1960年,地球冬至公转半径缩短了76万千米。

到2000年,冬至公转半径又将缩短44万千米。所以,任振球认为,目前的全球气候变暖与巨行星汇聚导致的地球公转半径变化相一致。而且,任振球还发现,20世纪内的地球自转速度变化、火山爆发、夏季风边缘区的干湿变化和全球8级地震的能量释放等,都与4颗巨行星汇聚短效应的间隔60年变化呈现大体一致的同步演变。所以,他在1996年6月份的《科技日报》上预测:

"在2020年前后,北半球的气候可能进入相对冷期,然后有所增温,到22世纪初可能迅速增暖,在22世纪中期可能又迅速降温,而后又开始变暖。综合考虑自然因素和人为因素的共同影响,预计未来两个世纪的全球温度可能在振动中有所变暖。"

这又是一个利用60年周期进行预测的例子,准确与否还有待时间的检验。

现在我们面临这样一个问题:4000年前我们祖先创立的历法怎么会蕴涵如此深刻的科学奥秘?

UFO爱好者一般喜欢这样假设:是科学高度发达的外星人向初民们传授了这些知识。这种假设使我想起了两种教育方法。中国传统的教育方法是背诵,七岁的顽童理解力还很差,可必须强迫他们背诵《三字经》、《千家诗》甚至《论语》、《左传》,当时这些顽童尽管背得滚瓜烂熟,却完全不解其意。等他们长大了,明白了很多道理之后,再回忆童年时背的那些东西,就发现,原来字字玑珠啊!但能悟出这一点的人并不多,只有具有相当智商的人才能达到这个境界,所以中国传统教育方法是培养天才的。固然有很多天才从中受益匪浅,但也有很多普通人白白浪费了时间,连基本的生活技能都不会。像鲁迅、胡适等大学问家是猛烈抨击传统教育方法而提倡现代教育和白话文的,可如果没有传统教育为他们打下基础,他们的学问不可能如此精深。与鲁迅、胡适相反,现在某些乡村还能看到个别七八十岁的老人满口子曰诗云却不会算账,不会写文章。现代教育不同,它以培养普通劳动者为目的,只要不是白痴,都应该从教育中获得基本知识。它使更多的人从教育中受益,却以牺牲天才为代价。

如果在人类的童年存在外星人指导的话(尽管我持怀疑态度),他们对人类施加的一定是类似于中国的传统教育方法。他们使我们的先民"死记硬背"了许多东西,但先民们并没有理解。等我们的科学发展到一定程度之后,再来看看先民留给我们的东西,原来有这么深刻的内容啊!天干地支就是其中之一。

这种假设固然省事,但缺乏根据,我更相信这样一种观点:人类在童年时期有比现代人强得多的直觉,对自然的长期观察和发达的直觉使他们创立了以10、12和60为周期的干支历法。

人类个体在成长过程中某些能力是逐渐减弱并消失的，儿童发展心理学证实了这一点。最典型的是所谓遗觉像。给儿童看一幅画，在画拿走以后，有些儿童能把画的内容（包括细节）保留在头脑中达几分钟，这时候让他描述这幅画，他就跟在眼前能看见一样，这就是遗觉像。实验显示，大约22% ~33%的儿童有此能力，而成人极少出现。还有所谓记忆恢复，儿童在学习之后过几天测得的成绩反而好于当时立即测验的成绩，这种现象年龄越小越普遍。人类个体的成长史是人类种族进化史的缩影，可以推测，童年时期的人类具有现代人没有的某些能力，这也许就是我们为什么时常对初民的科学成就感到不可思议的缘故。

可以料到，我们还会从天干地支中得到更多的东西，由此也会对我们的祖先、我们的地球及我们自己有更深入的了解。

4000年前遗留的哈卡斯怪石

如果说太平洋复活节岛上的石像历史已经够久远，那俄罗斯哈卡斯地区的直立粗长巨石石雕还比它们早2000年。

大约4000年前，居住在俄罗斯哈卡斯的一些部落在米努辛斯克谷地竖起了不少神秘的直立粗长巨石石雕。这些部落到底是些什么人呢？他们为什么要竖起这么多超乎今人所想象的粗大石雕？那些重量有时达50吨的巨大石块又是怎么从山上弄下来的？

一些古怪的脸孔……

哈卡斯的石雕有各种各样的形状，有的呈圆柱形，有的是扁的，有的形状不规则。在太阳初升或夕阳西下时候，有些突然呈现出人脸的轮廓：眼睛、鼻子和嘴。石头上的人脸部分凿出好些深槽，不少都刻下很多横向条纹，头顶上镌刻的是兽角或古里古怪的“皇冠”。

所有的雕像看上去都像是用同一种办法凿出来的：石匠挑好石料之后，先将要刻在上面的图形勾画一遍，然后凿出槽，再用坚硬的石头打磨。不仅白色和灰色的花岗岩，就连褐色砂岩上的图像都看得一清二楚。

但并不是所有的“脸孔”都一模一样。有些是圆形和椭圆形，眼睛是两个小坑,嘴是一个椭圆形凹槽,鼻子是两个小点。另一些是尖尖的下巴颏儿,直溜溜的鼻子。不过最经常看到的是面孔略图。别具一格的兽形头饰和横切额头的线条赋予这些雕像一种神话色彩。可奇怪的是,这些石头上有些人脸图像跟真人一模一样(长长的鼻子,吊眼梢,高颧骨),有的却是极简单的粗线条:眼睛是两个小点,嘴巴是一条槽,干脆就没有鼻子。为什么会有这些不同呢?研究人员认为,这是因为这些图像是不同时期居住在这一带地方的西伯利亚不同民族所加工制作的。

石头上所镌刻的到底是上帝还是人呢?脸上的条纹、头顶的“皇冠”和兽角又意味着什么?据民族学家所掌握的资料,原始民族经常往脸上涂抹赭石、木炭和草木灰。有时是出于美学考虑,有时是为了遮住脸,以防被打死野兽群体的报复,当然也不排除哈卡斯雕像上的条纹是一种化妆手段。考古学家们曾在当地古墓残存的颅骨上发现红赭石的遗迹。

哈卡斯的直立粗长巨石有些令人想起北美印第安人的图腾崇拜石柱,也像美拉尼西亚雕刻有人图像的木柱和石柱。印第安人的图腾柱代表神话中的祖先,美拉尼西亚人的木柱和石柱代表现代人的祖先。同样,哈卡斯的石雕显然也是刻的祖先或氏族的保护人。可怪就怪在几乎所有的偶像表现的都是妇女,它们被称为石妇,有石头老妪和石头姑娘。因此完全可以想象,这片土地先民的保护人是故去的女萨满或老太巫师。

多种用途的雕像

关于哈卡斯直立巨石的用途,科学家们至今一直没有定论。长期以来都认为,既然绝大部分石雕都立在墓地,说明它们只是普通的墓石而已。可后来发现,石雕和坟场分属不同的历史时期,而且有些雕像是晚些时候才被搬到坟场上去的。

这些直立巨石最初很可能就是祭祀设施。人们怕它们,想讨它们的好,千方百计想求得它们的保护,将它们奉若神明。一直到了19世纪,尽管几千年来经过风雨和时间的剥蚀,当地居民还是对它们既害怕又敬仰。人们称这些石头为神像,向它们敬献供品。

但是,在哈卡斯走过一遭之后,发现有些直立巨石被摆放得乱七八糟,甚至还有倒立着的,这很可能是当地人不知什么原因对其中的一些不再敬仰,还有把它们当成建筑材料用的。专家们发现,如果石像不帮人打猎、治病或解决其他困难，人们会向它们投去责备的目光，还会啐上一口唾沫，甚至还会用鞭子抽打。

太空联络员

尽管如此，今天哈卡斯的不少直立巨石还是备受人们的尊敬，因为他们认为这些祭石能帮人治病，能除去他们身上的负担，增强他们的生命力，甚至有不少教授、医务人员和银行职工都对此深信不疑。他们认为，既然公认金字塔在释放地能，那哈卡斯的不少直立巨石照样也在吸收宇宙能，因此它们的治疗效果会极佳。当地居民于是有去求它们中的一些送子的，据说还相当灵验。

科学对那些石像能否送子暂时还无法证实，不过对另一些是否有医疗功能相当有兴趣。萨尔贝克斯谷地的一座小丘上有两块石头，一块象征女人，一块象征男人。人们认为第一块释放的是负电，第二块释放的是正电。根据生物能场原理，人只需到跟前去站上一会儿，触摸触摸它们，几次下来人的生物能场就会有所改善。连地质学家也认为这有一定的道理。现在有成千上万的人涌向这里，因为他们都听说这里有石头在同宇宙进行直接交流，将从太空获取的能再释放出来。

科学家揭示600万年前巨鸟飞行奥秘

美国科研人员研究表明，史前“阿根廷巨鸟”不可能自由地腾空而起，飞入云霄。一个由德克萨斯理工大学古生物学家加特尔吉(Sankar Chatterjee)领导的研究小组，利用为飞机设计的计算机程序分析了“阿根廷巨鸟”的飞行特点，这种巨鸟生活在600万年前的南美。

曾经翱翔在阿根廷彭帕斯草原上空的翼展达21英尺、重达150磅左右的“阿根廷巨鸟”是如何飞行的呢？按常理，它们是不可能依靠自己的肌肉扇动翅膀将自己推向天空的。这个问题曾困扰了古生物学家数十年。

美国学者发表的一份研究揭示了这一秘密。这份发表在《美国国家科学院院刊》上的研究成果表明，这种现在已经灭绝的阿根廷巨鸟算得上是滑翔高手，它靠上升的暖气流飞行。加特尔吉说：“一旦它飞上天空，那就没什么问题了，它一天可以飞行200英里。”

该研究表明，这种史前巨鸟如大多数陆地禽类一样，体形太大，没法进行动力飞行。但可以进行高效的滑翔，在条件好的情况下，速度可达每小时67英里。像如今的秃鹫那样，阿根廷巨鸟依靠安第斯山山脚的上升气流，或者广阔的彭帕斯草原上的上升暖气流获得上升的动力。

加特尔吉说："最困难的是起飞，因为它们不太可能以站立式起跑的方式起飞……它们可能会利用一些技巧起飞，如像滑翔机飞行员那样，借助在斜坡上奔跑或者逆风奔跑获得升力。"

科学家在检查他们制作的现代木乃伊

据国外媒体报道，为了揭开埃及木乃伊千古之谜，美国的科学家在实验中利用捐献给科学事业的死者遗体打造了一具现代版的木乃伊。现在，13年过去了，这具现代版木乃伊依然完好。

捐献给科学事业的死者遗体通常被当成"交互式教科书"，用于培养下一代医生。由于是死尸，即使不小心将眼镜掉进胸腔，这些未来的医生也不会遭到法庭的起诉。但一些尸体扮演的角色显然已超出了"交互式教科书"的范畴。在这些尸体中，马里兰州立大学医学院保存的那一具可以说尤为突出。

过把古埃及人的瘾

13年前，这具尸体——捐献者是一名男性，70多岁时死于中风——被转交到美国长岛大学埃及古生物学家鲍勃·布莱尔和马里兰州立解剖学委员会负责人罗纳德·瓦德手上。在将所有器官摘除并进行浸酸处理后，布莱尔和瓦德把这具尸体埋入数百磅冰碱（主要由碳酸氢钠和盐构成）之下——时间为30天，目的是让尸体脱水。

将浸水的冰碱清理之后，布莱尔和瓦德又在干尸表面喷上了乳香和没药树脂。经过这样一番处理，最终呈现在二人面前的尸体怎么看怎么像是好莱坞大片中的一个怪物，而实际上呢，它却是第一具可信的具有古埃及风格的木乃伊。算起来，埃及木乃伊的历史已经有2000多年了。

为了真实再现古埃及人制造木乃伊的过程，布莱尔和瓦德可谓花了不少心思：布莱尔特意请来了几名宗教人士，在使用亚麻布带紧紧包裹尸体的时候，这些宗教人士要为死者祈祷。如果传说中的古代咒语确有其事，死者的灵魂将是永生的，它会穿过变化莫测、危险重重的埃及地下世界，并再次与来世不灭的身体结合在一起。在所谓的来世，他可能正眼睁睁地看着自己已然枯萎的肉身。

毋庸置疑的是，他会为眼中看到的景象感到骄傲：由于布莱尔和瓦德所说的“如假包换的现代木乃伊”的问世，人们得以知道失传已久的埃及木乃伊的制造工艺，而对于研究古尸的科学家来说，这具现代木乃伊的价值显然是无法估量的，它无疑充当了研究之旅中的领路人角色。

遭遇挑战终获成功

在布莱尔和瓦德发现木乃伊制造技术之前，还没有一个人知道古埃及人是如何成功保存他们遗体的，此外，2000多年来也没有一个人做过这种尝试。虽然希腊历史学家希罗多德曾在其历史著作中写有这种可怕仪式的大致过程，但真正参与其中的牧师和尸体防腐者却没有留下任何记录。

布莱尔表示，似乎没有一个人相信现代人仍能找回失传已久的木乃伊制作技术。他说：“来到埃及后我才发现，没有人真正知道木乃伊是如何制作的，也没有人谈论这件事情。因此我才意识到，只有亲自制作一具木乃伊，才能解开这个千古之谜。”

然而，还是有很多问题等待他们给出答案。比如说，如何通过腹部的一个小切口将所有器官取出？如何放血？但最大的挑战可能还是如何将大脑摘除。之前，布莱尔也曾对数百具木乃伊进行过检验，并为它们的骨骼拍摄X光照片，试图解开其中的玄机。但在摘除大脑这个难于触及的器官时，他却陷入了麻烦。很显然，完成这项工作光靠信心是远远不够的。

在经历了一次又一次的尝试和失败之后——试图利用一把钩子将大脑从鼻子中“钩”出来——布莱尔和瓦德最终决定上演更为“暴力”的做法。布莱尔解释说：“我们不得不做的是将一个类似衣架的器具放置其中，并让它保持旋转的状态……这样一来，我们便可将大脑打碎，也就是说使其液化。在此之后，我们再将尸体调转过来，让已成液体的大脑从鼻子中流出。”

有望揭开千古之谜

在此次试验中，二人下一步要做的便是等待和观察了。布莱尔说：“这具木乃伊已经在常温下保存了近13年了，现在仍没有出现任何腐烂的迹象。因此，我们有理由相信这种制作方式是正确的。”

然而，“如假包换的现代木乃伊”的故事并没有就此画上一个句号。相反，研究人员却第二次朝着解开木乃伊千古之谜的道路前进：他们将这具木乃伊提供给其他希望找到古代木乃伊制作技术的科学家。有意思的是，古埃及法老原本是希望借助木乃伊这种方式获得永世的安宁，但这个现代版木乃伊却会让科学界在几十年内不得安宁。

此外，慷慨的布莱尔和瓦德也将组织样本提供给所有类型的研究。2007年，现代版木乃伊的骨骼样本便帮助英国曼彻斯特大学埃及古物学家安格利克·科萨尔斯，找到从古尸中离析DNA的最佳方式。科萨尔斯对被很多人疑为著名海特西朴苏女王的木乃伊可谓是情有独钟，这位女王是所有4名女法老中权势最大的一个。一直以来，埃及古物最高委员会便希望有人能够从这具木乃伊中离析细胞核内的DNA——从没有人能够解决这个天大的难题——并通过与从另外两具木乃伊（据说是海特西朴苏的父母）组织样本中提出的DNA进行比对，进而解开它的身份之谜。但这个最佳人选必须得到最高委员会的绝对信任。科萨尔斯说：“当从木乃伊中提出组织的时候，你不得不异常小心，因为博物馆馆长显然不希望任何人破坏他们的木乃伊。”

科萨尔斯对来自现代版木乃伊的组织样本进行了试验，结果发现，她能够从骨骼中找回大量DNA，但与从皮肤和其他组织提取的DNA相比，这点成就显然没有任何意义。虽然如此，但最高委员会显然已对科萨尔斯充满了足够的自信，可以让她放手一搏，确定所谓的海特西朴苏女王木乃伊的真正身份。不久之后，在一间无菌室内，科萨尔斯将一根用于活组织切片检查的针头钻进一具埃及木乃伊的骨骼，当时古物最高委员会成员透过窗户焦虑地凝视着整个过程。

科学界的一件宝贝

科萨尔斯说，现代版木乃伊“帮助修改了提取法方案，同时告诉人们应该从身体的什么部位找回最大量的DNA”。2007年，科萨尔斯从一具埃及木乃伊身上获取了第一个细胞核DNA样本，最终为解开木乃伊之谜——是不是埃及女王海特西朴苏——提供了强有力的初步证据。

事实证明，“如假包换的现代版木乃伊”拥有持久的吸引力。布莱尔称，全世界所有研究项目的科学家都已向他们提出希望获得组织样本的请求。时下，他和瓦德每年至少要与现代版木乃伊上演一次“再聚首”——提取样本并观察它的保存状况。在获得永生的旅途中，木乃伊显然要受到很多人的打扰，但对于一名异乎寻常的多产的遗体捐献者来说，这不过是获得巨大声望的一种代价罢了。

可可西里的“冰火世界”

在可可西里核心区，除了星罗棋布的美丽湖泊，形态各异的火山岩无疑最引人注目。尤其在冬天的冰天雪地里，洁白的冰雪与黑色的火山岩一道，组成了一个极具特色的“冰火世界”。

在中国科学院可可西里科考队沿可可西里核心区的科考湖、布喀达坂峰、大黑台、勒斜武担湖、可可西里山等地考察时看到，美丽的火山岩无处不在，点缀着这个罕有人至的世界：科考湖边遍野的雪中火山岩、饮马湖畔大黑台的巨大火山岩、勒斜武担湖边成片的黑色火山岩……

科考队队长、中科院青藏高原研究所研究员丁林表示，可可西里火山岩是此次科考的重点对象，因为通过对它的考察和研究可以揭示青藏高原的隆升过程，并了解青藏高原岩石圈的结构。在勒斜武担湖南岸的火山岩前，中科院南京地质与古生物研究所副研究员郭振宇认为，这次考察在火山岩中存在一些下地壳乃至上地幔物质的岩石或矿物的包裹体，这些包裹体所携带的地壳深部的信息非常重要。

可可西里新生代火山岩，大致以金沙江断裂带和东昆仑断裂带为南北边界，火山性质以钾玄岩为主。此次科考已到达的主要火山岩，包括大帽山、科考湖、大黑台、马兰山、勒斜武担湖等岩区，五雪峰、向阳湖、双头山、黑驼峰等地的火山岩以及祖尔肯乌拉山的火山岩。可可西里火山岩区作为中国最大的火山群之一，其新生代火山岩的形成与青藏高原的大地构造环境有着成因上的联系，因此它可以作为探索新生代以来青藏高原岩石圈物质组成、壳幔结构以及青藏高原隆升机制的重要窗口。可以预料，随着人们对可可西里火山岩的了解越来越多，可可西里火山岩的美丽与科学价值将会为越来越多的人所认识和了解。

美国湖中“杀人虫”

据美国媒体报道,一种生活在湖泊中的微生物能钻入游泳者鼻孔,进入大脑“蚕食”脑细胞,导致病人脑死亡,被称作“杀人虫”。这种“杀人虫”已在美国夺命6条,引起美卫生官员高度重视。他们担心,更多的人可能因其丧命。

“蚕食”大脑

据美国疾病控制和预防中心介绍,“杀人虫”是一种名叫“福氏纳格里”的变形虫,“生活”在湖泊、温泉甚至卫生状况糟糕的游泳池内,主要靠吃海藻以及湖泊沉积物滋生的细菌为生。

中心从事与游泳有关疾病研究的专家迈克尔·比奇说,前往湖泊游泳的人在趟过较浅水域时,容易搅动湖泊底部沉积物。如果他们继续前行到达较深的水域,这种变形虫就可能从鼻孔“乘虚而入”,进而附着在嗅觉神经上。

他说,变形虫会“一路”破坏神经组织,直到“抵达”大脑。随后便开始“蚕食”脑细胞,直至病人死亡。

他介绍说,病人早期通常会出现颈部僵硬、头痛以及发热等症状。晚期则表现出幻觉以及行为异常等一系列脑损伤症状。最可怕的是,绝大多数病人一旦患病,生存希望十分渺茫。

悲剧频发

疾病控制和预防中心提供的数据显示,这种疾病20世纪60年代首次“现身”澳大利亚,全球感染病例至今不过数百例。

全美1995~2004年10年间共有23人死于这种疾病。但2005年还未过完,就有6人因此丧命。

亚利桑那州年仅14岁的少年阿伦·埃文斯2005年9月8日前往科罗拉多河上著名的哈瓦苏湖游泳,9天后就被这种变形虫病夺走了生命。

虽然研究人员还不能确定感染者中儿童居多、男孩多于女孩的原因,但他们担心,这种疾病可能夺走更多人的性命。

“这种变形虫喜欢温暖的环境。随着近年来水温不断上升，它的繁殖能力将会变强。”比奇说，“由于水温持续升高，我们今后可能会碰到更多这样的病例。”

鉴于这一情况，美国各州卫生部门已经开始采取行动，应对变形虫病进一步发展的潜在威胁。

剧毒杀人蜂群起攻击人类

在美丽的仙居淡竹原始森林景区，三名村民正在采摘猕猴桃，可他们不知道的是，一场灾难已悄悄降临。

这三名仙居村民遭到了特大马蜂的袭击，造成了一人死亡两人重伤的惨剧。消防部门提醒广大游客，国庆长假期间，在景区游玩千万要提高警惕，防止有毒昆虫的叮咬。

“杀人蜂”造成一死两重伤

2007年9月30日早上，仙居消防部门接到求助电话称，仙居原始森林景区内有一窝马蜂，疯狂袭击三名上山摘野生猕猴桃的村民，结果导致一人当场死亡，另外两人严重蜇伤。景区负责人请求消防官兵前去铲除“杀人蜂”，确保国庆期间游客安全。官兵得知情况后，立即驱车前往事发现场。事发地点位于海拔400米的山腰上，属非游客观光游览区。消防官兵发现这个马蜂窝安在地里，洞口直径只有包子那么大，但周围灌木丛生，若不是洞口上方盘旋着一群马蜂，很难被发现。

面对“杀人蜂”，消防官兵不敢怠慢，立即做好个人防护，携带杀虫剂和锄头悄悄向蜂窝靠近。然而，盘旋在洞口警觉的马蜂似乎感到危险的降临，立即蜂拥而上攻击消防队员。消防员马上用杀虫剂向身体周围喷洒，在杀死周旋在四周的马蜂后，立即向洞口喷射，并迅速用泥土把马蜂窝的入口填埋住，一举端掉了这群“杀人蜂”的大本营。

警方提醒谨防有毒昆虫

记者了解到，和常见的马蜂不同，这群马蜂被当地人称为“地蜂”。成年地蜂身长约有4公分,身体呈黄黑色。地蜂比普通马蜂的毒性要大很多,民间有说法称40只地蜂就可以蛰死一头老水牛,蜇人更是容易造成死伤,尤其是那些身体过敏的人,甚至只要一只蜂就可能致人死地。

消防官兵告诉记者,马蜂毒液中含有酸性毒素,一旦被马蜂蛰到,可立即用氨水或肥皂水清洗伤处,以中和部分蜂毒并作紧急治疗,伤势严重者须及时到医院救治。马蜂一般不会主动攻击人,它的蜇人行为纯属自卫。如遭到马蜂攻击,唯一的办法是用衣物保护好自己的头颈部,反向逃跑或原地趴下。千万别反击,否则只会招致更多的攻击。

为什么地球上“三极”臭氧层破坏严重

众所周知,臭氧具有强烈吸收有害紫外线的功能,臭氧层是保护地球上生物的天然屏障。然而,随着生产力水平的发展,特别是进入现代社会以来,由于人类向大气中排放大量氯氟烃,导致地球上空的臭氧层变薄,严重地危害了人类自身以及其他生物的生存安全。

据观测,目前臭氧层破坏比较严重的地方在地球的“三极”上,即北极度地区、南极度地区和青藏高原的上空。而地球上的这“三极”自然条件恶劣,人烟稀少,当地人们向大气中所排放的氯氟烃数量有限,为什么“三地”上空臭氧层所受的破坏反而比较严重呢?

原来包围在地球周围厚厚的大气层,在垂直方向上可以分为五层:对流层、平流层、中间层、热层和外层。臭氧层就位于平流层当中。对流层是高度最低的一层,它和人类的关系最为密切,人类在向大气中排放的有害气体首先进入该层。它的高度就是该层空气对流运动所能到达的顶端,因而其高度随纬度和地势高低而变化:赤道地区因获得的太阳辐射较多,空气对流运动旺盛,因而对流层较高;两极地区因获得的太阳辐射较少,空气对流运动较弱,对流层较低;南极相对于北极更冷一些,因而其对流层就更低;青藏高原虽然纬度不是很高,但由于它“世界屋脊”的较高的地势,使其表面温度降低,空气对流运动不够旺盛,因而对流层也较低。正是由于“三极”地区上空的对流层也较低,相应的平流层的高度也随之降低。人们向对流层大气中排放的氯氟烃会随着大气的环流运动而到达“三极”地区的上空,正是因为“三极”的平流层较低,所以氯氟烃能到达平流层中,进而破坏臭氧层。实际的观测结果也证明,这里臭氧层破坏最为严重,已经出现了臭氧空洞,其中北极度地区臭氧层破坏较南极地区轻一些,青藏高原地区臭氧层破坏较北极度地区又轻一些。

科学家发现抽烟的星球

据巴西门户网站G1报道,巴西科学家近日与法国科学家一起发现了一颗距离地球6000光年的星球,它不停地向宇宙释放出云状的尘埃,从远处看上去就像是在"抽烟"。

巴西北里奥格兰德州联邦大学的科学家若泽·赫南·梅代罗斯表示,这颗名为R Y Sagitarii的星球位于射手座方向,属于北冕座R型星,是一种能够向周围释放大量物质的特殊恒星。目前科学家只观测到50颗类似的恒星。

梅代罗斯说:"让人感到惊讶的是,该星球并不是均匀地向外散发物质,而是形成尘埃云,像是香烟冒出的烟雾。"

类似R Y Sagitarii这样的星球内部经常会发生爆炸,从而使其部分物质散发到太空中,但这些物质是如何形成云团状的,至今还不得而知,梅代罗斯和他的同事目前正试图解开这个谜。

梅代罗斯还解释说,研究这样的星球对揭示太阳的形成具有非常重要的意义,因为"R Y Sagitarii就好像50亿年前的太阳,它提供给我们的信息是非常有用的"。

火星上发现七个疑似洞穴

据国外媒体报道,美国宇航局表示,轨道飞船"火星奥德赛"号发现了火星一座火山的斜坡上存在7个疑似洞穴的证据。"火星奥德赛"号飞船发回了颜色非常模糊、几乎成圆形的洞穴照片,它们似乎是通往地下王国的一扇门。

美国地质勘测局天体地质学小组和北亚利桑那州大学的格伦·库欣说:"白天,它们的温度要比周围表面低,晚上正好相反。它们的热反应稳定性与地球上的大型洞穴不同,后者经常是维持一个恒定的温度,但它们与地表深洞是类似的。"

研究人员将这些洞穴取名为"7姐妹",他们在《地球物理研究快报》发表报告说,“7 姐妹”位于火星最高山脉附近的“Arsia Mons”火山的斜坡上,这里是火星最高的地区之一。美国地质勘测局的提姆·泰特斯说:“不管是垂直的深通道还是通往大洞穴的门,它们都是火星表面的入口。”

在火星上的某些地区,洞穴可能为过去或现在的生命体提供一个受保护的小环境,或者为未来登陆的人类提供一个栖息地。但“7 姐妹”显然不能成为人类的栖身之所。库欣说:“它们的高度实在是太高了,无论是用作人类还是微生物的栖息地,它们都是不合格的候选者。即使火星上确实存在过生命,它们也不可能迁居到这个高度。”

为什么山区会出现焚风

“焚风”,顾名思义,就是火一样的风,是山区特有的天气现象。为什么山区会出现焚风呢?这是由于气流越过高山,出现下沉运动造成的。从气象学上讲,某一团空气从地面升到高空,每升高 1000 米,温度平均要下降 6.5℃;相反,当一团空气从高空下沉到地面的时候,每下降 1000 米,温度约平均升高 6.5℃。这就是说,当空气从海拔 4000~5000 米的高山下降至地面时,温度就会升高 20℃以上,会使凉爽的气候顿时热起来。这就是产生“焚风”的原因。

“焚风”在世界很多山区都能见到,但以欧洲的阿尔卑斯山、美洲的落基山,前苏联的高加索最为有名。阿尔卑斯山脉在刮焚风的日子里,白天温度可突然升高 20℃以上,初春的天气会变得像盛夏一样,不仅热,而且十分干燥,经常发生火灾。强烈的焚风吹起来,能使树木的叶片焦枯,土地龟裂,造成严重旱灾。

焚风有时也能给人们带来益处。北美的落基山,冬季积雪深厚,春天焚风一吹,不要多久,积雪会全部融化,大地长满了茂盛的青草,为家畜提供了草场,因而当地人把它称为“吃雪者”。程度较轻的焚风,能增高当地热量,可以使玉米和果树的成熟期提前,所以前苏联高加索和塔什干绿洲的居民,干脆把它叫做“玉蜀黍风”。

在我国,焚风地区也到处可见,但不如上述地区明显。如天山南北、秦岭脚下、川南丘陵、金沙江河谷、大小兴安岭、太行山下、皖南山区都能见到其踪迹。

天气变化使人类祖先走出非洲

科学家在以色列通过研究一些古代洞穴的沉积岩石,首次发现了气候变化帮助古代人类迁徙出非洲的确切证据。一支由以色列科学家组成的研究小组,对以色列南部内盖夫沙漠腹地的五个古代洞穴内的石笋和钟乳石等沉积岩石进行分析后,得出了这一结论。

科学家们解释说,这些沉积岩石的生长方式表明,它们都是在一个雨水十分丰沛的时期形成的,这说明在距今14万年前,该地区经历了一个较长时间的多雨时期。而这个降雨时期正好和中东地区最早出现古代人类的时间相吻合。

位于耶路撒冷的希伯来大学的博士研究生安顿·瓦克斯说:“我们发现在距今11万~14万年之间,丰沛的雨水促进了钟乳石的形成,而这种制造沉积岩的过程在距今12.5万~13万年之间达到最高峰。”瓦克斯参与了整个地质考察活动。

在以色列城市拿撒勒附近的卡梅尔地区北部,科学家们曾经发现过古代人类定居过的痕迹,这些遗迹被估计有大约10万~13万年的历史,这和沉积岩石形成的时期大致吻合。

科学家们估计,在这个多雨的时期,从撒哈拉沙漠到埃及西奈半岛之间的沙漠地区形成了环境相对良好的“大陆桥”,使得非洲的人类可以穿越撒哈拉沙漠进入亚洲。当时的撒哈拉沙漠可能变得非常之小,其对人类迁徙的限制作用也因而变得十分有限。

尼罗河变成了“高速公路”

该项研究使用了高精度的光谱仪分析了岩石沉积物的形成时间和原理,科学家认为,正是气候变化使得古代人类有机会穿越北非的不毛之地。这些增加的降雨也增大了尼罗河的流量,使其变成一条通往北方的“高速公路”,帮助人类穿越沙漠。

科学家们声称,当时红海沿岸的气候也不那么恶劣,而考古学家们也发现了古代人类沿着海岸线迁徙时留下的遗迹。有理由相信多雨年份形成的“西奈-内盖夫”陆地桥帮助古代人类走出了非洲。这次发现是历史上第一次为人类从非洲迁徙到亚洲找到确切证据,因此意义非凡。

一去不回

参与研究项目的科学家解释说,可惜的是这个多雨的时期并不很长,不久后西奈半岛和撒哈拉沙漠就恢复了不毛之地的状态,这使得迁往西亚的人类无法再回到非洲了。

但科学家们同时强调,在历史上因环境变化而产生的“绿色走廊”也许不仅仅产生和消失过一次,因此人类从非洲进入亚洲,或者是从亚洲返回非洲的机会可能不止一次。

宇宙中发现巨大“空洞”

最新发现表明,在太空中存在一个巨大的物质“空洞”,这一发现让天文学家感到震惊。

这个“空洞”的直径接近10亿光年,它并不是体积较小密度极大的“黑洞”。相反,在这个“空洞”里面,科学家没有探测到星体、气体或者其他本应该存在的正常物质,甚至,连充斥宇宙的暗物质都不在其中。科学家之前曾发现过类似空洞,但很明显,之前的空洞都没有这次发现的“空洞”这么空、这么大。

天文学家想不明白为什么会存在这样的“空洞”。

美国明尼苏达大学研究人员劳伦斯·鲁尼克说:“没有人发现这样的空洞,更没有人预料到宇宙中竟存在这样大的空洞。”

鲁尼克的同事莉莉雅也表示,这次发现超出想象:“我们所发现的空洞是与常规发现的不同,无论是理论观测结果还是计算机建模演示,都不会出现这样的空洞,但它确实出现了。”

这次发现刊登在《天体物理学杂志》上。

科学家宣称首次在太阳系外的行星上发现水

英国科学家发表报告披露,在太阳系外的一颗行星上,首次发现水分子的存在，并称这一发现使人类在其他行星上求生的尝试“真正向前迈了一大步”。

科学家通过恒星光谱的变化确定了HD189733b的存在，并通过它与恒星光谱的相互干扰获得了关于它的大气层特征的信息，并“准确无误”地证明了水的存在。

科学家们一直在努力寻找太阳系外行星上存在水的证据。今年4月，美国科学家宣称，命名为“HD209458b”的行星大气层可能存在水蒸气，不过也有批评者对此发现表示怀疑。

最新发现有水的HD189733b的行星体积约比木星大15%，与它的恒星之间的距离约比地球至太阳间的距离小30倍，围绕一颗位于狐狸星座方向上、大约距离太阳64光年的恒星运行。

HD189733b表面没有实体，为一个气体行星，公转轨道极为接近其恒星，这两个特点与木星相似。又因HD189733b行星温度异常灼热，因此被称为“热木星”。

这组科学家的领导者、来自伦敦大学学院的吉奥瓦纳·提纳提博士表示，尽管HD189733b行星上的环境并不适合人类居住，但这一新发现却说明行星上可能拥有比预想中更多的水分。

提纳提博士指出，今日的行星研究者应努力寻找一个与地球相似、且其大气中拥有水分子的行星。这颗行星一旦被找到，就意味着太阳系以外的行星也可能成为人类的容身处。

“孪生草”之谜

在亚洲西部的土耳其，有个叫做卡尔纳加的小山村，村民中的双胞胎出生率竟然高出世界平均水平50多倍。由于卡尔纳加村极其贫困，又缺医少药，婴儿的死亡率高得惊人，但这个村子仅有的150户人家中，目前仍有80对双胞胎。

村里老人们在谈到其中的“秘密”时说，他们除了一年四季呼吸的是山林新鲜空气，喝的是洁净山泉水外，祖祖辈辈还喜食一种叫做“葭”的植物，村民们习惯称之为“孪生草”。据说，长期食用这种植物的妇女怀孕后就可能生下双胞胎，就连牧场上那些吃了“葭”的马、牛和羊产下孪生胎的数量也很惊人。不少人慕名到这个名不见经传的小山村来购买这种名叫“葭”的奇异植物。

北美大陆未沉得益于地热

科学家最近宣称,来自地球深层的热量通过加热美洲大陆板块增加它的浮力,使北美洲不至于沉没。如果失去了这种作用,现在许多美国滨海城市可能已经葬身于深深的海底了。

来自犹他大学的研究者大卫·查普曼参与了此项研究活动,他说:"我们有史以来第一次发现了地壳和地幔由于温度分布不均匀而对北美洲的陆地板块产生了浮力作用,温度不均衡以及各地区岩石构成比例不同这两个因素共同作用,最终高高托起了美洲板块。"

通过对先前探测到的北美洲不同地区岩石密度的数据进行综合,研究人员模拟了一种均匀分布厚度均一的模拟地壳,通过研究它来证实自己的观点。

查普曼解释说:"一旦我们完成了这个模型,地壳温度膨胀效应就迅速显示出来了。"研究人员之后计算了热流对 36 块分板块的浮力作用,这些分板块互相作用,共同组成了整个北美洲板块。

这一最新发现已经在美国地理协会主办的地质杂志上发表了两篇研究报告,详细地列出了研究过程和细节资料。

海底的城市

该研究显示,如果北美洲的地壳结构是均匀的,许多先进的美国城市已经葬身海底。以纽约市为例,如果美洲地壳像实验室模型一样均一,它现在应该处于大西洋水面下 1427 英尺的地方,波士顿处于洋面下 1823 英尺,而洛杉矶处于太平洋洋面以下 3756 英尺的地方。

但是其他一些城市可能会上升到新的高度,例如西雅图,将会从海拔 500 英尺上升到海拔 5949 英尺的高度。美国艾默拉德市的岩石温度要低于北美洲的平均水平,岩石的温度差会导致岩体发生缓慢的运动,形成升力,使西雅图这样的城市越拔越高。

部分地区则会保持原有的高度,但如果你移走保持板块悬浮的地心热量,那么北美洲可能除了落基山脉、内华达州的锯齿山脉等较高的地域以外全部被海水淹没。犹他大学的科学家德里克海斯特罗克如是说。

并非立即大难临头

查普曼解释说，过去有些科学家可能忽视了地球内部热力的悬浮作用，而只把研究的注意力放在了板块由于不同位置具有不同的岩石组成和厚薄程度的原因上来。我们可以用这个例子来反映地球内部热力的浮升作用——科罗拉多板块和大平原板块具有几乎一致的岩石组成，但科罗拉多板块海拔6000英尺而大平原板块海拔仅有1000英尺，而对于它们下方的地壳来说，科罗拉多板块要热得多，达到了华氏1200度，而大平原板块只有华氏930度。

美国城市完全没有在短期内沉没的顾虑，但当几十亿年后北美板块的地壳温度分布均匀以后，岩石会因温度下降而变得致密，那时美洲大陆将难逃沉没的命运。

南极洲大陆的“热水瓶”

南极洲位于地球的最南端，这是一块常年为冰雪覆盖的广袤的陆地，是地球上最大的“冰雪大陆”，也是世界上最冷的大陆。在这里的莱特冰谷里，有一个瓦塔湖，湖面长年累月覆盖着厚厚的冰层，气候十分寒冷。但在这个湖泊的深处，却是另一番景象，离湖面60米左右的深处，有一层盐水饱和了的咸水层，温度达到27℃，比湖面的平均温度高47℃，极地考察人员称瓦塔湖是地下的“热水瓶”。

在冰天雪地、气候异常寒冷的南极洲，为什么会有这种湖泊深处的“热水瓶”呢？人们众说纷纭。有人认为，这是地球内部的地热向上活动的结果。但经科学探测，人们发现湖底沉积物的温度比湖底水层的温度要低，湖底水层的温度又比湖的中部咸水层的温度要低，这就说明，热源不可能来自地下。那么热源会来自哪里呢？地质学家经过大量的考察研究，终于揭开了这个“热水瓶”的秘密。原来，这个热源不是来自别处，而是来自太阳。

地球上有数不清的大大小小的湖泊，比起南极洲的瓦塔湖来说，这些湖泊受到太阳光照射后所获得的热能会更多，可是，在寒冷的季节里，这些湖中并没有热水层。原来，瓦塔湖湖面的冰层虽然很厚，但湖水却非常洁净，很少有矿物质和微生物，保持了永不混浊的状态。南极洲极昼时，虽然太阳光始终是斜射的,但长时间照在湖面上,透过洁净的冰层和透明的湖水,把湖底的水晒成了温水。这一层湖水含盐较多,咸水的比重较淡水的比重大,不会跟上层淡水对流融合,能够较好地积蓄着太阳光能,加之淡水层像件保暖的“棉袄”,湖面的冰层又像密闭的保暖库,使得这层咸水得到了“保暖”。

在南极洲,像瓦塔湖这样的湖泊还有好几个,它们也都是硕大的太阳能贮存器。

南北极为何从不发生地震

在地震史上,地球的南、北极地区还从未发生过任何级别的地震,这一奇异的地质现象一直是地质学界的一个未解之谜。

美国的科学家经过 30 多年的观测研究认为,巨大的冰层是造成南极大陆和北极的格陵兰岛内陆地区没有发生过任何地震的主要原因。据多年观测统计,南极大陆和格陵兰岛的冰雪覆盖面分别达到 90% 和 80%,且冰层厚度大。由于冰层的压力,其底部几乎处于“熔融”状态,同时由于冰层面积大且分量重,在垂直方向产生强烈的压缩,而这种冰层形成的巨大压力,与地层构造的挤压力达到了平衡,因而不会发生倾斜和弯曲,所以分散和减弱了地壳的形变,因而南北极不可能发生地震。

地球到底能养活多少人

生态学家指出,人类主要靠吃植物为生,虽然也吃肉类,但被吃的动物是靠吃植物生存的,所以人类实际上是间接地在吃着植物。一个人每天需从植物那里获得 22 大卡的能量才能维持正常的生存,一年约需 8×105 大卡。估计全球植物每年生产的能量约为 660×1015 大卡,这样算下来,地球能养活 8000 亿人口。

你也许会说:现在的世界人口是 50 多亿,距离 8000 亿还远着呢,人们何必为人口的增加而忧心忡忡呢?

可是,专家们又指出,地球上的植物不可能全部变为食物供人类利用,有不少植物是根本无法利用的,有的则要供养其他动物,剩下能为人类享用的那部分能量实际上只占植物总生产量的 1%。因此,地球上最多养活的人口不是 8000 亿,而仅仅是 80 亿!

联合国在不久前的一项报告中说,世界人口在 21 世纪末之前是不会开始稳定下来的,到那时,世界总人口将达到大约 102 亿,即为现在人口总数的 2 倍,这已大大超过了地球能容纳的人口数。一些学者预计,如果今后人口每年按 2% 的比例增长,以地球陆地面积为 1.5 亿平方千米计,大约在 2500 年,每平方米土地上就有一个人。而到 2800 年的时候,地球上的人口密度,将如同拥挤的公共汽车上那样密集! 地球能养活的人口数量是有限的,人口只能稳定在地球这个特定的自然环境许可的条件下,不能想生多少就生多少。人口太多,超过了地球的负荷能力,灾难就要降临到人类自己头上。

台风是怎样形成的

台风实际上是强烈的热带气旋。热带气旋是发生在热带海洋上的强烈天气系统,它像在流动江河中前进的涡旋一样,一边绕自己的中心急速旋转,一边随周围大气向前移动。像温带气旋一样,在北半球热带气旋中的气流绕中心呈逆时针方向旋转,在南半球则相反。愈靠近热带气旋中心,气压愈低,风力愈大。但发展强烈的热带气旋,如台风,其中心却是一片风平浪静的晴空区,即台风眼。

在热带海洋上发生的热带气旋,其强度差异很大。1989 年以前,我国把中心附近最大风力达到 8 级或以上的热带气旋称为台风,将中心附近最大风力达到 12 级的热带气旋称为强台风。自 1989 年起,我国也采用了国际分类标准,即:当热带气旋中心附近最大风力小于 8 级时称为热带低压,8 和 9 级风力的称为热带风暴,10 和 11 级风力的为强热带风暴,只有中心附近最大风力达到 12 级的热带气旋才称为台风。

由以上定义不难看出,热带气旋是热带低压、热带风暴、强热带风暴和台风的总称。但由于热带低压破坏力不强等原因,习惯上所指的热带气旋一般不包括热带低压。

热带气旋的生成和发展需要巨大的能量,因此它形成于高温、高湿和其他气象条件适宜的热带洋面。据统计,除南大西洋外,全球的热带海洋上都有热带气旋生成。

大多数的热带低压并不能发展为热带风暴，也只有一定数量的热带风暴能发展到台风强度，台风之间的强度差异也很大，有的强风中心附近最大风速为35 米/秒，但中心附近最大风速超过 50 米/秒的台风也不鲜见。如在浙江瑞安登陆的 9417 号台风，登陆时其中心附近的最大风速就达 45 米/秒。

热带气旋的生命史可分为生成、成熟和消亡三个阶段。其生命期一般可达一周以上，有的热带气旋在外界环境有利的情况下生命期可超过 2 周。当热带气旋登陆或北移到较高纬度的海域时，因失去了其赖以生存的高温高湿条件，会很快消亡。

热带气旋灾害是最严重的自然灾害，因其发生频率远高于地震灾害，故其累积损失也高于地震灾害。1991 年 4 月底在孟加拉国登陆的热带气旋曾经夺去了 13.9 万人的生命。我国是世界上受热带气旋危害最甚的国家之一，近年来，因其而造成的年平均损失在百亿元人民币以上，像 9417 号台风那样的登陆强热带气旋，一次造成的损失就超过百亿元人民币。

来自浩瀚宇宙的神秘能量

“伽马射线暴”追踪溯源

2003 年末，美国《科学》杂志评出年度十大科技成就，关于宇宙伽马射线的研究入选其中。这项研究增进了对宇宙伽马射线爆发的理解，证实伽马射线爆发与超新星之间存在联系。

6500 万年前，一颗撞向地球的小行星曾导致了恐龙的灭绝。然而据英国《新科学家》杂志 2003 年披露，来自外太空的杀手远不止小行星一个，最新科学研究显示，早在 4 亿年前，地球上曾经历过另外一次生物大灭绝，而罪魁祸首就是银河系恒星坍塌后爆发的“伽马射线”！

在天文学界，伽马射线爆发被称作“伽马射线暴”。

究竟什么是伽马射线暴？它来自何方？它为何会产生如此巨大的能量？

“伽马射线暴是宇宙中一种伽马射线突然增强的一种现象。”中国科学院国家天文台赵永恒研究员告诉记者，伽马射线是波长小于 0.1 纳米的电磁波，是比 X 射线能量还高的一种辐射，它的能量非常高。但是大多数伽马射线会被地球的大气层阻挡，观测必须在地球之外进行。

冷战时期,美国发射了一系列的军事卫星来监测全球的核爆炸试验,在这些卫星上安装有伽马射线探测器,用于监视核爆炸所产生的大量的高能射线。

侦察卫星在1967年发现了来自浩瀚宇宙空间的伽马射线在短时间内突然增强的现象,人们称之为“伽马射线暴”。由于军事保密等因素,这个发现直到1973年才公布出来。这是一种让天文学家感到困惑的现象:一些伽马射线源会突然出现几秒钟,然后消失。这种爆发释放能量的功率非常高。一次伽马射线暴的“亮度”相当于全天所有伽马射线源“亮度”的总和。随后,不断有高能天文卫星对伽马射线暴进行监视,差不多每天都能观测到一两次的伽马射线暴。

伽马射线暴所释放的能量甚至可以和宇宙大爆炸相提并论。据赵永恒研究员介绍,伽马射线暴的持续时间很短,长的一般为几十秒,短的只有十分之几秒。而且它的亮度变化也是复杂而且无规律的。但伽马射线暴所放出的能量却十分巨大,在若干秒钟时间内所放射出的伽马射线的能量相当于几百个太阳在其一生(100亿年)中所放出的总能量!

在1997年12月14日发生的伽马射线暴,它距离地球远达120亿光年,所释放的能量比超新星爆发还要大几百倍,在50秒内所释放出伽马射线能量就相当于整个银河系200年的总辐射能量。这个伽马射线暴在一两秒内,其亮度与除它以外的整个宇宙一样明亮。在它附近的几百千米范围内,再现了宇宙大爆炸后千分之一秒时的高温高密情形。

然而,1999年1月23日发生的伽马射线暴比这次更加猛烈,它所放出的能量是1997年那次的10倍,这也是人类迄今为止已知的最强大的伽马射线暴。

成因引发大辩论

关于伽马射线暴的成因,至今世界上尚无定论。有人猜测它是两个中子星或两个黑洞发生碰撞时产生的;也有人猜想是大质量恒星在死亡时生成黑洞的过程中产生的,但这个过程要比超新星爆发剧烈得多,因而,也有人把它叫做“超超新星”。

赵永恒研究员介绍说,为了探究伽马射线暴发生的成因,引发了两位天文学家的大辩论。

在20世纪七八十年代,人们普遍相信伽马射线暴是发生在银河系内的现象,推测它与中子星表面的物理过程有关。然而,波兰裔美国天文学家帕钦斯基却独树一帜。他在上世纪80年代中期提出伽马射线暴是位于宇宙学距离上，和类星体一样遥远的天体，实际上就是说，伽马射线暴发生在银河系之外。然而在那时，人们已经被“伽马射线暴是发生在银河系内”的理论统治多年，所以他们对帕钦斯基的观点往往是付之一笑。

但是几年之后，情况发生了变化。1991 年，美国的“康普顿伽马射线天文台”发射升空，对伽马射线暴进行了全面系统的监视。几年观测下来，科学家发现伽马射线暴出现在天空的各个方向上，而这就与星系或类星体的分布很相似，却与银河系内天体的分布完全不一样。于是，人们开始认真看待帕钦斯基的伽马射线暴可能是银河系外的遥远天体的观点了。由此也引发了 1995 年帕钦斯基与持相反观点的另一位天文学家拉姆的大辩论。

然而，在十年前的那个时候，世界上并没有办法测定伽马射线暴的距离，因此辩论双方根本无法说服对方。伽马射线暴的发生在空间上是随机的，而且持续时间很短，因此无法安排后续的观测。再者，除短暂的伽马射线暴外，没有其他波段上的对应体，因此无法借助其他波段上的已知距离的天体加以验证。这场辩论谁是谁非也就悬而未决。幸运的是，1997 年意大利发射了一颗高能天文卫星，能够快速而精确地测定出伽马射线暴的位置，于是地面上的光学望远镜和射电望远镜就可以对其进行后续观测。天文学家首先成功地发现了 1997 年 2 月 28 日伽马射线暴的光学对应体，这种光学对应体被称之为伽马射线暴的“光学余晖”；接着看到了所对应的星系，这就充分证明了伽马射线暴宇宙学距离上的现象，从而为帕钦斯基和拉姆的大辩论做出了结论。

到目前为止，全世界已经发现了 20 多个伽马射线暴的“光学余晖”，其中大部分的距离已经确定，它们全部是银河系以外的遥远天体。

赵永恒研究员说，“光学余晖”的发现极大地推动了伽马射线暴的研究工作，使得人们对伽马射线暴的观测波段从伽马射线发展到了光学和射电波段，观测时间从几十秒延长到几个月甚至几年。

超新星再次引发争议一个接着一个。

2003 年 3 月 24 日，在加拿大魁北克召开的美国天文学会高能天体物理分会会议上，一部分研究人员宣称他们已经发现了一些迄今为止最有力的迹象，表明普通的超新星爆发可能在几周或几个月之内导致剧烈的伽马射线大喷发。这种说法一经提出就在会议上引发了激烈的争议。

其实在 2002 年的一期英国《自然》杂志上，一个英国研究小组就报告了他们对于伽马射线暴的最新研究成果，称伽马射线暴与超新星有关。研究者研究了 2001 年 12 月的一次伽马射线暴的观测数据，欧洲航天局的 XMM——牛顿太空望远镜观测到了这次伽马射线暴长达270秒的X射线波段的“余晖”。通过对于X射线的观测,研究者发现了在爆发处镁、硅、硫等元素以亚光速向外逃逸,通常超新星爆发才会造成这种现象。

大多数天体物理学家认为,强劲的伽马射线喷发来自恒星内核坍塌导致的超新星爆炸而形成的黑洞。麻省理工学院的研究人员通过钱德拉X射线望远镜追踪了2002年8月发生的一次时长不超过一天的超新星爆发。在这次持续21小时的爆发中,人们观察到大大超过类似情况的X射线。而X射线被广泛看作是由超新星爆发后初步形成的不稳定的中子星发出。大量的观测表明,伽马射线喷发源附近总有超新星爆发而产生的质量很大的物质存在。

反对上述看法的人士认为,这些说法没有排除X射线非正常增加或减少的可能性。而且,超新星爆发与伽马射线喷发之间存在时间间隔的原因仍然不明。

无论如何,人类追寻来自浩瀚宇宙的神秘能量——伽马射线暴的势头不会因为一系列的疑惑而减少,相反,科学家会更加努力地去探索。“作为天文学的基础研究,这种探索对人们认识宇宙,观察极端条件下的物理现象并发现新的规律都是很有意义的。”赵永恒研究员说。

伽马射线几秒内放射的能量相当于几百个太阳100亿年所放总能量。

2003年9月,美国有学者对奥陶纪晚期的化石标本进行了研究,他们猜测,在那个时期,100种以上的水生无脊椎动物在一次伽马射线爆发中从地球上永远地消失了。研究人员表示,伽马射线爆发可能形成酸雨气候,使地球上的生物直接受到酸雨的侵蚀,同时,伽马射线对臭氧层的破坏加大了紫外线的辐射强度,那些浅水域生活的无脊椎动物在紫外线的辐射下数量逐渐减少,直至从地球上灭绝。

破解千年鸟道的形成之谜

每年秋天,地球上总会上演一幕壮观的大戏。数十亿只候鸟飞越南北,进行长距离的迁徙,到温暖的南方越冬。第二年春天,气候转暖,它们又会沿原路回到北方,繁殖后代。年复一年,候鸟们始终沿着固定不变的路线迁徙。它们究竟是如何迁徙到达南方越冬地的?这始终是一个不解之谜。难道古人所说的鸟道真的存在?

每年数十万只鸟从遂川县营盘圩乡经过，当地人称之为千年鸟道。

1999 年夏天，几名江西省吉安市林业局的工作人员来到遂川县进行野生动物调查。在遂川县营盘圩乡，他们发现在每户村民的屋檐下，都有一个鸟巢。这种鸟巢很奇怪，像是一个烟囱。工作人员推测这应该是金腰燕的巢穴。老乡的话证实了这一点，他们说，这里的燕子多得很，至少上千只。但这还不算什么，每年都会有多达数十万只鸟从附近的山坳里经过，多得甚至遮天蔽日。当地人称之为千年鸟道，这令所有人大为震惊。

候鸟迁徙时通常会沿一个固定的路线飞行，因此科学家们推测，来自西伯利亚和我国北方的候鸟很可能有三条迁徙路线。东线的候鸟沿大陆海岸线南下，至菲律宾和澳大利亚；西部的候鸟则穿越青藏高原和四川盆地，进入南亚次大陆和云贵高原越冬，唯独中部的迁徙路线一直是一个谜。专家们不知道来自内蒙古草原的候鸟究竟是从哪里南下，进入我国的南方。江西地处华中腹地，难道这里真的存在着一条候鸟迁徙的通道？

在候鸟必经之路，专家亲眼目睹候鸟迁徙的壮观景象。

2000 年 9 月，遂川县林业局组织有关专家对营盘圩乡的鸟道进行实地调查。当专家们来到营盘圩乡时，天色已黑，周围的山头上却灯火通明，老乡们的吆喝声和鸟的惨叫声，此起彼伏。每到这个时候，老乡们都要打鸟。

调查人员找到当地村里一位打鸟高手曾昭明。曾昭明对当地捕鸟的情况非常熟悉，他带着工作组来到了打鸟现场——位于江西和湖南交界处的牛头坳。专家们发现，如果候鸟要从江西进入湖南，这里正是一个必经的隘口。难怪老乡们会选择在这里打鸟。

专家们判断这两天应该还有大群的候鸟从鸟道通过。白天，候鸟通常都在密林中休息，补充食物。当太阳快落山时，它们会聚集成大群，排成队形，在星辰的指引下，展开新的迁徙。果然，在当天傍晚，调查人员在山坳里就目睹了壮观的一幕。

据江西省吉安市林业局野保站工程师李茂军描述，当天傍晚看到了有很多群鸟迁飞，每一群几千只，至少在两万只鸟以上。

传说中的千年鸟道确实存在于遂川。不久，中国林业科学研究院的专家们来到这里，他们将破解这条千年鸟道的形成之谜。

将捕捉的鸟环志放飞成为破解千年鸟道成因的关键。

全国鸟类环志中心的专家计划在营盘圩乡选择一个地点捕捉候鸟，然后环志放飞。环志就是在鸟的腿上套上一个国际通用的金属环。一般给候鸟上的环,重量不能超过它自身体重的3%,否则在长途迁徙中,会导致候鸟死亡。在这个环上有全国鸟类环志中心的标志,还有一个联系的地址,北京1928信箱。另外每个环都有一个独一无二的编码,如果套有这个环的候鸟在别的地区和国家重新被捕到之后,通过联系,就可以确认它的迁徙路线。因此给鸟环志不仅是了解候鸟栖息地、迁徙路线最基本的手段,同时也是破解这条千年鸟道成因的关键。

专家们和当地林业职工通过连续调查,确定了捕鸟地点,掌握了候鸟通过鸟道的关键时间——集中在白露到秋分这一段时间。今年9月,离秋分还有两天的时候,记者来到营盘圩乡,和捕鸟队一起等待着今年候鸟迁徙的到来。没想到上来的第二天,气温骤降了10℃,云雾弥漫,能见度不到20米。但在专家们眼里这却是一个捕鸟的好天气。他们决心仍然按原定计划上打鸟岗扎网。

有一点薄雾,下点小雨,这种天气下最好捉鸟,这与候鸟本身的导航能力有很重要的关系。因为候鸟在数千千米的迁徙旅途中必须依靠多种手段进行导航定位,否则它们根本不可能到达目的地。科学家们认为,有的候鸟可能是依靠地球磁场的弧度进行导航,因为磁场的弧度会随着纬度的变化而变化;有的则是依靠地面上的高山进行参照,如果在夜间迁飞则完全依靠星辰定位导航。如果夜空中没有大雾,星辰出现,候鸟就会修正航向,展翅高飞。所以人们只能在有雾、低温的恶劣天气里,利用灯光模拟星辰的方位,使候鸟误判方向,进行诱捕。

连绵群山、强劲气流帮助候鸟踏上南下征途。

经过连续几天的努力,队员们统计发现,这次捕获的候鸟共有38种。最令人惊叹的是:这么多不同种类的鸟儿栖息地都相距很远,为什么年复一年,它们都会自动地聚集在一起,选择从遂川通过呢?

在历经4年的野外调查后,专家们终于破解了这个千年鸟道的形成之谜。遂川境内有江西省的最高峰,海拔2120米的南峰面,这就为候鸟迁徙提供了重要的地貌标志,而且营盘圩一带地形特殊。连绵的群山正好形成了一个东西贯通的凹形通道,通道出口正好是一个10千米宽的隘口,通往南方;有趣的是,每年秋分前后,这条通道内会出现一股从西北吹向东南的强大气流,这股气流沿着山势上升,集结的候鸟正好利用这股强劲的气流飞跃隘口,再次踏上远征之路。

李茂军说,还有一个主要问题就在遂川西部山区人烟比较稀少,它的水系非常发达,整个森林植被保存比较完好,而且这里森林生态湿地地形很丰富,所以鸟们在从这边迁飞的时候,可以寻找到更多的食物,以补充能量。

每年夏秋交替,来自内蒙古草原、华北平原的数十万只候鸟开始集群往江西迁飞。在山脉的指引下,候鸟们会在遂川短暂地停留。一旦低温袭来,伴随着强劲的气流,鸟群将飞跃罗霄山脉,再次展开南下的征途,年复一年,在群山间演绎着迁徙的史诗。

神奇"聚金"细菌现身

美国《科学》杂志说,澳大利亚研究人员已经发现一种具有神奇功能的微生物,它与黄金的形成可能存在着密切联系。

德裔澳大利亚科学家弗兰克·赖特领导的研究小组的这份报告认为,一种名叫 CH34 苯酚的细菌可能对自然界中金矿的形成发挥着关键作用。

他们从澳大利亚两个相距 3000 多千米的金矿分别采集样本,发现 80% 的矿石颗粒都有这种细菌存活。赖特通过电话告诉美联社记者说:"我们的这一发现表明,这种细菌会堆积黄金,至少可以促进黄金的形成。"

赖特解释说,CH34 苯酚发挥着土壤清道夫的作用,能够吸收重金属元素,并将它们转化为毒性较低的固态形式。

"无论对人类还是微生物,浓度较高的重金属都是有毒的,但似乎这种细菌可以为周围环境中的金元素解毒,并通过这一方式完成自身的新陈代谢。"赖特说。这项发现提供一个强有力的证据,证明固态金元素的形成过程中细菌发挥了至关重要的作用,但科学家们还不清楚其中的具体原理。

山西神奇冰洞缘何万年不化

在山西省的宁武县,有一个神奇的冰洞。

让人费解的是:这里四季分明,为什么会存在这么一个千万年不化且冬暖夏凉的神奇洞穴?

神奇冰洞

最早发现冰洞的是小伙子闫鹏。

闫鹏，毕业后就来到宁武县旅游局工作，在他无意中听说深山中可能有冰洞存在后，从小喜欢探险的他决定趁工作之余，寻找这个传说中的神奇洞穴。随着日子一天天过去，闫鹏爬遍了附近的许多山头，依旧没有任何的头绪。然而，正当他心灰意冷准备放弃的时候，一个意外出现了：一天，他和同伴来到了当地的管涔山中，当他们爬上一个山头后，惊奇地发现：在山的阴面有一个洞口模样的地方，而接下来的事情让所有人都始料不及。

走到洞口附近感觉凉飕飕的，感觉这个地方风比较大，而且背阴的崖壁上竟挂满了冰花，一切都与周围的环境大相径庭，一个一米见方深不见底的洞口更是冒出一丝丝的寒气。这难道就是传说中的那个神奇冰洞吗？

一年多的渴望，让闫鹏忘记了恐惧和危险，决心对这个洞一探究竟。他们顺着洞口下去，冰洞下边黑咕隆咚，脚底滑得根本没有登的地方，反正是靠上边绳子拽着，多少有点能附着在冰壁上。后来到了一个稍微开阔的地方，站稳脚后，拿着火把向四周一看，眼前豁然开朗。所有人都惊呆了，他们仿佛置身于一座晶莹的宫殿，四处都是冰的世界：冰柱、冰锥、冰瀑、冰笋、冰花，没有一个人想到，小小的洞口背后，竟然是这样一个美妙的世界。

闫鹏完全被吸引住了，直到他的脚感觉被冻僵了，才发现不知不觉已经进洞两个多小时了，温度计清楚地显示，洞中的温度为零度左右，这与初夏时节的洞外，整整相差了 20 多度。在接下去的日子里，闫鹏分别在不同的季节下过冰洞，他发现洞中似乎永远保持在零度左右，洞里洞外完全是两个不同的世界。

闫鹏说，七八月份，洞外都是鲜花烂漫、绿树成阴，而洞内却是坚冰不化；冬天，洞外边比较冷，几乎达到零下 30 多摄氏度，穿着大衣，到了洞内，由于没有风，反倒比洞外暖和了许多，有一种冬暖夏凉的感觉。

宁武县有个暑天冰洞的消息一经传开就引起了不小的轰动，许多人纷纷猜测这种神奇现象的真正成因。

种种猜测

猜测一：冰洞的形成是特殊地质结构所致？

为此，中科院地质研究所的陈诗才也专门从北京赶到宁武进行考察。然而当第一次进入冰洞后，即使见多识广的他也连连称奇。

陈诗才看完后，感觉非常惊奇，洞内冰的类型起码有上十种，比如冰柱、冰石笋、冰的钟乳石、冰的涡管、冰花、冰葡萄，还有冰的结晶片等。他发现，尽管冰的厚度不一，但是所有的冰都是附着在石灰岩上的，整个冰洞高达100多米。

陈诗才说，这个冰洞的规模，绝对不会是人造的，虽然冰洞的传说已经有几百年的历史了，但是从现场可以推测，这个冰洞形成的时间已经远远超过了几百年，距现在差不多有100多万年了。这个天然的洞穴是100多万年前由水冲刷形成的，可为什么这个并不符合结冰条件的洞里现在却结满了冰？这么大数量的冰又是什么时候形成的呢？

这时候，闫鹏忽然想到了什么。他说："以我自己的理解，这个地方有火山，也有水，可能是本身的地质结构发生了改变，才形成了结冰的环境。"但陈诗才却认为这种说法并不科学。他认为，火山的发生缘于山西一带，有煤的自燃现象。因为煤挖出来后，一些煤矸石里，含有磷、硫这类东西，一见阳光，就氧化自燃了。

猜测二：冰洞的形成得益于洞的形状？

陈诗才经过走访后认为，尽管宁武县的地理位置和气候条件并不适合冰洞的形成，但还是有不少的外部因素能够减少冰的融化。由于管涔山的海拔达到了2000多米，而洞口所处的位置在山的阴面，这对冰的常年不化都起到了一定的保护作用，而整个洞的形状，也对洞内温度的保持起到了很好的作用。他认为：洞是一个正口袋形，这样在夏天，洞外温度热，洞底的温度凉，它不交换。如果洞形倒过来，在夏天，洞外温度热、比重低，洞内温度凉、比重高，热量需要交换，这样就损害了冰的保存量。

猜测三：冰洞的形成缘于冰川学说？

正是因为洞的形状并不利于洞里洞外空气的交换，因此尽可能减少了冰的损害。但是，即使有了这些外在的保护因素，这么大数量的冰究竟是如何形成的呢？显然，这是一个非常漫长的过程。这时候有人提出了冰川学说。

科学研究表明，地球自诞生以来，气候一直在变化当中。早在几亿年前，地球就出现过大规模的冰川运动，而且只有冰川运动才会拥有如此猛烈的能量，才能形成许多地质奇观，所以有人认为，正是因为冰川运动，使大量的冰涌进了一个冲刷成形的洞中，也就形成了今天非常神奇的冰洞。

按照这种推测，宁武县暑天冰洞的成因就可以解释了。但是，尽管常人看来洞中的冰都是一样的，可经过专门的取测后人们发现，冰的年龄却是各不相同。

陈诗才说，冰也分层，也有个核心层，核心部分的冰，从结冰的情况和它所含的一些沉积物来看，这部分冰比较老。外面的、靠近洞口或者靠近主流水道的这些冰比较新。而根据闫鹏这两年的观察,山上雨水多的时候,雨水常常会流进洞中并且融蚀掉不少冰,但是经过一段时间,在原来冰融化的地方,又都自动地恢复了原貌,也就是说,这个神奇的冰洞具有非常奇特的再生功能,一旦冰量减少,它还会进行自我修复。因此,陈诗才认为,冰川学说似乎也存在漏洞,因为冰川学说的解释是冰融了就融了,永远空了,化一点就没一点,它不会自己再生。如果是冰川运动时,大量的冰涌进冰洞,但是随着时间的推移,这些冰早就应该化了。最关键的是,这个地方根本就没有一年四季都结冰的气候条件。

猜测四:冰洞的形成是地热负异常说作怪?

还有一些人提出了一个比较被认可的说法,叫做地热负异常说。地热正异常说指的是越向地心走,温度越高,地心的温度大概是6000多摄氏度,和太阳表面的温度差不多,也就是越往下走温度越高,这是合乎常理的。而地热负异常说恰恰相反:越往下走,温度越低,低得能够制冷,能够制造出大容量的冰来。

对此,陈诗才认为,这就好比空调或冰箱,它都有一个制冷的机制,是通过机电来制冷的。而冰洞的制冷机制,从目前来推测,还是岩石下的某种构造,形成了制冷的机制,从而达到制冰的效果。那么可以猜测,正是因为山本身的最深处很可能存在我们目前仍未探明的制冷机制,它不仅能保持洞中的温度,并且仍在日复一日地结冰,再加上相对较高的地理位置,以及洞口位置的巧合,因此,形成了这么一个神奇的冰洞。

冰洞的制冷机制现在仅仅是一种学术上的讨论,还没有彻底解决。由于岩石非常坚硬,目前的仪器很难把它切开,况且这个制冷机制究竟存在于地下多深,也没有人知道。还有,人们担心,这样做了,会不会让这个罕见的冰洞消失?我们知道,一个奇特地质现象的出现对于不同的人来说,会从不同的角度去思考、判断,也会用不同的方法去理解。但是随着时代的发展,随着新理论的不断加入,人们对过去的一些地质现象也会有一些新的认识,相信在不久的将来,我们一定能够找出这个神奇冰洞的真正成因。

山西宁武冰洞中的情形让所有的人大开眼界,没想到世界上真有这样一个晶莹剔透的冰的世界。其实,只有一年365天都是结冰的洞穴才能够被称为冰洞,那么,在世界上也只有像西伯利亚和南北极等地,少数纬度高而且是异常寒冷的地方才发现过冰洞,而且是数量少规模小。而这个冰洞所处的位置既不是异常寒冷的南北极,也不是终年积雪的雪山,而是在四季都很分明的山西省宁武县,于是关于它的成因,便成了一个未解之谜。

太阳风粒子揭开月球岩石之谜

通过对太阳化学物质和美国宇航局“创世纪”号带回信息的研究，科学家揭开了一个长期以来困扰着他们的有关月球岩石的谜团。

据新科学家网站报道，通过对来自太阳的化学物质和美国宇航局“创世纪”号太空探测器带回的一些信息的研究，科学家揭开了一个长期以来困扰着他们的有关月球岩石的谜团。该谜团差点改写我们对太阳进化方式的理解。

在过去的40亿年里，高能太阳粒子流不断地轰击着月球表面，但当科学家对阿波罗号宇航员带回的月岩里残留的这些粒子进行研究时却出现了疑问。因为科学家发现随着月球岩石深度的不同，两种氖的同位素的比率就出现了变化，越往岩石的深处，氖22的比率要高于氖20。

这可能表明过去太阳表现要比现在活跃得多，某个时候发射出更强大的太阳粒子，这些粒子可以进入月球岩石的更深处。

现在，瑞士联邦技术学院 Ansgar Grimberg 和他的同事揭开了这个谜团。他们使用硝酸去掉了一块特制的金属玻璃表面，这块金属玻璃曾随美国宇航局“创世纪”号太空探测器暴露在太阳风中整整27个月。“创世纪”号太空探测器于2001年8月8日发射升空，但在2004年9月8日返回地球时却因为降落伞没有打开，直接坠落在沙漠中，重重地砸入了土里。

当科学家对这个曾暴露在太阳风里的样品里的氖元素进行测量的时候，他们发现该金属玻璃表面的氖20同位素含量要远远高于月岩样本里的含量，而下层的氖20同位素的含量与月岩样本非常相似。这表明是太空粒子和微型陨石侵蚀掉了月球表面最初的那些氖元素。更重要的是它表明只需太阳风就能够帮助解释月岩里为何会出现氖元素的变化，较重的氖22同位素比氖20同位素更能够进入到月球的岩石里面。

什么是太阳风?

1850年，一位名叫卡林顿的英国天文学家在观察太阳黑子时，发现在太阳表面上出现了一道小小的闪光，持续了约5分钟。卡林顿认为自己碰巧看到一颗大陨石落在太阳上。

到了20世纪20年代，由于有了更精确的研究太阳的仪器，人们发现这种“太阳闪光”变成了普通的事情，它的出现往往与太阳黑子有关。例如，1899

年,美国天文学家霍尔发明了一种“太阳摄谱仪”,能够用来观察太阳发出的某一种波长的光。这样,人们就能够靠太阳大气中发光的氢、钙元素等的光,拍摄到太阳的照片。结果查明,太阳的闪光和什么陨石毫不相干,那不过是炽热的氢的短暂爆炸而已。

小型的闪光是十分普通的事情,在太阳黑子密集的部位,一天能观察到100次之多,特别是当黑子在“生长”的过程中更是如此。像卡林顿所看到的那种巨大的闪光是很罕见的,一年只发生很少几次。

有时候,闪光正好发生在太阳表面的中心,这样,它爆发的方向正冲着地球。在这样的爆发过后,地球上会一再出现奇怪的事情。一连几天,极光都会很强烈,有时甚至在温带地区都能看到。罗盘的指针也会不安分起来,发狂似的摆动,因此这种效应有时被称为“磁暴”。

在本世纪之前,这类情况对人类并没有发生什么影响。

但是,到了20世纪,人们发现,磁暴会影响无线电接收,各种电子设备也会受到影响。由于人类越来越依赖于这些设备,磁暴也就变得越来越事关重大了。比如说,在磁暴期内,无线电和电视传播会中断,雷达也不能工作。

天文学家更加仔细地研究了太阳的闪光,发现在这些爆发中显然有炽热的氢被抛得远远的,其中有一些会克服太阳的巨大引力射入空间。氢的原子核就是质子,因此太阳的周围有一层质子云(还有少量复杂原子核)。1958年,美国物理学家帕克把这种向外涌的质子云叫做“太阳风”。

向地球方向涌来的质子在抵达地球时,大部分会被地球自身的磁场推开。不过还是有一些会进入大气层,从而引起极光和各种电现象。向地球方向射来的强大质子云的一次特大爆发,会产生可以称为“太阳风暴”的现象,这时,磁暴效应就会出现。

使彗星产生尾巴的也正是太阳风。彗星在靠近太阳时,星体周围的尘埃和气体会被太阳风吹到后面去。这一效应也在人造卫星上得到了证实。像“回声一号”那样又大又轻的卫星,就会被太阳风显著吹离事先计算好的轨道。

璧山百万年前被冰川覆盖

璧山县境内发现了疑似冰川遗迹——冰臼群和冰川漂砾。璧山县百万年前是冰川覆盖的世界吗?地质专家表示,他们将前往勘察确认,如果属实,那将是璧山地质史上的一次重大发现。邹孝华是璧山县健龙乡人，几天前偶然在报纸上看到关于冰臼的报道。那些“坑坑包包”怎么如此眼熟！跟老家山沟里的“坑坑”一模一样！邹孝华激动地拨通了本报热线。昨日，在邹孝华的带领下，记者前往位于健龙乡沙大村的祁家沟。沿着湿滑陡峭的青石板小路攀爬约2千米，穿过茂密的荆棘丛，一条石梁卧在大山鞍部，石梁上密密麻麻地分布着大大小小的坑洞，约有近百个。洞口呈圆形或椭圆形，最大的直径约2米，小的也有五六厘米。有一股清澈的山泉淙淙而下，盛满各个坑洞，更多的坑洞被茂盛的杂草和荆棘覆盖。“小时候就有了，只是谁都不知道是什么东西。”邹孝华称。另一条山沟里，有十数块巨大的岩石凌乱堆砌着。邹孝华称，附近山上都是土质为主，这么大的石块不可能来自附近，极有可能是被漂移的冰川从远处带来，即地质上说的“冰川漂砾”。对于邹孝华的发现，璧山县国土房屋管理局地质科高级工程师何先生称，以他多年的地质勘察经验，璧山境内还未发现有古代冰川活动的痕迹，如果此次发现的冰臼群和冰川漂砾属实，那将是当地地质史上的一次重大发现，对于研究古代冰川的活动，将有很高的价值。

人的体温为什么是37℃

寒带的南极企鹅和热带撒哈拉沙漠的骆驼，它们的体温同样是37℃上下。为何进化偏偏选择了37℃？

每个人和周围的人都有着这样或者那样的不同，比如年龄、身高、体重……但是在一个数字上，大家都一样，那就是体温37℃。

真是不可思议，我们的体温竟然会如此相似：不论是住在北极冰天雪地下的因纽特人、栖身于非洲伊图里森林的俾格米人，或是北京故宫里面的工作人员，把温度计放在他们的舌头下，量出来的体温全都一样；不管是黄种人、黑种人、棕种人或是白种人，高或矮、胖或瘦、老或少、男或女，他们的体温依然是37℃；无论是刚满月的婴儿、二十岁的运动员或是百岁老人，体温也都相同。

同时，我们的体温还有个特性，就是维持基本恒定。任凭你的肌肉发达或萎缩、牙齿正在生长或已经掉落，感受压力而心跳加倍、呼吸急促而胸口起伏，不自主地发抖或汗如雨下，但是体温仍然可以保持不变。体温只要比正常值有0.5℃的变化，就会让你感到不舒服。如果体温比正常值上升或下降了1℃，你就可能需要赶快去挂急诊。在体温方面，人和人是如此相似，实在是太奇妙了。

呼吸、流汗、排泄以及其他身体的功能都会有节奏地波动，主要的目的就是要维持体温恒定。

37℃是平均值

严格地说，37℃只是体温概略的数字，因为身体各部位的温度会略有差别。我们皮肤的温度通常比体内的温度大约低3～4℃，你可以把温度计放在舌头下，或夹在两个指头之间量一量，就会看到差别。口腔和肛门的温度也不相同，后者的温度一般比前者高1℃。此外，由于活动所产生的器官的新陈代谢与血液流动的变化，也会使体温有所改变。即使早在懂得测量体温以前，我们的祖先就已经假设，身体里面最热的部位是心脏，特别是“热血沸腾”的心脏。现在我们发现，和热情最扯不上关系的肝脏，温度在38℃上下，反而荣登人体最热器官的宝座。

而且，我们的体温不会随着地域改变。不过在一天当中，体温还是会稍有变化的，下午的时候会缓慢上升到最高点，一般会比在夜间最低的温度高出将近1℃，所以37℃仅是人体全天体温的平均值。

让我们的体温于大多数情况下保持在正常范围之内的调节机制，是由在我们脑部深处的一个叫做“下视丘”的系统所控制。

如果下视丘的“体温测量报告”说：“身体太冷了！”皮下密布交织的小血管——微血管就会收缩，这样可以节省热量；假如它认为太温暖了，微血管就会扩张。同时，激素信息前往汗腺，命令汗腺透过皮肤的毛孔分泌水分，也就是汗水。这时，送往脑部的讯号会强烈建议：采取行动改变原来的状态，例如穿上衣服，或把衣服脱掉，目的始终都是要保持固定的体温，这就是“抑制作用”。进入下视丘的血液供应，可以及时检查这些已完成的调节作用，必要的时候，指示下视丘开始重新设定温度。

恒温的进化之谜

哺乳类、鸟类以及其他的温血动物都具有恒定的体温。生物学上把动物分成“恒温动物”和“变温动物”两种。比如我们知道，寒带的南极企鹅和热带撒哈拉沙漠的骆驼，它们的体温同样是37℃上下。这些迥然不同的动物为什么都不约而同地选择了体温恒定的生存方式？

鸟类和哺乳类这些恒温动物,具有高新陈代谢率,从体内产生热,它们也具有精巧的冷却机制,可以帮助保持恒定的体温,而变温动物却没有办法做到这一点。但是这个规则仍有例外,例如,某些温血动物在冬眠期间,可以让自己的体温大幅降低。尽管如此,我们还是要问:大自然为什么会进化出恒温动物?

若要保持恒温,需要复杂的脑子对身体进行精密控制,所以在已知的物种中,只有非常小比例的生物采取这种进化过程。至于为什么这些物种会如此,科学家还没有一个确切的答案,他们所做的解释,都只是一些假说而已。

一种假说认为,脑在恒温下运作得最好,所以在长期的自然选择中,恒温的动物被选择下来。当然,脑部简单的低等动物,它们所选择的生存方式虽然不同,却对它们适应自己所处的环境最为有利。对我们而言,恒温是最好的选择。

某些动物能够保持体温恒定的开始时间,几乎恰好和它们从水生变成陆生的时间相吻合。生存于水底下的生物,相当大的程度上,可以避开外界气候变化的影响。特别是在深水中,周围的温度几乎可以保持不变。反过来,生活于地表上的动物则必须承受一天 24 小时的温度变化,以及夜晚和白天、雨天和晴天、刮风和暴雨。因此,在地表生活的许多生物已经进化到可以快速随机应变的地步。

想想看,当人类的祖先在大草原上被狮子追逐的时候,会是什么样的情境?在奔跑的时候,四肢必须互相协调摆动,而脑部则在估量最好的逃生对策:是该使劲地逃跑,还是简单的棍子抵抗?那棵树有多远,在狮子追上我以前,爬到树上去的机会有多大?家人生存的机会有多大?我的族人会不会来帮我?我是不是可以跳到河里,跳进河去会不会落到鳄鱼的嘴里?在四肢拼命摆动、身上流着汗、肺部用力呼吸的同时,所有这些念头全都会在脑中闪过。不论是人或狮子,思想和行动需要同时运作,这是动物必备的生存之道。

支配人类思想和行动的主宰是脑,这是由几百亿交互联结的神经细胞所组成的线路,奇妙又精巧;狮子的头盖骨里也含有相似数目的神经细胞。假若体温发生变化,必然导致动物体内的各种复杂化学反应呈现出不同的状况,各种激素信息也有所不同。所以,保持恒定的体温是像我们一样复杂的动物的最佳进化选择。否则起伏的脑温可能会导致无法预测的反应,其中一种可能的反应是,假如学习发生在不同的脑温下的话,每次的成果可能都不一样。

现在再回到我们祖先的例子,当他们被狮子追逐的时候,必须要做出决定。他们一定不希望,在自己的手正忙着爬上树的时候,腿还在拼命继续奔跑;当然也不希望,在眼睛看见一块石头的时候,鼻子却认为那是一头狮子;此时当然更不是决定是否该吃一点东西的好时机。反过来，狮子也在做同样的决定，它想尽办法告诉自己，它正在追逐一个原始人类，而不该想这个东西是不是容易消化。动物恒温的脑部在处理涉及同步的决定与行动时，显得快速、可靠又富有弹性，这样动物生存的几率以及把基因传给下一代的机会必然会增加。

这个例子并不是来讨论基本的"捕食者——被捕者交互作用"需要复杂且恒温的脑，而是要解释，像人类和狮子这些生物的脑子，在恒温下才能达到最佳运作状态。这些脑子之所以会如此复杂，是因为这些生物的活动特别错综复杂，其中许多活动属于社会性与组织性的，这也是这些生物一生中无可避免的活动。

其实脑部保持恒温，并不是恒温动物维持恒温性的唯一理由。很显然，温度升高时，化学反应一般会加快，所以让身体变成温度较高的恒温器，在某种程度上可以促进身体的活性。

这当然有一个限度。当过量的热排不出去，而信息又来得太快时，这个系统会瓦解。过去的几百万年中，我们以及其他哺乳类，还有鸟类，似乎都发现了，最适宜我们运作的温度是在37℃左右。

人们又要进一步发问：就算保持体温的恒定，可以使人体的运作最稳定，那么为什么温度需要设在37℃呢？

基本上，哺乳类动物的身体所获得的能量，有70%以上转变成了热，然后这些热又需要发散到四周的环境里去，否则身体会像任何过热的引擎一样，因为过热而停止了正常的运作。

产热的机制很复杂，这是脑必须监控的另一个复杂过程。静止状态下，脑以及身体内部器官（比如心脏、肺脏和肾脏）所产生的热超过全身产热的2/3，虽然它们本身的质量只占全身不到10%。运动的时候，肌肉所释放出来的热可以增大10倍，超过其他热来源。然而，即使是在这些产热的极端状况下，体温仍然可以保持固定，而且基本的本能反应仍然如常。这要归功于在体内热产量升高的同时，身体能够把热快速地传递到四周环境中。

热传递机制的细节相当复杂，但基本的原理是：热量由高温物体流向低温物体。所有的物体都可以辐射出热，也可以吸收热，假如物体的颜色比较深，辐射与吸收的效率比较高，而浅色物体就比较低。

不论是辐射或传导，热的流动率大约与温差成正比。室温17℃时，你手上的热流到一根铁棍上的热流动率，是室温27℃时的2倍，因为前者和37℃相差了20℃，而后者只相差10℃。同样的石头墙壁的房间，在15℃时会让你觉得比在25℃时要冷许多。

根据热传导的机理,有些科学家认为,我们的体温之所以设定在37℃,和我们在20℃的房间中感到舒服的原因一样。当200多万年以前人类刚出现在非洲时,白天的平均气温在25℃以下。在这种气候下,当人类的体温超过35℃时,打猎采集这类活动经由新陈代谢过程所产生的热最容易发散出去。

人们可以计算出正常活动时身体的产热率,也可以计算出在四周温度稍微高于27℃时,身体把热传递到环境中的散热率。两种速率全都随体温而改变,这两个速率在温度为37℃时大约相等,也就是身体得到热的速率与散发热的速率相等。由于这一点优势,这个温度就被被我们的祖先选定了。后来,人类穿上了毛皮,又发明了独特的技巧——生火,扩大了温度适应范围,因此能忍受更寒冷的气候。

然而,对气候的适应,似乎只是我们体温保持在37℃的小部分理由。看看哺乳类和鸟类,这两类动物经历了非常不同的进化史。鸟类和人类在进化过程中经历的气候、环境肯定各有不同,但是鸟类和哺乳动物的体温大多都是恒定的。恒温产生的原因恐怕还很复杂,但有一点是肯定的:恒温动物保持恒温,能够让复杂的化学反应固定在最佳的状态,这使得我们和其他动物可以胜任日常生活中的各种复杂活动。

古大西国一个难解的谜

古希腊哲学家柏拉图在他著名的言论集中曾写道,远在古代,直布罗陀海峡以西有个被人称为“亚特兰梯斯”的岛屿,统治这个岛屿的国王叫大西,因此这个岛屿又叫“大西国”,“大西洋”也是后人以这个国王的名字命名的。后来,灾难降临,一次可怕的地震把整个大西王国沉没到海底去了。

历史上真有这样一个大西国吗?一代接一代的历史爱好者和科学家为此探索了2000多年。尽管目前尚不能下定论,但一些令人费解的自然之谜,却值得深思。

首先是欧洲鳗鱼的奇怪洄游习惯。这些鳗鱼从马尾藻海出发,顺着墨西哥湾流,远涉重洋,到达欧洲,然后再重返马尾藻海产卵繁殖。“大西国存在”论者解释道,鳗鱼洄游是因为当时大西国离马尾藻海最近,岛上的淡水河流为鳗鱼提供了免遭海兽袭击的天然安全地带,于是它们纷纷游到岛上避难。久而久之,便养成了天性。当大西国不幸沉没后,鳗鱼的习性仍然不能改变。在天性的驱使下,它们一如既往,顺着墨西哥湾,去寻找避难的天国——大西国,竟不知不觉地游到了遥远的欧洲。

其次,远隔重洋的埃及金字塔和中南美洲的金字塔在结构上竟十分相似。这是巧合吗?难道在遥远的古代,人们能乘着木板草伐漂洋过海,横渡大西洋进行文化交流吗?更耐人寻味的是,西班牙的巴斯克人和南美洲的玛雅人之间,也有惊人的相似之处。茫茫的大西洋两岸,人们的风俗习惯和语言为什么会如此相似?沉没的大西国是不是联系着欧洲、美洲、非洲大陆的纽带?这些都是发人深思的问题。

更引人注目的是,人们在1898年发现,整个大西洋海底被一条高约3000米的海底山脊分割成两部分,还有不少海底火山,其中有些火山的山峰戳破海面,突兀而出,形成了现在的亚速尔群岛。海底之下的亚速尔高原,无论大小还是形状,都与柏拉图笔下的亚特兰蒂斯岛极其相似。“大西国存在”论者认为:这一奇特的海底现象,乃是沉没的“大西国”带来的结果。那平地而起的海底高原,不正是一个巨大的岛屿沉陷造成的吗?

1974年,一艘苏联海洋考察船在这一水域进行考查。科学家们拍摄了许多海底照片,人们惊讶地发现,那里确有古代建筑的遗迹,照片上不仅清晰地看见断垣残壁,还可以看见石缝里长出的水藻。这说明,这里曾经是陆地,并且居住过人类。

尽管“大西国存在”论者掌握了大量的资料,但是持否定态度的还大有人在。他们认为:如果大西国确实存在过的话,那么,它们的商品,如陶器、大理石雕刻、戒指或其他装饰品,必然会随着商品贸易而散落到其他文明国家。可考古学家在许多有关地区,并没有发现过大西国的任何遗物。

大西国依然是一个难解的谜,需要进一步探索。

世界各地自然湖泊特色趣闻

死亡之湖

在意大利西西里岛埃特纳活火山中,有一小小的“酸湖”,湖底两口泉眼源源不断喷出带强酸性的泉水,致使湖水变成“酸水”,鱼虾不生,人和动物失足落水,也会被酸水淹杀死。

泻湖威尼斯

在意大利北部亚得里亚海,有一片广阔的浅水区与大海隔绝,形成泻湖威尼斯,美丽如画的威尼斯城就坐落在泻湖的中心。

该泻湖湖长50千米,宽11千米,小岛密布。威尼斯城由118个小岛组成,城内小巷全是水道,靠小舟往来。

巴哈马的“火湖”

在加勒比海巴哈马岛上有一个“火湖”。

每当夜幕降临,微风吹拂,湖面会泛起“火花”,跃出水面的鱼也散射着火光。

原来,这个湖中生长着大量会发出荧光的甲藻,该种藻体内含有荧光酵素,每当湖水受到扰动时,便会发出荧光闪闪的“火花”,只是由于它的光亮十分微弱,故此白天看不见而晚上却能看到它的光芒。

令人迷惑的马拉维湖

马拉维湖位于非洲东部大断裂谷的南端。

它是一个十分奇特的湖泊。上午九时左右泱泱湖水开始消退,直至水位降至6米才中止。两小时中,湖水又继续消失,直至湖岸出现浅滩。四小时后,湖水逐渐返回。马拉维湖恢复原有泱泱大湖的状态。

下午七时,湖面开始骚动,水位不断上升,直至洪流满溢,倾泻四方。两小时后恢复平静。

然而,其变化无一定规律,有时一天一变,有时数日一周期,有时数周一轮回,但都是从早上9时开始,一个变动周期能持续12小时。

生命的最初奥秘

进入本世纪以来,人们对生物学的思考和研究已经开始一步步地接近于生命最核心的机制和奥秘,那就是:染色体、基因和脱氧核糖核酸。

通过对蝴蝶拟态的研究表明,只有自然淘汰才能产生拟态和原型完全相似的复杂变化。后来,愈来愈多的证据支持了这一点,自然淘汰获得肯定,成为进化的主要因素,而突变只是一种辅助因素而已。

而无论突变、渐变,把这种信息一代一代传递下去的遗传单位到底是什么样子呢?直到有了显微技术之后,才把人类对于生命的认识又大大地向前推进了一步。科学家在显微镜下发现,细胞核里有若干细小的线状结构,经染色,可以在显微镜下看得清清楚楚,称之为染色体。细心的观察结果表明,这些线状结构的染色体活动得十分明显,在细胞即将分裂时,它就一分为二,分别向两端移动,当分裂完成以后,每个细胞核心则都有一套完整的且彼此相同的染色体。但是,当新的卵子细胞或精子细胞快要形成时,每套成对的染色体都只有一半进入新的性细胞。因此,卵子在受精之后产出新细胞时,全部染色体则重新组合,一半来自于父体,一半来自于母体。于是新生的一代有的地方像父体,有的地方像母体。

1909 年,美国哥伦比亚大学的摩尔根教授开始用果蝇对遗传因子进行研究,历时 17 年,培养了几百万只果蝇,最终发现染色体上有非常准确的部位,分别控制着果蝇的各种特征,于是便勾画出了染色体图:在长长的垂直线上标志出了控制黄色身体,白色眼睛,锯齿边翅膀;朱红色眼睛,微型翅膀,叉状鬃毛;线状眼睛,剪短的翅膀和成串的硬毛等,并把这些各种特征的决定因素缩小为染色体上的特定部分,称为基因。摩尔根因此而获得了诺贝尔奖。

通过果蝇试验的研究,科学家们证实了用人力来制造突变的可能性,由此开始了揭开自我繁殖物质的结构的历程。

后来,科学家们又在对基因的化学成分进行深入的研究后发现,在细胞核中有一部分物质总保持不变,且在化学成分上与其他已知物质完全不同,这就是核酸。核酸含有分子很大的线状结构,且只在染色体中出现,据其化学成分,后改名为脱氧核糖核酸,简称 DNA。后又发现了第二种,与 DNA 稍有不同,称为 RNA,即核糖核酸。实验结果有力表明,DNA 正是人们长期以来一直寻找的遗传材料。虽然这种物质非常微小,除用高倍显微镜外,在细胞中无法见到,但它们却是生命的核心,小到细菌,大到鲸鱼和最高级的生物以及人类,其生长所需的全部命令和信息都储藏在 DNA 里,形成了一个密码库。实际上,DNA 就像蜂王一样,停留在细胞核里,制造出好几种 RNA。而这些 RNA 像蜜蜂一样,按照 DNA 的命令,担负着各种有序的工作,把氨基酸制造成蛋白质,又把蛋白质排列成长长的链条,构成生命的基础。在这个过程中,如果 DNA 发出一个错误的指令,就能改变蛋白质的精确排列,从而产生突变。由此也就不难解释果蝇试验,以及当人类受到过量的射线辐射后,幸存者竟生下了许多怪胎婴儿(例如广岛原子弹爆炸事件的后果)。

至此,科学家们自认已找到了生命的真谛,至少已接近于此。那就是:生命的最小单元是细胞,所有细胞的结构都一样,由细胞核、细胞质和细胞壁组成的。而生命的全部奥秘都储藏在细胞核里;细胞核中最关键的物质是染色体,它在细胞分裂中发挥着至关重要的作用;染色体中最关键的物质则是基因或是 DNA,这种奇妙的分子看似很简单,但却包含制造一切新细胞的详细命令,就像一个司令部。而 DNA 分子则是由一种叫做核酸的建筑材料构成的,每个单独的 DNA 分子可能含有几百万个这种建筑材料,它们的排列顺序则提供了无穷无尽的各种组合和密码。于是,一些本无生命的物质的分子和原子按一定顺序排列起来,就构成了一个相对十分巨大的 DNA 分子。虽然这个 DNA 分子还说不上是否有生命,但却能神奇地发出种种指令,指挥着细胞的活动、生长和分裂,这便具有真正的生命。这种具有决定意义的转换到底是怎样实现的?或者说 DNA 的分子到底是怎样生长出来的?人们仍然是不知道的。

动物迁徙的奥秘

动物的迁徙规模浩大,壮观神秘,它们世世代代万里跋涉的艰辛与毅力,令人惊讶的同时也为之折服。

生活在南美洲西沿海的绿海龟成群结队穿越万顷波涛的大西洋,历经两个月,游过 2000 多千米,来到优美、静谧的阿森松小岛上,它们是来此"旅行结婚"的。在这孤零零的小岛上,它们各自寻找对象进行交配、产卵,繁衍下一代。然后,又成群结队地返回巴西沿海。

在肯尼亚大峡谷的马革迪湖上的火烈鸟,不辞辛劳,飞越万重山关寻找它们特别喜爱的浅水滩上的咸性藻类,因为这是它们繁衍后代的唯一营养食物。

那些貌似纤细柔弱的昆虫也有惊人的迁徙本领。飞蝗是"举世闻名"的"马拉松"健将,它们可以一口气由非洲西部飞到英伦三岛,轻而易举地飞过八九百千米,最远可以达 3600 多千米。

在花丛中翩飞的蝴蝶还是昆虫中的"洲际旅行家"。每年秋季,美洲北部的蝴蝶要迁到南方过冬。它们横渡波涛汹涌的大西洋，穿过亚速尔群岛，然后飞抵非洲的撒哈拉大沙漠，行程上万里。英纳克大蝴蝶，成群结队从美国西北部向南飞行，穿越西南部的德克萨斯州，来到墨西哥中部，它们在2000米的高空中任意飞翔，平均每小时可飞行十七八千米；加速飞行，每小时可达90千米，即使飓风也阻挡不了它们。

这些动物经过长途跋涉后，为什么都能准确无误地到达目的地？科学家们给了我们比较准确的答案。原来，海龟除借助海流与海水化学成分导航外，还有凭借地球重力场导航的本领，它的日游的特定活动时间是由体内的生物钟确定与控制的。鸟类飞行的“发动机”是胸肌，飞行时，双翼不只是单纯地上下扑动，还有向前推动的作用。许多鸟类靠着体内的生物钟，能随时感觉太阳的位置，因而总能以太阳位置确定方位，这就是所谓依据“太阳罗盘”进行导航。

昆虫飞行之谜也正在被科学家们揭开。迁飞昆虫之所以能准确无误地到达目的地，是由于它们的机体内含有四氧化三铁，因而具有感觉地球磁极的高超本领。

南美发现24个新物种

自然资源保护主义人士在一份报告中说，他们在南美洲的苏里南高地发现了24个新物种，紫色荧光青蛙是其中之一。但他们发出警告，这些生物正面临非法金矿开采的威胁。

“保护国际”组织领导了发现这些新物种的探险活动，该组织的李安妮·阿隆索表示，在昆虫领域之外发现这么多的物种非同寻常，并强调需要进一步勘查。阿隆索在从苏里南首都帕拉马里博接受电话采访时说：“来到这些没有勘查过的偏僻地方，我们确实容易发现新物种……但多数都是昆虫。真正让人兴奋的是我们在这儿发现了大量新的蛙类和鱼类。”

该保护组织表示，2006年在苏里南拿骚高地进行的一次勘查中，发现了这种带有两种色彩的青蛙，在它紫红色的表皮上覆盖着不规则的发亮的淡紫色环纹。该组织在一项声明中表示，除了这种紫色青蛙之外，在苏里南拿骚高地和莱利山勘查的科学家还发现了另外4种新的蛙类、6种鱼类、12种甲虫和一种蚂蚁。这些生物由13位在帕拉马里博东南大约80英里处的一个地区进行勘查的科学家发现，包括有充足的干净的淡水资源而盛产鱼类和两栖动物的地区。

他们还发现了在圭亚那保护区土生土长的27个物种，圭亚那保护区覆盖苏里南、圭亚那、法属圭亚那和巴西北部。其中一种是稀有的甲鲇，自然保护主义人士担心可能因为金矿污染了一条小河导致这种鱼灭绝了。这种鱼最后一次在这条小河中被发现是在50年前。包括这些新物种，科学家在两个地方共发现了467个物种，既有大型猫科动物像豹子和美洲狮，也有猴子、爬行动物、蝙蝠和昆虫。

阿隆索表示，虽然这些地方远离人类文明，但它们完全没有保护，可能会受到非法开采金矿的威胁。

奇异的“悬浮怪湖”

阿根廷有一个神秘的湖，名字叫沙兰蒂纳。湖面虽然不大，却经常发生怪事。在湖里游泳的人们有时会浮到空中，就好像失重了一样。

著名物理学家卡罗斯于1999年2月来到这里，对发生的奇特现象进行跟踪研究。卡罗斯说：“怪湖发生的这种人体悬浮现象并无规律可循，通常人体浮出水面10~12英尺，悬浮时间有长有短，从20秒到30分钟不等。怪湖直径约200码，但发生奇特悬浮现象的只局限在靠近岸边的50码区域内。牛顿的万有引力学说显然无法对其进行解释。”

托马斯为了体验怪湖悬浮现象，日夜守候在怪湖边，幸运的是，他至今已体验了5次不寻常的悬浮经历。“令我至今难忘的是第一次，我和女友在怪湖里游泳，忽然，我感到身体被一股神奇的力量托起，我当时在空中飘了约5分钟左右，感觉就像在水里游泳，只不过可以自由呼吸罢了。”托马斯回忆说。

三大自然之谜新解

被称为“难解的三大自然之谜”的王恭厂大爆炸、通古斯大爆炸、古印度“死丘”大爆炸所表现出的种种特殊现象，结论认为，这三次大爆炸都可能是一种大规模的空间等离子体爆炸性复合——一种巨型闪电所造成的。导致这种大爆炸的原因是电离层、磁层等离子体电（磁）场与地壳表层之间的电磁感应致使等离子体在某些空间区域大量聚集，并在一定条件下发生猛烈的爆炸性复合形成的。

这难解的三大自然之谜，除王恭厂大爆炸已得到较为系统和科学合理的解说外，仍旧是众说纷纭，莫衷一是。

当我们对地球空间电离层、磁层中的等离子体所形成的强大电（磁）场，及其与地球表层所发生的电磁感应所形成的地球电磁场有了一个整体的全面的认识之后，我们就可以对先前还不能认识、不能解释的现象包括“三大自然之谜”做出合理的、与其各种现象都相符的解释。

王恭厂大爆炸再认识

北京王恭厂大爆炸，发生于公元1626年5月30日（明熹宗天启六年五月初六），这次大爆炸有许多明显有别于普通化学爆炸的异常现象。国内一批专家学者对这次大爆炸研究后得出一个基本一致的结论，判定这是一次地震、火药、可燃气体静电爆炸三位一体的灾害事件。并于1990年7月由地震出版社出版了专著《王恭厂大爆炸——明末京师奇灾研究》。不过此书尚未能将爆炸中的许多异常现象的物理机制阐明。

在对这次大爆炸中的种种异常现象进行了综合分析后，作者认为，这是一次典型的“大规模空间等离子体爆炸性复合并伴有地内等离子体复合放能”事件，是一次发生在地表的超大规模的雷电现象。或者，按照一些地震专家的说法，是一次震源发生在地表的地震事件。众所周知，北京地处北纬40°附近，这一纬度正是世界上绝大多数毁灭性地震的发生地带，因为这里可能正是地球辐射带的磁力线进入地球内部的所在。辐射带磁力线在这里俘获了大量带电粒子（等离子体），这次大爆炸可能正是由于在地内已积累了大量等离子体，形成了较强的静电场（历史文献中有“地中霹雳声不绝”的记载），在这个电场的感应下，电离层中的高密度的巨大等离子体云（记载中的特大火球）突然降落地面，发生爆炸性复合而导致的巨大灾变。这次爆炸中的许多异常现象为我们揭示自然界的未解之谜带来重要的启示。

1626年5月30日上午9时左右，中国明代都城北京，“天色皎洁，忽有声如吼，从城东北方渐至城西南角。同时有一特大火球在空中滚动。巨响声中，天空丝状、彩带状的五色乱云横飞，有巨大的黑色蘑菇状、灵芝状云柱在城西南角腾空升起。刹那间天昏地暗，尘土、火光飞集，天崩地陷，东自阜成门，北到刑部街,长 6500 米,宽 1500 ~ 2000 米范围内的木材、石块、人体、禽尸像雨点那样从天空降下。”

这次大爆炸中的许多特异现象,均显示了等离子体复合爆炸的迹象。如《明熹宗实录》记载:“但见飙风一道,内有火光。”《碧血录》载:“有气似旗,又似关刀,见在东北角上,其长亘天,光初白色,后变红。经时而灭。”《明宫史》、《明季北略》、《明史 · 五行志》等书记载:“忽大震一声,烈逾急霆,将大树二十余株尽拔出土,根或向上,而梢或向下。自西安门一带,皆霏落铁渣如麸如米者,移时方止……将近厂房屋,猝然倾倒,土木在上,而瓦在下。”“不论男女,尽皆裸体,未死者亦皆震褫其衣帽焉。”“红绸丝衣等俱飘至西山,大半挂于树梢。昌平教场衣服成堆,首饰、银钱、器皿无所不有。”“大木飞至密云,石驸马大街 5000 斤大石狮子飞出顺城门外。”“地中霹雳声不绝。”“此外还可看见有石头忽然飞入云霄,磨转不下,非常怪异。”“丰润等县治树上各挂男女衣服无算。”等等。

在此事件中,令人惊奇的是“死、伤者皆裸体”,为什么会这样呢?

造成这种现象的原因,显然是由于静电荷(等离子体)同号相斥作用导致的。

发生等离子体复合爆炸时,人体和衣服被沾染上了大量同号电荷(离子)——实际的情形并非只沾染了一种符号的电荷,而是沾染的某一种符号的电荷量比另一种符号的较大,即一种非均衡等离子体;同时也使地面和地面上的石狮、房屋、树木、牲畜等物体沾染上了同号电荷,由于电荷同号相斥,衣服被斥离人体,石狮、房屋被斥离地面,树木因受斥力而被拔起(而不是炸毁),所以才会出现人皆裸体、大树被拔、石块、屋瓦乱飞的景象。而这是其他任何形式的爆炸——无论是火药、炸药、化学品、煤气爆炸等都不具有的现象。能将衣服这样易受空气阻力影响的物品由城内推至西山、昌平,将五千斤石狮推出城外,大树连根拔起(而不是炸飞),绝非普通爆炸所致。

对于静电能使人“脱衣”的例证,有资料记载,在前苏联曾发生这样一件怪事:在一次大雷击的时候,有一个行人遭到雷电的袭击后,衣服被剥去了,除了一些从皮靴上落下来的铁钉和一只衬衣的袖子外,他的衣服连踪影都不见了。

法国也发生过雷电脱掉人衣服的事。1987 年 8 月,在法国的里摩拉近郊发生过一次可怕的雷击。中午 11 点半,几声雷在一片麦地里响开了。当时有一家 4 口人正在收割麦子。这受惊的 4 口人急忙躲到麦秸堆里去。但闪电恰好落在那里。首先它把父亲打得晕倒在地,然后把儿子一下子打死,儿子的尸体裸露着,他的衣服被分散到很远的地方。

这足以说明，静电（等离子体）是导致衣服脱离人体的能量的来源——当人体与衣服同时沾染了大量同号电荷时，同号电荷间的斥力足以将衣服斥离人体而远远飞去。这也间接印证了王恭厂大爆炸是一次巨大闪电——空间等离子体爆炸性复合造成的。

那么被拔下的树木为什么会根向上、梢向下，被毁房屋为什么土木在上而瓦在下呢？显然，这是由库仑定律即电磁作用的“平方反比”规律所决定的：按照库仑定律，两个带电体之间相互作用力的大小，正比于每个带电体的电量，与他们之间距离的平方成反比。作用力的方向沿着两电荷的连线，与地面带了相同电荷的树根、房基离地面（爆炸中心）最近，受力最大，向上飞得最快、最高，故落地较晚；而树梢、房顶受力最小，向上飞得最慢、最低，故先落下，所以树根、土木在上，而树梢、屋瓦在下，整个来了个“底朝天”。而这也正是带电粒子的电磁作用所独具的有别于其他化学爆炸的显著特征。

再者，在普通化学爆炸中，被炸飞的物体应按照抛物线运动，除非人工控制，一般行程不会很远，但在王恭厂大爆炸中，衣物、木料、器物等等竟能飞至西山、昌平、丰润等县，远达数十甚至百余千米，石狮也由石驸马大街飞到顺城门外，炸起的石块在空中“磨转不下”，这又是为什么呢？

一方面，由于等离子体分布面积较大，物体在飞行路径中可能沾染同号电荷，斥力被不断补充；另一方面，这可能是由于带有荷电粒子的物体在电场中受到加速作用造成的。

人们早已知道，静电力的一个重要的特性在于，它能够通过电场对处于场中的其他物体施加作用，从而不仅在常温下，就是在真空中、高温高压以及低温中，也能对带电物体进行非接触的控制。利用电场加速带电粒子的粒子加速器则早已成为尽人皆知的科技手段。

当等离子体复合爆炸发生时，形成的强电场同时也成了一个“天然加速器”。沾染了大量荷电粒子的物体（衣物、木料、石块等等）就会被电场加速而飞行很远的距离。正像电子、质子在加速器中被加速一样。物体中的电荷量愈大，则受到的加速力愈大。史料记载的石块飞上天空后“磨转不下”，除了受到斥力作用外，显然也可能是受到电场加速造成的。如果没有强电场的加速作用，像衣物这样易受空气阻力影响的物体是不可能长距离飞行的。可以说，上述物体远距离飞行，也是王恭厂大爆炸存在强电场的一个有力证据。普通化学爆炸电场较弱，电场对荷电粒子的加速作用甚微，也就没有“额外”的飞行距离。另外，等离子体发生复合时，可以复合为气体而形成强风（记载中有强风发生），从而将上述物体吹送到很远的地方。这是一种综合作用。

如上所述,这次大爆炸记载有"自西安门一带,皆霏落铁渣如麸如米者,移时方止。"这些"霏落"的如麸如米的铁渣,正是降落至近地面的空间等离子体与爆炸产生的等离子体发生复合而形成的,因此才会"移时方止"。而如果是地面炸起的铁渣又降落地面则只能持续很短时间,不会"移时方止"。

"地中霹雳声不绝",表明地内也已积累了大量等离子体并发生复合(霹雳正是等离子体复合产生的声音)。

在王恭厂大爆炸之前,京城已出现了许多空间等离子体大量聚集的征兆。如:"(天启六年)四月廿七日午后,有云气似旗,又似关刀,见在东北角上。其长亘天,光彩初白色,后变红紫,经时而灭(很像"地震云")。五月初三日,又见于东北方,形如绦,其色红紫。初四日,又见类如意,其色黑。"这些红紫、红赤、黑色的条状、旗状云,显然都是地内聚集的等离子体与电离层、磁层等离子体感应生成的等离子体云。

"五月初二夜,鬼火(发生复合的等离子体云团)见于前门之楼角,青色荧荧如数百萤火。俄而合并,大如车轮。""天启六年五月壬寅朔,厚载门(今地安门)火神庙红球滚出。"

"鬼火"、"红球"显然都是发生辐射复合的等离子体团块。

由上述讨论可以看出,王恭厂大爆炸存在以下显著特征:

1. 爆炸过程主要作用力是电磁力(库仑力),明显有别于普通化学爆炸;

2. 爆炸过程存在电场加速带有荷电粒子(离子)的物体的现象;

3. 爆炸过程存在等离子体复合物"铁渣"出现。

基于上述各点,故可判定这是一次主要由大量空间等离子体发生爆炸性复合形成的爆炸事件。

解说通古斯大爆炸

闻名于世的通古斯大爆炸与王恭厂大爆炸有着许多相似之处,应属于同一性质的爆炸事件。有众多文献资料记载了这次大爆炸的情景和过程。深入分析可以发现,这同样是一次由于与地内积累的大量等离子体发生电磁感应而降落到低层大气中的电离层高密度巨大等离子体"火球"发生爆炸性复合,释放的巨大能量产生大爆炸而形成的一次灾难事件。

有许多观测资料表明这次大爆炸存在核爆炸的迹象。据《科技日报》2005

年8月22日报道，莫斯科大学核物理研究所中子研究实验室主任库热夫斯基教授通过理论计算和实验观察发现，雷电过程是一个热核反应的过程。巨大规模的雷电其核爆炸效应必然更为显著。

这次大爆炸有两个突出特征：

1. 有“几乎遮住了半边天空”的巨大“火球”自空中坠落，是造成这次大爆炸的直接原因，而空中坠落的火球，首选的“疑犯”只能是电离层中的“不均匀结构”——高密度等离子体团块。

2. 地下同时发出“开始像火车在铁轨上奔驰，5分钟后又像是大炮轰鸣”的异常地声。

《科学实验》1996年第3期刊登的王人龙编译的关于通古斯事件的文章，披露了1908年7月13日西伯利亚一家报纸关于这一事件所作的报道：“本地区发生了一次异常大气现象，6月30日上午7时43分出现了夹杂着巨大噪声的强风，随后发生了使建筑物震颤的地震。在此以前刮了两次强度差不多的大风。第一次和第二次大风的间隙，地下发出一种异常的响声，开始像火车在铁轨上奔驰，5分钟后又像是大炮轰鸣，响了五六十次后声音逐渐减弱，接着是短暂而有规律的停息。1分钟后人们又听到好多次来自远处的清晰的轰鸣声，大地开始颤动……第一次爆炸把人和马都震倒了，把房屋窗户也震碎了，其强度可以想象。在第一次轰鸣声后有人亲眼看到一个燃烧的天体自天而降，从南到北划过天空，在东北方向的远处消失。……好多村子里的村民都清楚地看见这个飞行物到达地平线时升起了一团巨大的火焰。”通古斯卡河畔伐那伐拉镇的谢苗诺夫回忆说：“那天早晨，天空北部突然裂成两半，林区上面的整个北部天空都被火覆盖了，从北面刮了一股热风，火烧火燎地灼人，衬衫像是着了火。同时听到天上呼的一声巨响，自己被甩出21英尺远，顿时失去了知觉。后来天空明亮起来，又有一股炽热的风从北边刮过来……”

上述种种现象表明，当时通古斯地区的大气层、地下都已富集了大量高密度等离子体，等离子体的复合，导致了“夹杂着巨大噪声的强风”，发生地震（地下等离子体复合），地下发出像火车和大炮一样的轰鸣声。那个自天而降的“燃烧的天体”正是由电离层中的等离子体团块发生复合而形成的。

更为详细的资料记述了幸运逃脱这场灾难的当地农民谢苗诺夫的回忆：“当时天气很热，我起床正坐在楼顶阳台上乘凉，突然，西北方向出现了一道强烈的火光。刹那间，一个巨大的火球几乎遮住了半边天空。此后，火球由红逐渐变黑，然后就消失了……他们都说最先看到的是一个大火球，火球的光越来越强，当它从空中掠过渐渐地消失之时，随后是一阵巨响，同时一条刺眼的光柱直冲天空，紧接着出现了一团巨大的蘑菇云。”

很明显，这次爆炸是由这个巨大的火球引起的，那么，天空为什么会出现火球，火球又是怎样形成的呢？容易判断，在自然界中，只有来自电离层、磁层的等离子体发生猛烈复合时才能形成这样的火球。而一般高度在七八十千米以上的电离层中的等离子体云团为什么会降落至地面附近呢？这是由于地壳内积累了大量等离子体后，与电离层、磁层等离子体发生电磁感应而导致的。

资料表明，通古斯地区当时地下已积聚了巨量等离子体。

接踵而至的是发自于地下的隆隆轰鸣和爆炸声，犹如远方传来的炮击声，这次比第一次更响，同时又听到隆隆的雷鸣声，过了一刹那，又是一声爆响。

人们不约而同地证实说，他们看见了北部天空中的“火球”，听到了爆炸的“长时间的雷鸣”。在距中通古斯盆地西南60千米远的坎斯克，人们在街上听到了“强烈的地声”。

爆炸的“长时间的雷鸣”也显示了是等离子体的复合过程，而不是核爆炸或其他形式的爆炸过程。地下的轰鸣声，也正是地内等离子体发生复合产生的响声。

巨响和颤动刚刚停歇，天空立刻就刮起了狂风。咆哮的飓风将树木连根拔起，把牧民从马背上掀翻在地；房屋和篱笆被旋风卷走，窗玻璃全被刮碎，房倒屋塌。……当空间等离子体复合为气体时，就可以产生这样的狂风。

风还未停住，天空又布满了浓浓的乌云，顷刻间下起了滂沱大雨，一直持续了三个多小时。在大雨中还出现了令人惊异的奇怪现象，如尘土和地上的沙石像喷泉一样旋转而上，消失在阴云之中；空中燥热得不行，天空昏暗无光。

按照一般的认识，大爆炸之后空气会十分干燥，而且温度也很高，缺乏潮湿的冷空气，为什么会很快下起暴雨呢？这恰恰是由于这次等离子体复合爆炸能量极大，使等离子体复合更多地以“分离复合”的形式（即复合为等离子体）产生，复合后形成新的等离子体，这些重新生成的等离子体再次发生复合时就一部分复合为空气形成强风，一部分复合为水形成暴雨。至于尘土和地上的沙石之所以像喷泉一样旋转而上，正是由于在这种剧烈复合过程中形成的强电磁场中的洛伦兹力导致的。

即使经过这样的两次复合，等离子体仍未复合完毕，仍有大量等离子体继续发生平缓的辐射复合，这就导致了该地区数天的天空发光的现象：“爆炸之后整整三天，通古斯地区没有了黑夜，数千平方千米的旷野上空一直保持着明亮的橘红色天光，远在西欧的伦敦，一连几个晚上人们都看到了罕见的‘白夜’，甚至借着天上的亮光还可以阅读报纸。”这样的发光现象，是等离子体复合爆炸明显区别与其他类型的爆炸的典型特征。

这个过程是由于发生等离子体复合爆炸后，空气被电离（通过碰撞电离、辐射电离、彭宁效应、热电离等过程），爆炸过后，电场减弱，离子开始复合，这个过程发生复合辐射——自由电子可以被电荷数为 Z 的离子所捕获，离子捕获电子后组成电荷较少的离子或中性原子，而被捕获的电子在这个过程中失去的能量，即以辐射的形式发射出来，这就是复合辐射。

后来人们又在通古斯地区发现了成千上万颗亮晶晶的小球，像子弹一样深深地嵌在树上和埋在地下。经过分析，这些小球含有钴、镍、铜和锗等金属。

这些金属球正是等离子体复合形成的。

通古斯大爆炸的一个明显特征，就是在方圆 30 千米的爆炸中心区域，树木被连根拔起，从爆炸中心向四面八方呈辐射倒伏。一般的化学爆炸或核爆炸不会将树连根拔起。之所以出现树木被连根拔起的现象，是由于地面和树木被自天而降的等离子体火球沾染了同号电荷（某种符号的电荷占的比例较大），由于同号相斥作用而使树木被连根拔起。

值得注意的是，“这次爆炸是如此的剧烈，甚至连南部 900 千米之外的伊尔库茨克地震研究所也记录下类似地震程度的震动。震动波波及 5000 千米以外的莫斯科和沙皇俄国的首都——圣彼得堡；甚至德国耶那城地震观测站也记录下来了强地震波，在其他国家如华盛顿和爪哇许多地震学家都记录了这次强烈的爆炸事件”。

为什么这次发生在空中的爆炸却被地震仪记录到了呢？可能正是因为这是一次等离子体复合爆炸，而地震同样是发生在地壳内的等离子体复合事件，二者是同因的，所以这次爆炸能被地震仪记录到。

综合上述讨论可知，这是一次超大规模的空间等离子体复合爆炸事件；由于参与复合的等离子体数量极大，密度极高，产生的核爆炸效应也极强，从而导致了空前规模的大爆炸。从当时的记述“天空北部突然裂成两半，林区上面的整个北部天空都被火覆盖了。巨大的火球几乎遮住了半边天空”来看，这种可能性是很大的。

与此类似的但规模较小的空间等离子体复合爆炸也时有发生。如：

1983 年 3 月 26 日晚，在前苏联西伯利亚的托木斯克地区又发生了一次类似的大爆炸。

根据数百名目击者的回忆，在发生大爆炸的那天傍晚，托木斯克地区的上空，先是出现一个像“照明弹”一样的东西，把黑夜照得如同白昼一样，然后它又变成一个大火球。接着，火球上出现了橘红色的尾巴和发出两三次蓝绿色的闪光。在炫目的闪光之后，这个火爆在 10 千米的高空爆炸了，红色的火流射向地面，但没有达到地面就消失在夜空之中。爆炸时，半径 150 千米范围内，都可以听到雷鸣般的响声。

火球飞行时发出奇怪的响声，有时像树叶发出的沙沙声，有时像发动机发出的扑扑声，有时又像铁皮屋顶在微风吹击下的轧吱轧吱声。

再有，这个火球带有异常强的电场。在通过城市和乡村上空时，电视图像受到干扰，路灯发生故障，电灯被烧毁……这次火球是沿着通古斯一样的路线飞行的。

中性物质不可能产生这样强的电场，只有带电的等离子体发生剧烈复合时才能产生强电场。

另据记载，1947 年 2 月 12 日上午 10 时许，一块大陨石从天而降，坠落在符拉迪沃斯托克（海参崴）以北的锡霍特阿林山脉。这是距通古斯爆炸后 40 年的事情。估计有 100 人目睹了这一次壮观景象。以蔚蓝的天空作背景，一个大如满月的火球放射着太阳一般的光芒，自北向南飞去。它一边散发着耀眼的火花，一边以极快的速度横贯天空，继之以一阵震耳欲聋的爆炸，巨大、可怕的烟柱腾空而起，浓烟一直升到 30 千米左右的高空，当地村子里许多人家的玻璃窗被震得粉碎。

这次爆炸被认为是一块陨石引起的，但无论是陨石还是普通石块，都不可能通过摩擦生热之类的过程而发生爆炸。因为根据爆炸物理学，物质燃烧、爆燃、爆轰必须具备三项条件：1. 要有可燃物质；2. 要有氧或氧化剂；3. 要有点火源。

而岩石一般都不是可燃物，目前发现的陨石，也都不是由可燃物组成。再者，化学炸药的爆炸实质上是一种剧烈、快速的化学反应过程，这个过程有大量能量释放出来，所以才会发生爆炸。核爆炸则是一种核反应，同样有更大的能量释放而发生爆炸。如果是一块天外的“陨石”坠落到大气层被摩擦生热，则并不存在释放能量的化学反应或核反应过程，所以这样的过程是绝不会发生爆炸的。也从没有人通过实验证明岩石摩擦受热会发生爆炸，所以认为“陨石”受热发生爆炸纯属凭空臆测。而空间等离子体在发生剧烈复合放能时则完全可以发生这样的大爆炸。当然，我们已经讨论过，实际上几乎所有的所谓“陨石”也都不过是电离层等离子体发生复合形成的。从这个意义上说,可以认为这是由“陨石”引起的大爆炸。

古印度“死丘”大爆炸探析

经考证,古印度的一座城市摩亨佐——达罗在公元前15世纪突然消失,就是由于一次闪电引起的猛烈爆炸和大火而毁灭的。1922年,印度考古学家巴纳尔季在印度河口的一个小岛发现一片古代废墟,所有迹象表明,这个城市是毁于一次突然的灾难。该地区到处是烧熔的黏土和矿物碎片,显示出一种爆炸和大火的痕迹。巨大的爆炸力将古城半径约1000米内的所有建筑物全部摧毁,还有一个明显的爆炸中心,在这个中心所有建筑都夷为平地,由中心向外延伸,距离越远破坏程度越轻。

古印度诗史《摩诃婆罗多》中这样描绘:“突然空中响起巨大的轰鸣,接着是一道闪电撕裂天空,南边天空一股火柱冲天而起,耀眼的火光胜过太阳,被割成两半的天空——(与通古斯大爆炸相类似)房屋街道及一切生物都被这突如其来的大火烧毁了……

“这是一枚弹丸,却拥有整个宇宙的威力,一股赤热的烟雾与火焰,明亮如一千颗太阳,缓缓地升起在天空,光彩夺目照人……

“可怕的灼热使动物倒毙,河水沸腾,鱼类等统统烫死,水面漂着死鱼,死亡者烧得如焚焦的树干……”

另外,印度历史上曾经流传过远古时发生过一次奇特大爆炸的传说,许多“耀眼的光芒”、“无烟的大火”、“紫白色的极光”、“银色的云”、“奇异的夕阳”、“黑夜中的白昼”(这些都是空间等离子体高度密集后发生复合导致的现象)等等描述。……在古城的大爆炸中,至少有3000团半径达30厘米的黑色闪电和1000多个球状闪电参与,因而爆炸威力无比。

“死丘”大爆炸由于年代久远,记录和传流下来的信息量较少。其最突出的一个特色是爆炸前出现大量“黑色闪电”,分析已知,闪电是空间等离子体发生复合产生的一种现象,而“黑色的闪电”则是由一些特殊的带电离子(等离子体)发生复合并伴随某些活泼化学物质如臭氧、氧化氮、碳基化合物等等燃烧而形成的。据分析,这次大爆炸同样存在许多核爆炸的迹象,这可能就是由于当时形成的等离子体密度极高,发生快速集体复合时形成了强烈的核爆炸。

由这次大爆炸中的“距离越远破坏程度越轻”来看,与电磁作用的平方反比规律相符,显示了它主要是由等离子体复合爆炸产生的电磁效应。

科学家通过模拟实验表明,黑色球状闪电发生爆炸后,遗留下来的一种彩色小石块和炉渣样的东西,同摩亨佐达罗大火之后遗留下来的残迹完全一样。

这样的“彩色小石块和炉渣样的东西”正是等离子体复合(并与中性粒子化合)而形成的。

实际上,只有极少数空间等离子体复合过程会形成爆炸——只有当等离子体密度足够高、体积足够大,释放能量足够快速、剧烈或具有特殊的等离子体成分时才会发生。

这类由等离子体复合引发的大爆炸如果发生在未来,则有引发核战争的危险:发生等离子体复合爆炸的有核国家可能会误认为受到核袭击而发起“反击”,一场核战争就可能不可避免地爆发了。人类如果不能清醒地认识到这一点,仍然固守“岩石破裂导致地震”的陈腐、荒谬观念,灾难还将继续。

发生在地下的地震可以造成巨大灾害,发生在地表的地震其危害性则更大。然而,只要人类正确地认识到它的产生机制,就能有效地加以防范——对电离层及地表电场进行全面监控,采取有效措施诸如注水、埋设导线等,消除城市地下静电能(等离子体)的积累,从而避免悲剧的发生。

非洲的“杀人石”

非洲马里境内,有一座耶名山,山上有一片茂密的大森林,林中有各种巨蟒、凶残的鳄鱼、狮子、老虎等。然而,在耶名山的东麓,却极少有飞禽走兽的踪迹。当地的土著居民对这个地方既恐惧、厌恶,又非常敬畏。

1967 年春天,耶名山发生强烈地震。震后的耶名山东麓远远望去,总有一种飘忽不定的光晕,尤其是雷雨天,更是绮丽多姿。据当地人说,这里藏着历代酋长的无数珍宝,从黄金铸成的神像到用各种宝石雕琢的骷髅,应有尽有。神秘的光晕就是震后从地缝中透出来的珠光宝气。这个说法究竟是真是假,谁也不能证实。马里政府为了澄清事实真相,派出了以阿勃为队长的八人探险队,进入耶名山东麓进行实地考察。

他们刚来到这里,就下起了大雨。在电闪雷鸣中,阿勃清晰地看到不远处那片山野的上空冉冉升起一片光晕,光亮炫目。光晕由红色变为金黄色,最后变成碧蓝色。暴雨穿过光晕,更使它姹紫嫣红。雷雨刚停,阿勃不顾山陡坡滑,道路泥泞,下令马上进发。在那片山野上,他们发现躺着许多死人。这些死人身躯扭曲,口眼歪斜,表情痛苦。从尸体看这些人已经死去很长时间,但奇怪的是,在这炎热的地方,尸体竟没有一具腐烂。这些人可能是不听劝告偷偷进山寻珍宝的。可是他们为什么会莫名其妙地死去呢?

探险队员四处搜寻线索。突然间,一名队员发现从一条地缝里发出一道五颜六色的光芒,色彩不断变幻着。难道真是历代酋长留下的珍宝?经过一个多小时的挖掘,人们终于从泥土中清理出一块重约5000千克的椭圆形巨石。半透明的巨石上半部透着蓝色,下半部泛着金黄色光,通体呈嫣红色。探险队员们费了九牛二虎之力才把巨石挪到土坑边上。这时有一队员突然叫道:"不好,我的四肢发麻,全身无力!"另一位队员也说:"我的视线模糊不清!"队员们纷纷开始抽搐,相继栽倒。此时,只有阿勃还保持清醒,他想这可能与那块巨石有关。

他不由得想起那些死因不明的尸体,浑身不禁一颤。为了救同伴,阿勃强拖着开始麻木的身体,摇摇晃晃地向山下走去,准备叫人来。刚走下山,他就一头栽倒了。过路的人发现了躺在路边的阿勃,把他送进了医院。经抢救阿勃终于清醒了过来,并将所发生的事告诉人们。之后,他又闭上了双眼。医生检查发现,阿勃受到了强烈的放射线的照射。

有关部门立即派出救援队赶赴山上抢救其他7名探险队员,但无一生还。而那块使许多人丧命的"杀人石",却从陡坡上滚下了无底深渊。科学家们想解开"巨石杀人"之谜,但因找不到实物而无法深入研究,于是便成了自然界一个未解之谜。

闪电谜团

美国夏威夷群岛上的闪电像一条条喷火蛟龙在游荡。

闪电还造成了一些奇怪的现象,给人类留下了难解的谜团。在美国的尤尼昂维尔城,一阵雷鸣电闪之后,有位家庭主妇打开电冰箱,惊奇地发现冷冻的生鸡生鸭变成了熟的烤鸡烤鸭,其他蔬菜、水果也都变成熟的了。在夏威夷群岛上,一伙人在野外摆好了烤肉用的架子,架子上放了一只小乳猪。一阵雷电过后,小乳猪不用烤就熟了。1956年夏季的一天,美国肯辛顿地区变成了强烈的雷区,一个落地雷垂直打在一个畜牧场的地上,掘出一个直径0.3米、深9米的深洞。这个洞后来成为当地居民饮用的一口水井。1987 年 6 月 9 日 19 时,美国弗吉尼亚州瓦普斯岛发射场上的 5 枚小型实验火箭即将点火升空。一阵雷电突然出现,3 枚火箭被雷电击中,诱发自动点火升空,然后坠毁。这成为美国航天史上继 1986 年 1 月 28 日“挑战者”号航天飞机发射升空 73 秒爆炸之后的又一起震惊世界的航天事故。

神秘的动植物雨

天上下雨是很正常的,然而现实中却下过骇人听闻的“雨”。

在 1683 年 10 月,英国诺尔弗克的小村艾克尔,忽然大量的癞蛤蟆从天而降,当地的人们简直不敢相信这是真的。村民们不得不一齐动手,用水桶把它们请走,然后烧掉。1687 年,在巴尔蒂克海东岸的麦默尔城,大片大片的煤黑色的纤维状物质落在雪地上。这些黑色絮片是潮湿的,气味像腐烂的海藻,撕起来就像撕纸一样,待它们干透之后,就没有味道了。有一部分絮片被保留了 150 年之久,当后来人们对它们进行化验时,发现其中含有部分“蔬菜”一样的物质,主要是绿色丝状海藻,还含有 29 种纤毛虫。1969 年冬春之交,在南爱尔兰的大片地区,落下了一种臭气难闻的橡胶类物质。据记载,“这些东西像人的手指尖状,柔软滑腻,颜色暗黄”,正在该地区吃草的牛群并未受到干扰。据克尔克尼的罗伯特·万斯先生的记述,当地居民认为这些“橡胶”是有用的药物,他们用坛子、平底锅等容器把它们收集起来。

神秘的失踪和再现

1912 年 4 月 15 日,“泰坦尼克”号超级游轮在首航北美的途中,因触撞一座漂浮流动的冰山而不幸沉没,酿成死亡、失踪达 1500 多人的特大悲剧。80 余年过去了,正当人们对它已经淡忘时,却又连连爆出了惊煞世人的新闻。首先是美国的《太阳报》于 1993 年 8 月上旬公开了一则“史密斯船长再现两周年秘闻”的消息。接着,大报小报争相对失踪再现的异象奇闻做了大量报道。于是乎,神秘的“时空隧道”成了当今又一热门话题。

报道说,1990 年和 1991 年,分别在北大西洋的冰岛附近发现并救起了“泰坦尼克”号沉船时失踪的两名幸存者。这两名失踪者神秘再现的经过是这样的:1990 年 9 月 24 日,“福斯哈根”号拖网船正在北大西洋航行,在离冰岛西南约 360 千米处,船长卡尔·乔根哈斯突然发现附近一座反射着阳光的冰山上有一个人影,他立即举起望远镜对准人影,发现冰山上有一位遇难的妇女用手势向“福斯哈根”号发出求救信号。当乔根哈斯和水手们将这位穿着本世纪初期的英式服装、全身湿透的妇女救上船,并问她因何落海漂泊到冰山上等问题时,她竟然回答:“我是‘泰坦尼克’号上的一名乘客,叫文妮·考特,今年 29 岁。刚才船沉没时,被一阵巨浪推到冰山上。幸亏你们的船赶到救了我。”“福斯哈根”号上的所有船员都被她的回答弄糊涂了,这究竟是怎么一回事,难道她是发高烧说胡话?

考特太太被送往医院检查时,发现她除了在精神上因落难而痛苦外,其他方面的健康状况良好,丝毫没有神经错乱的迹象。血液和头发化验也表现她确系 30 岁左右的年轻人。这就出现了一个惊人的疑问,难道她从 1912 年失踪到现在,竟会没有一点衰老的迹象?海事机构还特地查找了“泰坦尼克”号当时的乘客名单记录表,确认考特太太登上了这艘豪华游轮。这太离奇怪诞了,以致人们无法用科学常理做出合乎逻辑的解释,难道她真的一直存在于所谓的“时空隧道”中?正当人们为此而争论不休时,另一件奇事又发生了。

1991 年 8 月 9 日,欧洲的一个海洋科学考察小组租用的一艘海军搜索船正在冰岛西南 387 千米处考察时,意外地发现并救起了一名 60 多岁的男子。当时,这名男子安闲地坐在一座冰山的边缘,穿着干净平整的白星条制服,猛吸他的烟斗,潮湿的烟丝冒出浓烈的白烟,双目眺望无际的大海,脸上显示出一副早将生死置之度外的表情。但谁也不会想到,他就是失踪近 80 年的“泰坦尼克”号上大名鼎鼎的船长史密斯,并几次拒绝对他的援救。

著名的海洋学家马文·艾德兰博士在救回史密斯船长之后,告诉新闻记者说,没有任何事情的发生会比此事更让他吃惊。他不知道在北大西洋那儿发生了什么,被救的人并非行骗之徒,而是“泰坦尼克”号上的船长,是最后随船一起沉没后失踪的人。更为惊奇的是,史密斯虽已是 140 岁高龄的老人,但仍然像位 60 岁的人,而且在他获救时,一口咬定是 1912 年 4 月 15 日,并几次劝阻救助人员不要救他,船既然已被冰山撞沉了,最后的气浪把他抛到冰山上,他这个船长也只有与冰山共存了。

前不久,欧洲的一些新闻机构也对此作了透露,声称救援者弄清这位英国人史密斯是“泰坦尼克”号的船长,获救后被急速送到了奥斯陆,随后又送进精神病医院治疗。精神病心理学家扎勒·哈兰特对他进行了一系列的诊查后,认为他的生理和心理很正常。

哈兰特博士曾于1991年8月18日的一个简短新闻会上指出,通过保存在航海记录中的指纹验证,可以确认他的身份就是船长史密斯。

此事该如何解释?欧美的有关海事机关认为,史密斯船长和考特太太均属于"穿越时光再现"的失踪的人。据此,一些专家推测,可能海上仍有盲目漂流的幸存者在等待着人们去寻找。因为神秘失踪后又再现的事件,历史上记载的不乏其例。

据美国海军部记载,在第二次世界大战期间的太平洋战役中,美国的"印第安纳堡利斯"号军舰被日本潜艇击沉。当时美国海军部收到舰上有25名官兵乘救生艇逃离了军舰的求救信号。但美国海军部多次派出营救舰队和飞机去寻找,均一无所获,最后只好宣告他们已葬身海底。然而,1991年7月的一天,一队菲律宾渔船在菲律宾群岛以南的西比斯海域上,竟然发现了这只救生艇。小艇上的25名船员虽然如惊弓之鸟、一片惶恐不安的样子,但他们仍然不失年轻力壮的风貌。这一发现,使得美国当局感到万分惊愕。当然,更使他们感到大惑不解的是,"印第安纳堡利斯"号军舰是1945年7月30日被击沉的,时隔46年后,他们的模样竟和被击沉时一模一样,连胡子和头发都没有一点变化。这25名获救的人员一致认为他们在海上仅仅漂流了1天时间。46年如一日,怎么说?天文学家森梅西坚斯博士认为,他们有可能闯入了一个"时空隧道",几十年后复出人间,却全然不知道已经过了那么久时间。近来,热衷于研究"神秘再现"的学者们还发现,"再现"并不是海洋里的专利,在航空史上也可查到诸如此类的记载。

那是二战期间,美军的一支空战队在北美战场上结束战斗后,在返回基地前的整编中发现少了一架P—38战斗机,编队飞机四处寻找,结果没有发现任何线索。当晚,基地为这名飞行员举行弥撒。谁都清楚,所谓失踪实际上就是阵亡。可就在弥撒举行中途,基地警报突然响起,雷达显示一架身份不明的战机正低空高速接近机场。战勤人员立即进入一级战斗状态,几十架战机打开发动机待飞,防空火力网也一齐对准了那架飞机。这时,基地上的官兵蓦然发现探照灯光笼罩下的飞机很像白天失踪的P—38战机。报务员立即用无线电与这架飞机进行联络,但得不到任何回音;信号兵也用信号灯打出灯光信号,要求来机做出敌我识别讯号,但来机对此全然不顾,径直往基地急冲而来。正当指挥不知所措时,该机在机场正上方的空中突然崩裂,像天女散花一样将无数碎片纷纷洒向地面。令人惊奇的是,飞机"散架"时既没有火光,也没有爆炸声。随后,人们又发现碎片星雨中跳出飞行员与降落伞,先是副伞随风飘荡,随后主伞也张开。惊魂未定的基地官兵纷纷拥上卡车,风驰电掣般地奔向降落伞和残骸跌落地点。他们目睹了一件不可思议的事。残存的机身编号证实,该机确系失踪的那架 P—38 战斗机。但它的油箱早已用干,难道在死亡约 10 小时后还能驾机与跳伞吗?这一奇案被列入美国空军机密档案,并附上基地指挥官和目击者的签名。当时,有人怀疑 P－38 战机可能遇上了外星人的飞碟。

数年来,热衷于"神秘再现"探索的学者们,对失踪后又再现的事件进行了深程度的挖掘,目前已搜集到几十个案例,并对此进行了研究分析,企图从物理性质、光学现象、时序体系和空间原理对此作出解释,但没有一位学者能跳出"时空隧道"的困惑。

有的学者认为,"时空隧道"实际上就是宇宙中存在着的"反物质世界"。其根据是著名的科学家爱因斯坦建立的物质总能量公式,根据这个公式计算,物质的总能量有正、负两个值。物质出现负值我们该如何认识呢?一些学者就将它与"反物质世界"联系在一起。我们目前仅仅是了解了宇宙的一半,即正物质所处的范围;而宇宙的另一半却是由反物质组成的体系。这两大部分由引力作用彼此接近,而当接近到一定程度时,由于部分正、反物质产生"湮灭"作用产生巨大的能量,造成的压力又将宇宙中这两大体系分开。据此,可以认为神秘失踪系正负两大物质体系产生引力场局部弯曲时所产生的"湮灭"现象,而当"湮灭"消失后,引力场恢复原状时,失踪者也就再现了。此说看似有理,但也遭到很多学者的反对,认为"湮灭"可以解释神秘失踪现象,但"湮灭"只能使万物永远失去,而不可能再现。

有的学者认为,"时空隧道"可能与宇宙中的"黑洞"有关。"黑洞"是个人眼看不见的吸引力世界,然而却是客观存在的一种"时空隧道",人一旦被吸入"黑洞"中,就什么知觉也没有了,当他回到光明世界中,只能回想起被吸入以前的事情,而对进入"黑洞"遨游无论多长时间,他都一概不知。所以,历史上神秘失踪的人、船只、飞机等,实际上是进入了这个神秘的"黑洞"。这一学说同样遭到不少学者的反对。因为目前科学家设想中的"黑洞"理论是个"光吃不拉"的神秘世界,它"吞"入任何物质及能量(包括光线),但从不释放,否则就不称其为"黑洞"了。因而,凡被吸入"黑洞"中的任何东西都不可能有重见天日之时。

在激烈的争议中,学者们对"时空隧道"也提出了几种其他理论假说:其一是"时间停止"说,对于地球上的物质世界,进入"时空隧道"后就意味着失踪,而重新从中出来时又意味着神秘再现。这表明"时空隧道"与地球不是一个时间体系,它的时光是相对静止的,因而无论失踪三年五载,或者几十年数百载都如同一时一日,抑或从失踪到再现的时间为零。其二是"时间可逆"说,即"时空隧道"中的时间是倒转的。失踪者进入这套时间体系里,有可能回到遥远的过去,然而当时间再次出现逆转时,又把失踪者带回到失踪的那一刻,结果就出现神秘的再现。其三是"时间关闭"说,"时空隧道"是客观存在的物质性世界。它看不见也摸不着,对于人类生活的物质世界,它既关闭又不绝对关闭,有时也偶尔开放一次。这一开就造成神秘失踪,后来又一放,失踪者就再现了。

目前,对"时空隧道"的认识问题,仍众说纷纭,莫衷一是,却无一说能提供可使大家信服的科学依据,是个尚待探索的自然之谜。

神农架自然之谜

野人是否真的存在

"野人之谜"一直被推为世界四大自然之谜首位,六大科学悬案之一。被科学界称为"可能是本世纪内动物学和人类学的最重大发现","跨世纪的人类巨大工程"。"野人之谜"在我国境内探寻断断续续进行了近一个世纪,尤以神农架最引人注目,且持续时间最长。

神农架野人历史上流传之久,3000 年以前的古籍中早有记载。在神农架山区,目击野人的居民达数百人之多,群众看见的以红毛野人为最多,也有麻色和棕色毛的,有少数目击者甚至撞见过白毛野人。从 1976 中科院派出第一支科学考察队对神农架野人进行考察至今,短短 20 余年,又不断有人与其相遇,不断有新的发现。种种迹象表明,确有一种神秘的奇异动物与我们人类共同生活在这个世界上。

从 1976 年开始,中国科学院和湖北省人民政府有关部门组织科学考察队对神农架野人进行了多次的考察。考察中,发现了大量野人脚印,长度从 21 ~ 48 厘米,并灌制了数十个石膏模型,收集到数千根野人毛发;在海拔 2500 米的箭竹丛中,考察队还发现了用箭竹编成的适合坐躺的野人窝。

科学家对搜集到的野人毛发通过光学分析鉴定和镜制片鉴定,以及对毛发微量元素谱研究和微生物学测试,得出结论:野人毛发不仅区别于非灵长类动物,也与灵长类动物有区别,有接近人类头发的特点,但又不尽相同。野人应属于一种未知的高级灵长类动物。

野人脚印科学工作者对野人的脚印的观测研究表明:在神农架所发现的野人脚印与已知的灵长类动物的脚印无一等同,比人类的脚落后,比现代高等灵长目动物的后脚进步。两脚直立行走,可确信一种接近于人类的高级灵长类动物的存在。

野人的粪便最大的一堆重1.6千克,内含果皮之类的残渣和昆虫蛹等,可推想其食物结构,最令人惊叹的是野人窝,它们用20多根箭竹扭成,人躺其上,视野开阔,舒服如靠椅,经多方面验证,此绝非猎人所为,更绝非猴类、熊类所为,它的制造与使用者当然是那介于人和高等灵长目之间的奇异动物了。

野人为什么能在神农架生存

距今大约20万年前后,神农架就有古人类活动,在华夏文明的萌芽期,相传神农氏曾在此尝草采药,神农架因此得名。神农架位于湖北省西部边陲,由房县、兴山、巴东三县边缘地带组成,地跨东经109°56′,北纬31°15′~31°57′,总面积3253平方千米。神农架最高峰神农顶海拔3105.4米,最低处海拔398米,平方海拔1700米,3000米以上山峰有6座,被誉为“华中屋脊”。神农架至今较好地保存着原始森林的特有风貌,属国家级森林和野生动物的自然保护区,是当今世界中纬地带生态保存完好的唯一的一块宝地,被联合国教科文组织人与生物圈计划接纳为成员。

神农架是长江和汉水的分水岭,该地区属北亚热带季风区,一年四季受到湿热的东南季风和干冷的大陆高压交替影响,以及高山森林对热量、降水的调节,气候宜人。神农架地形地貌奇特,岩溶洞穴遍布,植被丰富多样,原始森林茂密,大部仍为无人区,人为干扰较少,还有许多人未及、未知的神秘原始区域,可食植物及各种野生动物很多,给“野人”的存在、繁衍、觅食、隐蔽提供了必需的环境条件。

从动物生态进化原则分析,生物生活于其外围的环境中,环境包围着生物。有各种影响生物存活的因素,如温度、光线、水分的比例、磁场,乃至地心引力等,这些因素相互关系,导致了环境条件的不恒定,这样就迫使生物(尤其是动物)产生一系列的适应环境的变动的方式方法,这些表现在动物的生理、形态以至行为上。从神农架山区形势看,结构非常奇特,植被非常复杂,很有一些古老植物、树种残留下来。任何动物都有其赖以生存的温度变动范围,也有其相对的最适应温度,野人的最适温度如何,尚不知道,然而山区条件复杂,局部的小气候变化很大,“野人”完全可能聚集或分散于一定稳定或变动幅度较小的、而能忍耐的山区某些小气候地区,度过酷冷、酷暑的天气。况且不能排除这种动物有主动上的季节迁移性。食物因素是动物赖以生存的主要条件,在神农架有不少人迹罕至的地区,有各种果实,按不同季节成熟,而且有些可能是终年存在而数量很大,如核桃及橡子、板栗。

神农架森林覆盖面广大,有不少地段还保持着原始的封闭林,生态环境稳定,动物种类繁多,并有从亚热带到寒温带6个完整的植被类型。它在第四纪冰川期是第三纪动植物的避难所,因而保留了大量第三纪生物残留遗种,系我国各种灭绝植物和动物的幸存地区,具有保存史前动植物基因库的特色,是我国基本保持原始风貌的原始森林之一,也是我国植物区系东西交错、南北过渡带,我国古北界和东洋界动物的交汇过渡区,南北方各种动物生存繁衍的理想栖息地。目前已发现的近500种动物中有金丝猴、神农白熊、大鲵等古老动物数十种,受国家保护的达33%。高等维管束植物2762种,古老植物、老第三纪类型占总数的39%,被誉为举世瞩目的“绿色宝库”、“神秘世界”、“天然动物园和植物园”。更令人关注的是,在神农架中心腹地已发现古人类遗址,而在周边地区更有众多的古人类和猿人及巨猿化石、遗址存在。巨猿、古人类对生存环境的要求相当苛刻,而在这样小的区域内竟集中如此众多的古人类和猿人与巨猿化石、遗址及各种古生物化石,为此,古生物学家对在这一带能否有更多的发现,尤其是从远古孑遗下来的像大熊猫一样称为“活化石”的物种一直持有积极乐观的态度。

野人研究有何科学价值

从历史发展而言,“野人之谜”已困扰我们人类几千年,“野人之谜”的揭示将对人类起源、进化研究,具有极大的推动作用和科学价值。人类是从哪儿来的?这是人类从早期蒙昧时代就开始猜测的古老问题,然而直到今天,由于从猿到人进化系统学说存在着化石上的缺失,科学家仍然无法描绘人类诞生过程的全部详尽图画。野人也许就是要回答这些问题的人类演化过程中的“活化石”,蕴藏着人类起源的奥秘。

野人的发现与研究所涉及的不只是针对某种动物,而是对整个生命科学体系的探索。

第一，如果“野人”确实存在，便可证明恩格斯的科学论断：在人类进化过程中确实存在那种亦猿亦人、非猿非人的高级灵长类动物，将极大地丰富历史唯物主义和自然辩证法的科学内容。

第二，“野人”没有语言，不会使用工具，但能直立行走，这对于研究前肢解放和制造工具的关系、直立与语言的关系提供了标本和模型，对体质人类学和社会人类学都会起到促进作用以至新的突破。

第三，在动物进化方面，灵长类动物是怎样走过人和猿分家的过程，至今仍无正确解释，而随着“野人”研究的进展将会为此找到科学根据，更加丰富高等灵长类动物生态学的内容，新的人类进化系统树必将重新绘制。

第四，“野人之谜”之所以能让科学界的专家、学者们认真对待，是因为在它被目击地点至今保留的古生态环境以及一些极不一般的化石，这些化石表明了它们是一种能直立行走的高大动物，但不是人，也不是现在所说的猿。有人认为是一种进化过程中不成功的介于人与猿之间的动物，这种动物在理论上已经绝灭了，但正是在这些发现化石的地方传出关于“野人”的事件，这就又使人们产生一种联想，是否像大熊猫那样，还存在着个别的这种动物呢？联系我国长江流域三峡地区古猿、古人类和巨猿化石的不断发现，对在这一带出现的“野人”进行考察研究，可以使“活化石”、“死化石”两方面的研究结合起来论证世界人类起源问题，也将极大地丰富对古猿的研究。

神农白熊的发现震惊生物学界

古人把珍奇白化动物视为神灵宝物，它们至今仍为自然界的一大奇观。世界上有些地方也曾出现过奇异的白色动物，非洲的白狮、白人猿，印度的白鹿，我国台湾的白猴，云南的白猴等，都十分引人瞩目。

但是古今中外还无一处在相同时间、同一区域内发现像神农架这样众多的奇异白化动物。

在神农架发现的第一只白化动物是白熊。1954 年夏，神农架一药农在林中采药时，偶然在熊窝中捉到一只刚足月的小白熊。这种白熊，全身白毛如细绒一般，颈与肩的毛较短，上唇和鼻端呈淡红色，眼睛也是红的，头长尾短，两耳坚立，性情温顺，貌如大熊猫，它高兴时直立起来手舞足蹈，有时还模仿人的动作，十分逗人喜爱。不知底细的人以为它就是北极熊，其实它是我们国产货——神农白熊。

过去,人们总以为世界上除了北冰洋周围有一种常年卧雪、以食海豹为生的北极白熊外,其他地方不可能有白熊存在。白熊的发现,轰动了世界生物界。白熊长年生活在海拔1500米以上的原始森林和箭竹林中,以食野果、竹笋为生。《史记·五帝本纪》中有一段关于黄帝教熊罴貔貅虎,以与炎帝战于孤泉之野的文字记载。这里的炎帝就是神农皇帝。“罴如熊,黄白色。”其实就是白熊。《中国古史演义》一书说得更明白,“黄帝一向捕捉许多熊”,“得其白色者奇”。由此可见白熊在我国生存繁殖的历史是悠久的。

神农架的原始森林,是各种野生动物的乐园。在这个乐园里,人们除发现有白熊外,还发现有白蛇、白乌鸦、白黄鼠狼、白金丝猴、白獐、白鹿、白色苏门羚、白鹰、白雕、白松鼠、白鹳、白冠长尾雉、白鹇等,这种奇怪现象使动物学家们惊诧不已。

白化动物是怎样产生的

同种动物间一般在外部形态上总是相同的。但在高等动物中偶尔也会发现在同一种群中有异于同种动物的个体,这就是在体色、羽色或毛色上与同种其他所有个体有明显差别的一种异常现象,这种体色异常的个体一般都呈白色,但在其体内结构和各种脏器与同种的其他个体并无差异,也具有繁殖后代的能力,我们称这种外形上白变的动物叫做白化动物。例如:猕猴的背毛一般都为棕色,而白化猕猴则毛色纯白,与正常的完全不同。

一般白化动物的虹膜多为红色,有怕光现象。为人们所喜爱的白色红眼彩貂及白兔亦为红眼,它们最早都是由白化动物精心培育出来的。

产生白化动物的原因在于常染色体上的一对基因不同。在正常动物体内,某些苯丙氨酸参与构成动物体的蛋白质,某些苯丙氨酸则转变为酪氨酸,经过酪氨酸作用最后形成黑色素,即蛋白质→苯丙氨酸→酪氨酸→(酪氨酸酶)→3,4-双羟苯丙氨酸→黑色素。而在白化动物体内,因缺少酪氨酸酶,不能合成黑色素。这是一种隐性基因(a)支配的结果,对具有显性基因(A)的个体,则表现有正常的体色,那就是基因A和a控制着酪氨酸酶的合成,在正常人和动物的基因型为AA或Aa时,则因具有酪氨酸酶,因此有黑色素,如其基因型为aa时由于缺少酪氨酸酶也就不能形成黑色素,结果就成为白色个体。

基因影响动物体色的途径是十分复杂的,主要是控制酶的活性,通过酶来控制体内的生化反应过程,最后决定了动物的形态。在正常动物的体内,一些苯丙氨酸参与构成动物体的蛋白质,另一些苯丙氨酸则转变为酪氨酸,经过酪氨酸酶的作用最后形成黑色素。而在白化动物体内由于缺少酪氨酸酶,所以不能合成黑色素,形成了白化现象。

神农架"白化动物"应该是古动物的另一类幸存者,而不是今天同类动物的"白化"。既然金丝猴能够躲过第四纪冰川运动的劫难而在神农架生存,白熊等"白化动物"为什么不能呢?在当今世界,白色动物已所剩无几,如非洲白狮、白人猿和印度白鹿。

神奇的"迪安圈"

在英国彭其波尔山坡上,两个科学爱好者静静地观察了足足3个礼拜了。他们在等待着一种奇异自然现象再次出现。漫长的21天,让他们的精神几近崩溃。就在他们快要熬不住的时候,忽然,在离他们大约有300米的地方,好像出现了一股看不见的力量。很快,这股力量就在玉米地里画出了一个巨大的圆圈。接着,他们发现圆圈里的玉米秸被压得扁平扁平的,贴伏到地上了,地面上出现了一个又整齐又美妙的旋涡形状。更令人吃惊的是,所有的玉米秸被压倒的轨迹全都是朝着顺时针走向,而周围的玉米却依然在那里挺立着,就好像一堵围墙一样围住了那个圆圈。奇怪的是圆圈里边被压倒的那些玉米秸却没有折断,后来这些玉米还熟了。这两个科学爱好者就是著名的"迪安圈"的研究者迪加多和安德鲁斯,"迪安圈"就是根据他们的姓名命名的。

二连巨盗龙化石发现始末

一只生活在8500万年前的年轻恐龙,"飞"上了2005年6月14日出版的最新一期《自然》。这本世界顶尖的科学杂志,每年只发表少数几篇关于古生物研究的论文。人们真正感兴趣的是,这是一种新发现的恐龙,它具有许多与鸟类相似的特征:长着像鸟一样的喙,前肢长长的似翅膀,有尖锐的爪尖……化石发现于内蒙古的二连盆地,由此被命名为二连巨盗龙。

之前一周,二连巨盗龙的"倩影"出现在《自然》杂志网站首页头条的位置,引起了世界上几乎所有通讯社的关注，有记者问：这项发现意味着什么？中国科学院古脊椎动物与古人类研究所研究员、论文第一作者徐星反问道："如果你发现一只老鼠长得像猪那么大，你是什么感觉？"

2005年4月，一个外国纪录片拍摄组赶到内蒙古二连盆地。

二连盆地恐龙化石非常丰富，很容易在地表上发现暴露出来的化石。过去的几年中，地质学家谭琳领导的野外考察队在这个盆地的戈壁地区，发现了三个恐龙新种类，其中包括被命名为苏尼特龙的一种新的蜥脚类恐龙（一类体型巨大的植食性恐龙）化石。摄制组想拍摄科学家们是如何发现苏尼特龙的。在拍摄过程中，徐星与谭琳选择了此前考察队员发现的一块裸露在干涸的河床边上的大腿骨化石，以展示苏尼特龙是如何被发现的。选择这块化石的原因是由于它巨大的尺寸与苏尼特龙相符。

徐星与谭琳用刷子把化石从岩石中一点点扫出来。这个地区的岩石比较松软，容易刷落。当大腿骨的远端渐渐从岩石中被剥离出来的时候，徐星推断，这不是苏尼特龙，而有可能是一种暴龙类恐龙。暴龙类属于兽脚类恐龙，学术界普遍接受的观点是：兽脚类恐龙的一支后来演化成鸟类。

发掘队在裸露化石周围打了一些探测的钻孔，将周围岩层剥离开，查看下面是否有化石。如没有，就缩小范围再打一些钻孔，再剥离岩层。如此反复试探，最后确定化石散布在大约七八平方米的范围内。"看来是个大家伙。"工作人员随即将整个岩层连同化石切割下来，用石膏和麻袋包好，打成包裹带回实验室慢慢剥离。这种包裹有个专业名词——皮套克。因为化石体积庞大，不得不做成几个"皮套克"才能运走。

5个月后，化石基本被清理出来，徐星再次赶到位于呼和浩特的实验室。看到下颌骨的那一刻，徐星已经知道，这不是暴龙，它有粗壮的齿骨，高高的冠状突，巨大的位于下颌前部的外下颌孔，以及向前弯曲的耻骨表明它很可能属于窃蛋龙类。

窃蛋龙类是兽脚类恐龙的一个支系，也是鸟类的近亲。此前在北美、中国辽宁和内蒙古均有发现窃蛋龙类化石。但窃蛋龙体形较小，体重不超过10千克，有的甚至只有一两千克。徐星打量眼前这具化石：体长8米，站立高度超过5米，体重大概会超过1400千克。他掩饰不住喜悦，告诉负责发掘工作的搭档谭琳：这是一种新的恐龙，将来很可能会成为内蒙古恐龙的代表！

惊喜是短暂的，接下来的工作具体而枯燥。国际古生物研究，已经从过去的定性研究转向了定量研究，徐星和伙伴们使用分支系统学的办法，分析了两套数据矩阵，研究二连巨盗龙在进化树上的位置。第一套矩阵选取了59个与鸟类亲缘关系相对接近的恐龙物种，分析了251个相关特征，以考察二连巨盗龙与这些不同恐龙之间有什么关系，结果发现二连巨盗龙与其他窃蛋龙类聚合在一起。第二套矩阵是有关窃蛋龙类演化关系的，经过细致的计算，发现二连巨盗龙既不属于最原始的窃蛋龙类（已知最原始的种类生活在约1.3亿年前），也不是最进步的窃蛋龙类（约生活在6500万年前），而是介于两者之间。

徐星打开办公室电脑，展示这两套数据矩阵。整个计算机屏幕充满了“?”、“0”、“1”、“2”、“3”等符号。徐星长达几个月的工作就是用这些符号填满屏幕上59×251个空格，乏味得令人头脑发木。相比之下，徐星更喜欢野外作业，每年总有几个月的时间泡在野外，甚至深入沙漠戈壁的无人区。白天地表温度常常在50℃，晚上帐篷被大风吹得哗哗响，睡眠质量极差。有时一连十几天都找不到一点化石的痕迹。

恐龙研究从专业研究方向上隶属于古生物学。这是中国为数不多的在世界上具有很大影响的基础科学领域项目之一，曾经有诺贝尔奖获得者评价中国的基础科学最有希望达到世界先进水平的学科是数学和古生物学。

“说到底，古生物学是一项材料科学，材料决定研究的影响性。中国的古生物化石资源丰富，因而能够成为世界古生物研究的中心之一。近年来，中国科学家在《自然》、《科学》等世界顶尖的学术期刊上发表了一批论文，产生了这一领域近年来在世界上最有影响的一批成果，但这并不代表我们的研究水平已经达到世界最高的水平了。”徐星说。

二连巨盗龙的部分化石，后来送到医院拍了CT片。结果显示，二连巨盗龙的脊椎体内部有海绵状结构，这种构造既能使结构坚固，又能减轻体重。和巨大的身躯相比，二连巨盗龙的腿骨纤细，小腿比大腿长。“小腿的功能与快速奔跑相关，与同样大的动物比，二连巨盗龙应该是奔跑冠军。”

在一系列研究后，徐星认为这只二连巨盗龙大约在7岁进入成熟期，死于11岁。他从电脑中调出一张二连巨盗龙骨切片照片。图片上的骨细胞有圆形，也有椭圆形。过去，研究脊椎动物的发育生长，主要看骨骼的愈合程度，比如荐椎（骨盆位置）的愈合程度，幼年动物的荐椎是单独的，成年的往往几个荐椎愈合到一起。而现在，骨组织切片破解了动物生长的许多秘密。徐星用手滑过电脑屏幕，指出恐龙骨细胞生长留下的痕迹，那是几条非常清晰的线条，类似树龄。“不过，这可比树龄复杂，有的一年是一条线，有的一年是几条线。我们大致推测出这只恐龙在7岁进入成年，此后生长得较为缓慢。”

二连巨盗龙庞大的身形是它引人注意的一个重要特点。徐星介绍,身形巨大的动物,有三种不同的生长策略,一是活的时间长,二是生长速度快,三是兼顾前两者。二连巨盗龙应该属于第二种。

学术界普遍接受的一个观点是:鸟是从恐龙演化来的。同一个家族的恐龙,个体越大的,与鸟的亲缘关系越远,在形态上越不像鸟。然而二连巨盗龙是个例外,它有1400多千克的庞大身躯,但是却比小型的窃蛋龙类拥有更多的似鸟特征,这是过去的理论无法解释的。

"这加深了我们对于鸟类特征演化复杂性的认识,有助于我们了解鸟类起源的过程。"徐星认为这才是二连巨盗龙重大的科研价值所在。

在二连巨盗龙的新闻发布会上,记者们问到二连巨盗龙吃什么,怎么死的,生活习性等多种问题,徐星的回答一律是"不知道"。他承认几十人的团队做了很多工作,搜集了很多证据,但迄今为止,关于二连巨盗龙,能得出的假设结论只有很少的一点:它属窃蛋龙类,长得像鸟,7岁成年,死于11岁,它的形态与其他常见的大型恐龙不同,仅此而已。

根据初步的研究,科学家用电脑复原的二连巨盗龙披着羽毛,长有尖锐的前爪。但徐星表示,现在并没有直接证据表明二连巨盗龙长着羽毛,不过因为长羽毛是窃蛋龙类恐龙的特征,所以在复原时,科学家用"合理的想象"画上了羽毛。

登上《自然》后,世人都争相一睹二连巨盗龙化石的真面目,它如今暂时保存在呼和浩特市的实验室里。一年前,当它还不为外人所知时,曾被装在几个箱子里,悄悄地送到北京,存放在中国科学院古脊椎动物与古人类研究所6楼的办公室里,供科学家研究。

在徐星的办公室里,随便拉开一个柜子,都能找到有数千万年甚至上亿年历史的恐龙化石,也许是见过了太多的恐龙真迹,徐星对好莱坞大片里的恐龙反而没有多大的兴趣。但二连巨盗龙的出土,说不定会给未来的《侏罗纪公园》增添一个新角色。

圣塔克斯的"怪秘地带"

最令科学家认为反常的地球重力表现伤脑筋的地方是美国加利福尼亚州圣塔克斯镇郊外的一个"怪秘地带"。森林包围在四周,风拂林吟,气氛悚然。在空地的木栅门上高挂着标有"怪秘地带入口处"牌子。进了这道门,就如同来到另外一个世界,令你处处大惊小怪。其实每个新来的游客都不免如此。

你看,两位日本人矢追和大桥在干什么?原来他们在踩着两块石板比个头呢。这两块石板看起来很普通,每块长约50厘米,宽约20厘米,彼此间距离约40厘米,它们就摆在进门后不远的地方。这是两块“天然魔术”板。

矢追和大桥各选一块石板站好,再相互交换站立的位置。这个时候,他俩和周围的游客简直不敢相信自己的眼睛了:就见身高仅1.64米的矢追倒显得比身高1.80米的大桥还高大、魁梧得多。再来交换一次位置,大桥转眼间特别高大起来,矢追一下子矮小得可怜。他们就这样来回交换着位置,他们的身高也随着来回变化着,忽而伸长,忽而缩短。

用卷尺测量一下身高吧,尽管表面看来身高在变来变去,可用卷尺测得的数据依然是原来的身高,一点没变。矢造和大桥又认真地用水平仪测量了石板,两块石板确实处在同一水平面上。这一切到底是怎么回事?游客们可没工夫去多想。秘密也许就在石板上吧。

离开石板,就要准备爬坡了。沿着一条坡度极大的坡道,游人们兴致勃勃地朝“怪秘地带”中心走去,沿途只见周围的树木全都向一个方向使劲倾斜着,好像刚刚遭受了强台风的袭击。走着走着,有人发现看不到自己的脚尖了。原来不知不觉当中,身子已经极度倾斜了,几乎达到平行于坡道的地步了。然而每个如此行走的游人,却都步履稳健,并不觉得有什么别扭。

简陋的、建造年代不详的小木屋立在“怪秘地带”的中心,由木板搭成的围墙与木屋之间留出了供游客逗留的空地。这里的木屋也在明显地倾斜着,与树木倾斜的方向相反。

当跨入狭小的木门进入小木屋时,要小心些才好,屋里立刻会有一股强大的力量向你袭来,似乎要把你拉到重力的中心点去。敏捷的人虽然可以就近抓牢把手,与这股力量抗争,但不出10分钟,就会使你感到头昏眼花,像晕船一般难受。

世界四大科学难题

当前世界上有四个最大的科学难题,全球各专业的科学家都在设法揭开大自然的这些秘密,如能解开这些谜团,那么人类的生活以及对世界的看法将发生根本的变化。

人体基因结构

人的基因存储在一个螺旋形的大分子中。现在科学家希望能准确地知道在哪一种基因中存储哪些信息,因为每种基因由约 3 万个信息构成,要一个一个地检查,现在才查明约 10 万种基因中的 100 种。日前,科学家们已解出一个志愿者的全部基因密码,如能揭开全部基因的秘密,那么由于基因受损而引起的癌症、糖尿病以及其他迄今已知的 4000 多种遗传疾病都可以通过修复基因来根治。

宇宙中的黑暗物质

根据新的计算,宇宙间存在的物质比现在天文学家看见的要多 9 倍,宇宙爆炸论才能成立。然而这些物质在哪里,是什么成分,是否还能发现大量的黑暗物质?完全是个未知数。

受控核聚变

用 7 克氢核燃料能够产生 6 吨煤的能量,而且氢核燃料是从水中提取的,用之不尽,对人类和环境的危害也只是现在能源的 1%。现在理论问题虽然解决了,实际问题还没解决。氢核聚变的前提是 1 亿度高温,如何建造能承受如此高温的熔炉?

生命起源

美国科学家米勒仿造出 40 亿年前地球上的条件,结果在此条件下产生出氨基酸——生命的组成部分,但是如何演变成生命仍然是个谜。现在计算机科学家编制出人工生物的程序,在计算机世界中观察“生命”起源。他们认为,这是理解生命结构的第一步,未来的目标要模拟出生命的形成。

石棺圣水之谜

在法国比利牛斯山区的代奇河畔,有一个名叫阿尔勒的小镇。这个小镇子里有一个教堂,教堂里面摆放着一口石棺。这口石棺是在1500多年前制作的,大约有1.93米那么长,是用白色大理石精雕制成的。据说,这口石棺是公元4~5世纪时一个修士的灵柩。

有一件事情,人们怎么也弄不明白:在这口石棺里长年盛满了清泉一样的水,却没有一个人知道这水是从哪里来的。

阿尔勒镇上的那些老人们说,关于这口石棺里的"圣水",有好几种传说,其中有一种是这么说的:

公元760年的时候,有一天,一个修士从罗马带回来两个人,一个叫圣阿东,另一个叫圣塞南。这两个人都是波斯国的亲王,在那个修士的开导下,信仰了基督教,成了基督教的忠实信徒。圣阿东和圣塞南来到阿尔勒镇,还带来一样圣物,放在了教堂的古棺里面。这个圣物到底是什么,没有人能够知道。不过,从那以后,这口石棺里面开始出现源源不断的"圣水"。这"圣水"为当地的老百姓带来了吉祥和幸福。后来,圣阿东和圣塞南终于成了"圣人"。

为了纪念圣阿东和圣塞南,阿尔勒镇上的人们只要一到每年的7月30日这天,都要在才学里举行传统的纪念仪式。纪念仪式完了以后,人们就排着队,走到这口石棺前边,领取一份"圣水"。石棺的盖子上有一个小孔,小孔上面有一根弯的铜管,铜管上有一个开关。

每年的7月30日这天,才学的修士们才把它打开,向人们分发"圣水"。人们把"圣水"领回家以后,就小心翼翼地收藏起来,只有到了实在没有办法的时候,才拿出来使用。因为,这"圣水"有一种特别神奇的力量,可以医治好多种疾病。

有一些专家对这口石棺进行过认真的观察,发现它的整个容量还不到300立升。历史上对这口石棺有过这样的一些记载:

公元1529年,有一队西班牙士兵从这里路过,曾经在这里驻扎了好几天,他们从石棺里汲取的"圣水"大约有1000立升。

公元1850年,这口石棺仅仅在一个月时间里边,就蓄了大约有200立升的"圣水"。

石球重量变化之谜

贵州省蕙水县雅羊乡简瓢村布依族村民罗大荣家珍藏着一块石头。在体积不变的情况下,这块石头的重量竟能上下增减2千克。这块石头呈椭圆形球体状,轴长29.1厘米,短轴长25.9厘米,厚18.2厘米,周长88.6厘米。在罗大荣家当场测重,其结果是:11时13分,重为24.825千克;11时43分和12时零8分两次称重均22.825千克;12时28分重量又升为23.875千克。这块石头与普通石头颜色相差无几,其表面有一清晰可见的像穿山甲的鳞甲一样的图案,7个如同手掌但大小不一的图案也明晰可见,还有2个像马蹄形的图案互相对称。这个石球的重量随着时间的不同而有所变化的原因究竟是什么呢?人们百思不得其解,至今也没有解开这一谜团。

石头长大之谜

在湖北省钟祥县客店乡元台村五组退休干部高涛家的一间约10平方米的厢房中,长出了一头石狮。60多岁的高涛说,这间房屋是他的前四辈老人修造的。由于当时感到很费力,没有把地基上一块小的石头挖掉。350多年来,这块石头逐渐长成为长约360厘米、宽约230厘米、高约210厘米的大石狮,并且这头石狮仍在继续长大。这头石狮还是当地的“义务天气预报员”。一旦石狮身上“发汗”,就会下起雨来;如果“汗珠”滚流,则必有大风暴雨来临。为什么这块石头会长大,并且还会预报天气?这实在是一个奇怪的谜。

史前生物大灭绝的真实原因

科学界以前一直将猛犸象等大型史前动物和石器时代北美穴居人的灭绝原因归结于气候巨变。然而,美国科学家最近研究发现,一颗直径2~3千米左右的彗星近13000年前在地球大气层中爆炸,才是引发史前生物大灭绝的真正原因。

13000年前天降“灾星”

据报道,美国科学家研究发现,大约13000年前,一颗直径大约2~3千米左右的彗星在地球大气层中发生了爆炸,无数个火球落向了北半球,让北半球的大多数地方都陷入了熊熊火海之中。美国亚历桑那州地球物理学家艾伦·威斯特说:“这颗彗星在撞向地球前就开始崩溃,引发了一系列的爆炸,每一次爆炸都相当于一颗原子弹的爆炸能量,彗星爆炸结果让地球陷入了地狱之中,北半球的大多数地区都陷入了一片火海。”

灭绝生命冻住地球

这一太空灾难导致北半球石器时代的早期文化几乎全被摧毁,猛犸象和乳齿象等大型陆地动物全都在这场灾难中遭到灭绝。威斯特说:“彗星爆炸的热量将北半球的大多数草原点燃,像猛犸象这样的食草动物即使能逃过最初的彗星爆炸,也仍然将在草原焚毁的饥饿中活活饿死。”

科学家指出,这场彗星撞地球灾难仍然对早期人类文明形成了巨大的打击。研究发现,大约13000年前,早期石器时代的文明显然遭遇了严重的退步,尤其是石器时代的美洲猎人,在当时更是彻底消失,就如同灭绝了一样。这些美洲石器时代猎人是从亚洲移民到美洲大陆的早期猎人的后裔,他们曾是地球上最凶猛的猎人,不管男性还是女性,都能制造用来捕猎野兽的石矛,这些美洲穴居人的消失一直存在着巨大的科学争议,而气候剧变是一个主要的科学解释。但现在科学家认为,美洲大陆上的第一批人类显然是被一颗彗星灭绝了。

彗星爆炸还导致地球气候长达1000年处于冰寒之中,严重破坏了早期人类在欧洲和亚洲的文明发展。科学家称,当时地球正渐渐离开最后的冰河时代,地球气候正在缓缓变暖。但这颗在大气层中爆炸的彗星碎片可能撞向了地球冰原,并引起冰原大面积融化,融化的水流向了大西洋,破坏了大西洋的潮流,包括温暖的洋流。这直接导致以后长达1000年中,欧洲和亚洲再度陷入了冰天雪地。

“钻石灰尘”是证据

美国科学家在墨西哥阿卡普尔科市举行的美洲地球物理学联盟会议上提

供彗星近13000年前撞向地球的详细证据。包括威斯特在内的一组美国科学家将在会议上宣称,他们已经在欧洲、加拿大和美国的26处地方,发现了一层钻石粉尘层,这是含碳彗星坠向地球后形成的遗迹。美国科学家称,当彗星碎片撞向地球后,巨大的压力和热量将彗星上的碳微粒转化成了钻石灰尘。

苏格兰地狱禁地和仙境

赫克拉火山:欧洲的“地狱之门”

赫克拉火山是欧洲最著名的火山,这座海拔1500米的活火山,被苏格兰人称为“地狱之门”。有史书记载着赫克拉火山最猛烈的一次爆发,火山灰遮云蔽日整整数年之久,使整个苏格兰数年没有夏日。公元前1159年的这次火山爆发,使25万人命丧黄泉,并几乎覆灭了苏格兰西海岸的所有生灵。

据传,赫克拉火山的爆发是上帝暴怒时对人间的惩罚,狂风暴雨和电闪雷鸣是上帝旨意的传递,有些人直接被火山吞噬,其他人则要面对猎物灭绝、庄稼枯萎、大海咆哮和暗无天日的生活,一步一步地走进“地狱之门”。

火山爆发所形成的危机感造就了苏格兰人的生活方式和民族性格——最古时的苏格兰遍布狩猎者群居的部落,而此后则逐渐演变为勇战尚武、推崇英雄主义的民族。苏格兰出土的中世纪文物,多为制作精美的佩剑,极少有农耕的器具,这是因为,赫克拉火山灾难的历史和令人倍感威胁的传说,使苏格兰人形成了这样的价值观:通过战斗保卫国土的人,才是能拥有财富和荣誉的英雄。由此可见,赫克拉火山对苏格兰人的影响可谓极其深远。

今天,游客对赫克拉火山的游览,不仅是参观自然风光,更是对苏格兰民族文化和历史的品味。赫克拉火山附近的居民至今仍然保持着传统的祭祀活动,与当地的老人交谈,他们会为游客将“地狱之门”的传说详尽地娓娓道来。由于赫克拉火山是活火山,现在也有随时爆发的可能性,有胆量近距离细看火山的游客,可以感受它的“蠢蠢欲动”——山顶正不断冒出蒸腾的热气,滚滚燃烧的岩浆也不时地制造声响。

斯特林城堡：苏格兰“秦始皇”的“不死禁地”

秦始皇为“长生不老”而广招术士炼丹的故事广为人知，在苏格兰，曾经也有一位君主因致力于“不死之术”而闻名于世，他就是16世纪的苏格兰王詹姆斯四世。

詹姆斯四世自幼对医药的学问就充满了兴趣，通过长期的学习和尝试，他练就了熟练的治病本事，对医学本领的自负使他逐渐起了“长生不老”的念头。

当时，苏格兰有传言说，“得道”的炼金士能“点石成金”。这则传言使詹姆斯四世突发奇想：若把“点石成金”的法术融入自己的医术，肯定能造出“包治百病”的“不死之药”！他立刻令手下到欧洲大陆请来了当时“最负盛名”的炼金士达米安，并把位于斯特林的城堡辟为专用于炼制“不死之药”的禁地，从此不问朝事，与达米安一道专注于炼“灵丹妙药”。

刻在斯特林城堡里一块石碑上的文字讲述了詹姆斯四世与达米安炼丹的一些经过：城堡的最深处是两人的“实验室”，里面摆满了用于各种化学实验的器皿。他们炼丹的材料，主要是金、银、水银和威士忌酒，前三种金属是炼金士的必备，而酒则被詹姆斯四世认为是具有“魔力”的液体。从16世纪苏格兰国库清单可以获悉，两人用于“研究”的耗费是相当巨大的：“实验”器具名目繁多，詹姆斯四世对器皿制作的要求也十分严格，炼丹的材料由专人从欧洲各国采购而来，此外，詹姆斯四世还不断地将珠宝锦缎赏赐给达米安。

历时十多年的“不死”之梦，以詹姆斯四世的离奇死去而告终——当人们发现倒地不起的国王时，达米安早已无影无踪。据传，达米安最后炼成了“不死之药”，但他并没有与詹姆斯四世分享，而是一个人带着“仙丹”远走高飞了——神话的结局出现在詹姆斯死去前的一个晚上，在圆月当空之时，达米安为自己装上了巨大的翅膀，然后带着装满“仙丹”和财宝的布袋，从斯特林城堡的最高处向远处飞走……

今天，游客在斯特林城堡仍能看到刻着炼丹过程的石碑和记录相关花费的国库账本；在炼丹的“实验室”里，保留了几百年的炼丹器皿让人们可以设身处地地感受那里曾经发生的故事；透过城堡的天窗，游客还可以用自己的想象来回味传说的结局。

埃尔顿山丘:神奇预言家的"仙境"

"占卜家"托马斯是苏格兰历史上最富有传奇色彩的人物之一,苏格兰人把这位历史人物尊称为"真理托马斯",这是因为他曾经对苏格兰的历史进程做出过非常准确的预言——苏格兰王亚历山大三世的死期、罗伯特王子在王位争夺中胜出、苏格兰军队在佛洛登战役中的失败等,最神奇的是,生活在13世纪的托马斯,竟然还"预知"1603年英伦的统一!关于他的"超能力",没有任何的考证和正史记载,唯一的解释,是民间的一个如童话般的传说。托马斯出生在一个叫做"里尔蒙特"的地方,他的家乡现在是苏格兰的贝里克郡。在他所居住的小镇附近有一片茂密的树林,林中鸟语花香,清澈的河流从旁边潺潺流过。年轻时的托马斯喜欢在这片树林中独行,并对林中的一棵阔叶树"情有独钟",午后时分,他常常在那棵树下美美地睡上一觉。有一天,一位美丽的姑娘也来到了这片树林,她身着青色的绸缎霓裳,骑着白色的骏马,马鬃上挂满了银铃。姑娘与托马斯不期而遇,他俩一见钟情。当天,托马斯就坐上了姑娘的骏马,与之一同双宿双栖。

其实那位美丽的姑娘是一位仙女,她住在离树林不远的仙境中。托马斯随着仙女一同来到位于埃尔顿山丘深处的仙境,从此开始了他"成仙"的历程——在那里,他不仅过着和仙女一样舒适逍遥的生活,还从仙女那里学到了很多"仙术",逐渐培养了"预知未来"的能力。仙境毕竟不是凡人能久留的地方,仙女最后不得不把托马斯送回人间。临别前,仙女给了他一个神奇的苹果,并告诉他:"吃下苹果后,你就永远不会说谎。"

这就是在苏格兰流传甚广的美丽故事,这则传说赋予埃尔顿山丘无限的神秘色彩。今天去位于罗克斯巴勒郡的埃尔顿山丘,每一幢城堡、每一片树林,都会激起游客联翩的浮想。作为典型的苏格兰自然和人文的景区,埃尔顿山丘以托马斯的传说成为最具游览价值的地方。

塔克拉玛干大沙漠中发现湖泊群

碧蓝的湖水清澈见底,金色的沙漠起伏变幻……

这不是小说里才有的情节,而是近日在新疆若羌县境内、世界第二大沙漠东部边缘发现的湖泊群给人的真实享受。这群新近才被发现的湖泊位于被当地人称为“康拉克”的区域内,人能够到达的有10个。据当地牧民估计,湖泊最深的地方大概有七八米,每个湖泊的周围都是沙漠,总水域面积达到200平方千米左右。

“康拉克”是维吾尔语,意为“沼泽之地”。该区域地处若羌县东北部,距县城有90多千米,湖泊群的水源来自昆仑山和阿尔金山汇聚的车尔臣河,因为该区域正好位于车尔臣河的下游断流处。据当地水利部门的人介绍,到目前为止他们还没有康拉克区域内有湖泊的记载,对于此次发现的湖泊群的生成年代还没有考证。

据当地人介绍,从库尔勒市到若羌县的218国道是2002年以后才投入使用的,2003年车尔臣河曾发过一次洪水,当时若羌县境内的车尔臣河下游水流量剧增,218国道曾被洪水淹没,后来水位慢慢下降。2003年的那次洪水是否就促成了这些湖泊的生成呢?县林业局的有关人员对这些湖泊进行初步考察后否定了这个判断,因为他们在湖泊周围看到生长有红柳、胡杨、梭梭、骆驼刺等十几种植物,初步估计有54万亩生态林区域,林木、植被的分布非常丰富,而且在湖泊还发现有野鸭、狐狸、白鹭、印度鸭等动物。最让人兴奋的是曾是塔里木河“霸主”、几乎处于濒危边缘的塔里木裂腹鱼也在湖中被发现,它早已被新疆列为二级保护鱼种。据从目前发现的塔里木裂腹鱼看,它们在这里生长的时间已很长了,湖泊在三年内形成的可能性不大,而除塔里木裂腹鱼外这里还有鲤鱼、鲫鱼、老头鱼等十多个品种。

当地人还发现这些湖泊在农业非灌溉期内的水位会上涨,而在灌溉期内湖水的水位就会下降,季节变化也会使湖水水位有所变化。这些湖泊群到底形成于何时?在沙漠中间形成这些湖泊的原因是什么?目前还是一个谜。

太湖形成之谜

美丽的太湖位于风景如画的江苏无锡,是我国长江中下游五大淡水湖之一,水面达2400平方千米。太湖的水域形态宛如佛手,作为江南的水中心,以其蕴藏丰富的资源孕育了流域内人们的繁衍生息,自古被誉为“包孕吴越”。历代文人墨客更是为之陶醉,留下了许多脍炙人口的诗句。太湖风光秀丽,物产富饶。附近的长江三角洲向来是中国的鱼米之乡,河网纵横,湖泊星罗棋布。

春天到来,菜花金黄,稻田透绿,小舟在河湖荡漾,采桑姑娘在桑园里忙着采摘桑叶,一幢幢粉墙灰瓦的房舍掩映在茂林修竹之间,到处一片生机。然而,就是这样一个全国闻名的太湖,关于它的成因,一直到今天还争论不休。

探访古墓吸血鬼

多数人认为吸血鬼是虚构的,但这嗜血的活死人可能已在我们周围潜行数世纪,也许这是某个现代罗马尼亚家庭挖出死去的亲人,并挖出他心脏的原因。吸血鬼真的存在吗?问题不是他们是否存在而是该如何应付他们。让我们从棺材挖出一个吸血鬼并做测试。

吸血鬼到底是真是假?是死是活?根据血液学学者和鉴识科学家的检查证据,吸血鬼并不存在。他们部分出自想象,部分出自不了解尸体腐烂过程。让我们打开墓穴,将吸血鬼议题摊在阳光下。

三年前,罗马尼亚发生了一件奇怪的事情,一名76岁刚去世的死者在墓中被人挖走心脏。2004年1月,在罗马尼亚南部一偏远村庄,举行了一场阴森恐怖的仪式,大多数村民在睡梦中时,有六个人带着手电筒、铲子和私酿烈酒前往当地墓园。这些人聚集在一座新坟前,坟中躺的是他们自己的家族成员,死者是76岁、最近刚去世的佩卓托玛。

在黑夜的掩护下,六人撬开石棺的石板挖出里头的木棺……

数天后当地警察介入调查。有人报案说,她父亲的墓遭亵渎。她父亲刚于12月过世。

警察发现坟墓被破坏,而当他们挖掘出尸体,发现可怕又惊人的事:棺材盖掀开,死者面朝上仰躺,他的胸部被划开,部分心脏不见了。这是病态的恶作剧,还是死者因过往的罪恶而遭到报复?

其实两者皆非,死者在村里受到爱戴和敬重,但他的亲戚认为,他死后变成了吸血鬼。

此案引起罗马尼亚很大的骚动。家族成员在电视上大咧咧地表示,佩卓托玛死而复活,他们的举止是出于自卫,但罗马尼亚检察官克伦古塔说,犯法就是犯法,他们被控以亵渎坟墓罪。

被告辩称佩卓托玛死后,他的家属全都梦到佩卓托玛在老家出没,接着纷纷病倒,于是他们认为佩卓托玛变成吸血鬼在夜里吸他们的血。挖出死尸后,他们亲眼证实了自己的恐惧。

六人中的开棺者在法庭上表示，他看到死者嘴边有血迹。根据传统，他们只能做一件事，六人挖出他的心脏拿到其他家属等待的十字路口，他们烧掉心脏，用水溶解灰烬，叫生病的家属喝下可怕的符水，之后每个人似乎都痊愈，也不再做噩梦。

罗马尼亚当局立刻指出，相信吸血鬼是脱轨行为，也是落伍的迷信。

其实在19世纪的新英格兰，人们对待被认为是吸血鬼的死者都是一样的：挖出心脏烧掉。世上是否真有复活的恶鬼？若吸血鬼只是传说，为何不断有人挖出死者？

令人惊讶的是，最佳实体证据并非出现在东欧偏远角落，而是在美国。尼克·贝蓝东尼博士是康涅狄格州考古员，1990年，他发现1800年代末的荒废墓地，其中有一个墓葬特别奇怪。死者死亡约5~10年后，有人挖过坟墓，将他股骨交叉放置胸前，打开胸腔，并斩下头颅。

尼克博士说："我们不确定发生了什么事，最早的假设是破坏坟墓，有人想偷坟墓里的珠宝或其他物品。但我们深入研究后发现不只如此。"

他们找到的唯一身份证明是棺盖上刻的JB缩写，贝蓝东尼决心查出JB发生了什么事。他请教当地民俗学者麦克·贝尔，贝尔认为骨骸摆设透露出真相。下葬后重新排列股骨、骨骸和斩首，在北欧和罗马时期前的英国非常普遍。目的是防止尸体游走或返家。JB案例完全符合贝尔自己的研究。

原来一直到19世纪前，新英格兰有吸血鬼出没的传闻。报纸上这类事件很多。

贝尔说："目前我在新英格兰找到约20例，所以我想自己找到的只是冰山之一角。"新英格兰最后一件呈报案例出现于1892年。当年1月，少女梅西·布朗去世，她是家族中第三个死亡的成员。数周后，梅西的弟弟埃德温染上同样疾病并濒死，担心传染病的恐慌村民四处寻找原因，然后想到古老的民间迷信，疾病是死去的家族成员梅西·布朗所引发。

在邻居的施压下，梅西的父亲同意挖出尸体。当天报纸报道村民开棺时，梅西·布朗的尸体看来仍很红润，村民便确定她其实没死。于是他们挖出她的心脏在附近岩石上烧成灰。根据当时的《神圣日报》报道，他们喂埃德温喝下符水，不幸的是这仪式无法救回可怜的埃德温，他于两个月后死亡。

但JB骨骸的重排有可能是类似情况吗？他也可能被怀疑是吸血鬼吗？贝尔说："这真的很令人兴奋，因为现在有实体证据了，你说肋骨被弄断？对，肋骨被弄断说明他们破坏了胸腔,他们在找心脏,好拿出来检查,若心脏腐烂,他们就得试另一种方法。所以他们移动股骨,让尸体无法走路,JB 的骨骸可能证明了民俗传统。村民将疾病或传染病怪罪死者,把他们当吸血鬼驱除以拯救活着的人。现代罗马尼亚竟能完全复制 19 世纪新英格兰的仪式!"

人死后为什么看起来仍像活着?鉴识人类学者专家给出科学的解释,民俗学者麦克·贝尔说,他听说了许多关于开棺验尸的故事。宣称死者未死的目击者总是尽全力描述自己所见。肿胀的尸体仿佛仍不断进食。尸体上的肉还完整,脸颊红润,头发和指甲仍在生长。尸体甚至可能发出声音和移动。这完全出乎人们意料。按他们的说法,你可能因此相信这个人还活着。

目击者的说法究竟有多正确?鉴识人类学者比尔·罗卓盖博士拥有 20 年经验,他是提供这方面解释的最佳人选。比尔·罗卓盖博士说:"因为早期缺乏医学知识,他们常会把很正常的死后尸体分解变化说成吸血鬼作祟。

"先从身体肿胀和嘴里与嘴边的血迹说起。肿胀只是尸体分解引起气体在体内累积所造成。当器官开始液化,压力会导致血水从口鼻流出。持续生长的毛发和指甲是真的吗?现今有些人仍相信或以为,人死后毛发和指甲还会生长,其实不然。指甲的状况是这样,尸体的表皮开始干缩,我们指甲下的皮就会缩短,使得指甲看起来会变长。

"胡须的状况也一样,男性看起来会很像留了 3 天的胡子,其实只是毛囊的表皮组织缩短,毛发看来就会挺直许多。"

"但科学迷信大对抗的最佳例子该算是对呻吟的解释。"比尔说,"开棺时经常会听到呻吟或喉音,那是因为胸腔和腹腔的气体从气管被挤压上来。从口中挤出时便会制造声音,以木桩刺入胸腔时又会如何?听来像是尖叫,如同吸血鬼死前的最后挣扎。若我完全不懂分解过程,我一定会很害怕。所以这些事都有科学解释,而除非开棺现场有鉴识科学家,否则家属一定会对所见感到害怕。"

专家分析发现,是肺结核这种疾病造成人们对吸血鬼的迷信。回到新英格兰的梅西布朗案,民俗学者麦克·贝尔和同事尼克贝·蓝东尼,寻找证据来证明疾病造成这里的吸血鬼迷信。而他们找到了。贝尔在当地报纸报道中发现,这些案例都有一个共同点,那就是亲属都死于同一种疾病,他们称作肺痨,我们现在称作结核病,肺结核。

1800 年左右,在新英格兰东北部,每四人就有一人死于肺结核,对 18 世纪的观察者来说,这种疾病的急速病程确实很像吸血鬼攻击。患者脸色变苍白,食不下咽，然后逐渐消瘦。夜里病情会恶化，因为病患平躺时，液体和血液可能在肺部堆积，呼吸很费力，身体亟需氧气，人们非常惧怕这种病。

因他们不知道病因和治疗方法，于是便认为是吸血鬼在作怪。但问题是专家能否证明这种假设？

梅西·布朗和弟弟埃德温躺在罗得岛安静的墓园中，人们不可能因科学上的好奇去开棺验尸，但还有另一个选择，那就是被挖出的JB残骸，这个身份不明的人的骨头以奇怪的方式被重排。

调查员将骨头寄给分析师。在华盛顿健康与医药博物馆，鉴识人类学者以一系列测试检查骨骸。蕾诺·巴比安博士解释测试结果。

巴比安说："我们分析后发现这是一名男性，死亡时介于50~60岁之间，证据显示，他生前过着非常艰苦的生活，脊椎骨多处有关节炎。乡下农夫尸体的特征他都有，如断骨和关节炎。没有任何不寻常之处。我们还在找线索来查出这个人死后为何受到和家族墓园其他人不同的对待。于是我们继续研究并发现，他的肋骨有个非常细微的变化，专有名词称为骨膜反应。而这种骨膜反应一般是生前的骨膜发炎引起的，这其实代表他曾感染肺结核。所以JB感染且可能死于肺结核，死后他的尸体被挖出且重排。"

贝尔的理论证实，在新英格兰吸血鬼的迷信就是肺结核。

完美间谍隐形杀手

空战情报中的"新侦察员"

上世纪60年代，美国中央情报局曾用苍蝇运载窃听器，进行过情报活动。他们把一种安装在硅片上小如针头的微型集成电路做成微型窃听装置粘在苍蝇背上，便可以监听到20米以内的对话，并能将其传送到约1600米外的接收站。

在越南战争期间，美国还曾用飞机把臭虫撒在北越的丛林中，用它来发现北越军队。臭虫对人体的汗味特别敏感，当它嗅着汗味爬到越军官兵身上吸血时，它背上的超微型发射器就发出信号，美军的轰炸机就按着臭虫发出的信号进行轰炸。

同时，蜻蜓、飞蛾也都可能充当美国空军间谍。他们设想：利用电子遥控或全球定位系统，在100米外把昆虫送到离具体目标5米以内的地方。一旦到达目标，这些昆虫将无限期停留在那里，或者一直停留到获得新的目标为止，而且能向国防部发回来自有关传感器（包括气体传感器、麦克风、视频传感器等）的数据。

准备在水下飞行的“预警机”

随着近年来生物研究的深入发展，美空军也正在研究如何在水下信息化战场上利用昆虫的这些特性以报知或定位威胁信息。

美军发现昆虫在环境出现微妙变化的瞬间，能够发出信息素即外激素。这种由体表腺细胞所分泌出的一种极易挥发的化学物质，可以用作探测。同时，昆虫外激素中还包括聚集外激素、告警外激素、追踪外激素等，它们对空气、气温等变化有很好的预警作用。美国能源部太平洋西北国家实验室研究人员透露，美国不但在研究利用陆上昆虫的预警能力，还在致力于开发水中生物的“预警”作用。

美国军方也试图利用昆虫的探测能力，开发出更加廉价、高效的水下昆虫探测器。分析人士认为，美军要使昆虫空军向水下飞，是为了防范美国航母编队所惧怕的某些国家的潜艇舰队。

反恐作战中的“先遣兵”

美军“依据昆虫机器人”空军的首要用途是反恐。其实，2005年美国媒体就曾披露说，美国正在发展反恐特异部队——昆虫反恐部队。据悉，这支由昆虫组成的部队主要包括甲虫、蟑螂、金龟子等物种，在反恐作战中将承担侦察、定位和引导任务，是反恐作战的“先遣兵”。

完美间谍隐形杀手——美军的昆虫部队

其中，甲虫将是这支部队的“排头兵”。甲虫类昆虫身体外包裹着一层“铁甲硬壳”，耐蚀耐晒，生命存活力和适应力极强，完全能满足反恐作战的特殊需要。同时，体积小的特点使其在担当先遣“谍兵”时，不易被敌方发现、怀疑和捕捉，是最可依赖的“隐形杀手”。更为重要的是，甲虫遇到温度变化，尤其是高温变化时反应灵敏,因而在反恐火炮的攻击中所起的作用可能超过无人侦察机。

蟑螂虽然可能传染伤寒、霍乱等疾病,但由于其具有“无孔不入”,逃窜速度快、嗅觉能力强、很难被恐怖分子发现和捕捉的特点,因此,美军准备把蟑螂训练成反恐作战的“主要兵种”。

同时生物学家认为,几乎所有的昆虫类都会发射外激素,以吸引同类聚集在一起。因此,当“昆虫战士”承担“先遣兵”任务时,可以召唤同类形成群体,从而能够很好地隐蔽自己。

基于昆虫战士的这些优点,美军对反恐昆虫部队寄予厚望。

重庆秀山土家族苗族惊现恐怖怪湖

与湖南交界的秀山土家族苗族自治县的一个山坳里有个龙潮湖,周围没有沟渠与湖相连,但湖水每天早、中、晚时都会有规律地涨落。这处武陵山区的小小湖泊,怎么会像海水一样涨潮?

湖水每天定时翻腾

龙潮湖位于秀山县城西南15千米处的清溪场镇龙凤村,与国道326线的直线距离仅约30米。有些名不副实的是,它其实只是一个水面不到两亩的水塘。“龙潮湖没有外来的水源,湖水大多是从湖底冒出来的。”当地68岁居民肖富强称,龙潮湖以前叫沙坝龙塘。正常情况下,每天早上8点、中午12点及下午四五点,湖水都会有规律地涨落。每次涨潮时,湖水翻腾近半小时,水位涨近1米。随后水位持续退落,1小时左右复原。

秀山县商贸旅游局工作人员刘斌证实,他们曾数次前往考察,水是从3个“龙眼”里冒出来的。记者见湖面长有浮萍,但3个“龙眼”处却没有任何漂浮物。下午5时许,是当地百姓所说的“退潮”时间,记者在湖边一块石板上做了一个记号。半小时后,水位果真下降了十多厘米。

湖底曾涌出万条蛇

当地人称,3个龙眼很深,8根篓索接起来都探不到底,曾有重庆来的潜水员潜下去30米,没有再敢往下。在龙潮湖靠山的一面,往坡上斜走20多米,有一个被树木遮蔽的天坑,深不可测,当地人说是龙潮湖的“气孔”。“我们希望专家解释这种现象。”当地村民说。肖富强老人说,龙潮湖的水主要用于当地村民灌田。1982年6月,曾有近两个月不下雨,庄稼地开裂,龙潮湖也变成了一个只有簸箕般大小的水凼凼。

但到了当年农历六月二十三,突然一声闷响,“龙眼”里腾起水柱。浑水一直冒了三天三夜,还涌出了上万条蛇。好多人都赶来看热闹,湖周围坡地上站满几千名围观群众。农民随便用撮箕往浑水里一撮,就能撮到大大小小20多条蛇。

当地有意开发旅游

秀山县商贸旅游局的刘斌告诉记者,当地村委有意开发龙潮湖景区,并已列入当地新农村建设规划。规划设计,龙潮湖修建占地1000平方米的游泳池一座,比湖低2米,涨潮时湖水外溢形成瀑布;湖心修建4座六角亭,以浮桥相接,每亭中央摆设一张“涨落潮升降桌”。桌上摆放棋类、牌类和琴类等各种娱乐工具,湖水上涨时,桌面自然升降而坐椅不动,持续1小时后,桌面降到原来的位置,让人直接感受潮涨潮落。

湖水涨落是虹吸奇观

当市地勘局南江水文地质队高级工程师谭开鸥得知这一消息,非常高兴。她认为是非常罕见的“虹吸现象”。龙潮湖位于石灰岩地层,3个“龙眼”正是跟地下虹吸管连接的通道,当地下水装满时,就向外涌水,形成“涨潮”。“晚上也应涨潮,只是没人看见而已。”谭开鸥说,按当地人的说法,应该约4小时涌水一次,即全天涌水6次,但晚上涨潮一般没人注意。

谭开鸥表示,这一地质奇观的确非常难得,具有较高的旅游开发价值。她称,市探险协会将前往科学考察,有望进一步揭开秘密。

为什么地球上有那么多山

在地球上,陆地面积只有地球表面面积的三分之一左右,山地面积又占陆地面积的近三分之一。地球上为什么会有这么多的山呢?

这是因为地壳在地球的转动过程中,部分地区出现挤压现象造成的。地壳在挤压过程中,比较容易发生断裂,在断裂的两侧相对地上升或下降,就会形成山脉。

比如喜马拉雅山脉就是这样形成的,而且它还在不断地升高。

为什么史前昆虫的个头都大得吓人

网易探索讯,亚历山大·凯撒博士是美国中西部大学基础科学部生理学学院的老师,最近领导着一个科研小组进行着紧张的工作。他们的研究课题非常奇特——考古研究发现古代的昆虫比现代的昆虫个头要大得多,凯撒博士的研究小组希望发现现代昆虫在漫长的进化过程中体积大幅度减小的真正原因。

凯撒博士说:“目前推断史前昆虫体型比现代昆虫大得多的原因有数百种,但是仍然没有一种得到确切的证实。”凯撒博士认为是昆虫的呼吸系统在进化过程中限制了昆虫的个体体积,使得现代昆虫越来越小。为了证实这一理论,凯撒博士和他领导的研究小组以甲虫和果蝇为研究对象进行了一系列深入的研究。

这些研究主要是在美国伊利诺斯州的阿尔贡国家实验室进行的,实验检查比对了不同品种的甲虫的呼吸系统,通过使用一种最新的 X 射线成像系统观察了甲虫的整个呼吸作用过程。

研究结果显示凯撒博士和他的研究小组的研究思路可能非常正确,因为昆虫们一般是通过把空气输送进体内的微型气体管道完成的,这些微型送气管道盘根错节地组成网络,使氧气直接接触昆虫的组织细胞,进而完成呼吸作用。

而恰恰是这些微型通气管道会在体型相对较大的昆虫体内占据更多的空间,在昆虫的腿部等位置,这种影响更为明显。

凯撒博士解释说:“大约在 3 亿年以前,空气中含有氧气的比例与现在有很大的不同,现在的大气中含氧大约 21%,而当时的氧气含量比例达到了 31% ~ 35%,那样的话昆虫体内呼吸系统的体积即使比较小也可以满足昆虫对氧气的需求,因此昆虫可以长得更大而不受供氧不足的限制。”

在下一步的研究中凯撒博士和他的研究小组打算使用其他的昆虫作为研究对象,以提高这一理论的可信性,他们打算使用一些相对甲虫和果蝇来说比较古老的种类，比如蜻蜓等昆虫，而蜻蜓正是地球上有史以来最古老的昆虫物种之一。

武夷山两大未解之谜

1.神秘角怪何来

神秘角怪出现在武夷山，为这个地区增添了神秘色彩。实际上，武夷山上有太多的未解之谜。

1979年12月14日，在福建省崇安县武夷山区一个叫“挂墩”的小山村里，首次捕获了一只奇怪的动物——“角怪”。它的嘴唇边长有三个黑色角质刺，两个在左嘴角，一个在右嘴角。“角怪”是两栖动物，也是蛙类，专家们给它起了个学名叫做“崇安髭蟾”。

角怪是武夷山的特产之一，找到它并不是很容易，以至于直到现在也没有人知道当时是怎样捕获它的。人们只是知道它确实很怪。

角怪的长相很怪，头扁平，身体背部的皮肤上有极细的网状棱，嘴唇好像涂了一圈胭脂粉，雄蟾的上唇两边都生有黑色的锥状角质刺，这也是它被称为角怪的直接原因。不同的个体，刺的数目变化也很大，一般的只有一对，而首次发现的这只就有三个。据研究，最多的有三对“角”。

它的眼睛也怪。瞳孔能随着光线的强弱忽大忽小，虹膜的上半边是浅绿或黄绿色，下半边却是深棕褐色或蓝紫色。瞳孔纵置，像猫的眼睛一样，见了亮光还会眯成一条线，能随着光线的强弱而缩小或扩大。

夏天的田野里，到处传来“呱呱”的青蛙叫声，池塘边乘凉的人不但不会觉得聒噪，反而有清爽的感觉。但是角怪的叫声就非常不同了，它们在万籁俱寂的夜里，时不时从岩缝溪涧之间发出“啊——啊——”的鸣叫，像鹅，更像野兽，冷不丁一声，让人毛骨悚然。

每年立冬前后的小阳春时节，一般的青蛙早已冬眠，角怪却忙着进入溪水中准备繁殖。雄蟾发出的奇特的“啊——啊——”怪叫，正是向雌蟾发出的求爱信号。交配后，雌蟾将卵产在溪流中，圆饼状的卵块粘附在临近水面的石块上。它们每次产卵达335粒左右，卵一端呈灰白色。一颗卵要经过100多天才孵化出蝌蚪，蝌蚪的背面是深棕色的，尾巴则为灰棕色，还有深色斑，体尾交界处有浅色的“Y”形斑。它们一般生活在海拔1000米以上的缓流处或回水荡内,白天隐蔽在石缝里,吃苔藓或者藻类。蝌蚪在水中经过两个冬天才能长出四肢,变态成为小角怪,四五岁时达到成熟。显然,这是一种有个性的发育过程。

2. 架壑船棺怎样架上峭壁

在武夷山,泛舟九曲,两岸峭壁林立,如此高耸的悬崖上,船棺是怎样被放上去的,始终让人们猜测不透。有人说是数人合力将船棺拉进洞的,但是武夷山的山洞大小只能容一具船棺而已,有的船棺甚至一半在洞里,一半悬在空中,几个人怎能同时进入这样的洞穴?一两个人能完成提升、移入船棺这一系列的动作吗?也有人说是先人架设栈道将船棺移入的,但是武夷山的悬崖多是单独成峰,突兀峭拔,先人怎么才能架设栈道呢?这些疑问至今未能解开。

西伯利亚“死亡之湖”探险

2500万年前,贝加尔湖就在西伯利亚南部高原形成了。它是人世间最与众不同的湖,是世界上最深、最古老、最纯净的湖,也是最美丽、最神秘的湖泊。千百年来,它远离尘嚣,默默守望着亚洲的中心地带,给人们留下数之不尽的动人传说和历史谜团。

不久前,我随着中国科学院和俄罗斯科学院西伯利亚分院组成的联合科学考察队,来到了这方世外桃源,见证了这颗众神遗失在西伯利亚的璀璨明珠。

这是一个与我们有着千丝万缕联系的湖泊。翻开泛黄的历史,“北海”、“瀚海”、“菊海”、“小海”、“柏海儿湖”都是我们曾经对它的称呼。苏武、成吉思汗的名字都曾与它联系在一起。然而多年以来,我们对它了解的并不多,它真实的形象也一直模糊不清。这次它会以一种什么样的姿态呈现在我们面前?在飞往贝加尔湖的航班上,我一路遐想。

我们8月11日到达伊尔库茨克市。经过3天的休整,14日早上,中俄30余名科考队员乘大巴奔赴贝加尔湖。贝加尔湖位于俄罗斯东西伯利亚南缘,“贝加尔”一词源于布里亚特语,意为“天然之海”。湖呈长椭圆形,似一镰弯月,景色奇丽,令人流连忘返。面对着它超乎想象的深邃和瑰丽,每个人都感受到一种深深的震撼。我不由自主地想起了俄国大作家契诃夫对它的描写:“湖水清澈透明,透过水面就像透过空气一样,一切都历历在目,温柔碧绿的水色令人赏心悦目……"

俄罗斯科学院伊尔库茨克分院专家纪托夫告诉我们:自古时起,贝加尔湖就因其神秘奥妙、变幻莫测而被人们誉为"神湖"、"圣湖"。它是世界上蓄水量最大的淡水湖,其总蓄水量达23600立方千米,相当于北美洲五大湖蓄水量的总和,约占全球淡水总蓄水量的1/5,比整个波罗的海的水量还要多。假设贝加尔湖是世界上唯一的水源,其水量也够全球人用50年。同时它也是世界上濒临绝种的特有动植物最多的湖,有848种动物、133种植物濒临灭绝。另外,至今令人称奇和迷惑不解的是,它本是淡水湖,却生活着众多海洋动物。

介绍完这些,纪托夫诙谐地对中俄科学家说,贝加尔湖的待解之谜太多了,你们比一比,看谁能最先解开其中的谜底。

为了让我们对贝加尔湖的动物有个直观的了解,15日俄方特意安排我们来到岸边的海洋动物陈列馆做客。海洋陈列馆面积不大,展示陈列的品种却很齐全。年已56岁的俄罗斯功勋讲解员塔其亚对生活在这里的每个可爱"孩子"都如数家珍。被誉为"珍奇海洋博物馆"的贝加尔湖,特有动物种类最多,在2600多个物种中,有3/4的物种,以及11个科和亚科及96个属的物种是该湖独有的。贝加尔湖虽是淡水湖,却生活着许多地道的海洋生物,如海豹、海螺、海锦、龙虾等。其中最为引人注目的当数淡水海豹了。

贝加尔湖海豹是目前世界上唯一一种可在淡水里生存的海豹。但是,他们是怎样来到这个湖中定居的,却是一件很难解释的事。科学界普遍认为,贝加尔湖海豹来自北冰洋,因为他们与那里的海豹血缘关系最近。但根据资料,贝加尔湖所在的西伯利亚高原南部,5亿多年内从未曾被海水淹没过。贝加尔湖海豹的祖先是如何从遥远的北冰洋,来到这样一个完全不同的环境里并延续至今,目前仍然众说纷纭。

贝加尔湖海豹每年二月末到四月初开始繁殖,一般一胎只生一个幼崽。它们的爪子长而强壮,可以击破冰层,在湖面冰封的时候打开口子透气。它们独特的循环系统能储存大量的氧,可以将近一个小时不用换气,从而能使下潜深度达到水下300米。它们喜欢成群结队活动。个体智商很高,会表演很多的节目。

一年中,贝加尔湖湖面有5个月封冻约90厘米厚,冬季平均气温零下38摄氏度。但阳光却能透过冰层将热能输入湖水,使冬季湖水温度接近夏天,从而为海豹提供了丰富的食物。由于体型巨大(成年海豹重达100多千克),海豹每天不得不吃掉三四千克的鱼,这要靠夜间捕食获得。贝加尔海豹最喜爱的食物白天都躲在水底深处,只有到了晚上,它们才在饥饿的驱使下来到上层水面。

然而,为了得到肉和皮毛,长久以来,人们一直在猎杀海豹,每年都有大约1万只海豹被猎杀。而且猎杀者往往连幼小海豹也不放过,致使海豹群体的构成日益老化。同时加上严重的工业污染,贝加尔湖海豹数量已从1994年的10.4万头锐减到目前的6.7万头。如不采取切实的保护措施,5~7年后贝加尔湖海豹家族中的环斑海豹将濒临灭绝。为此许多俄罗斯专家呼吁政府严格禁止商业性捕杀贝加尔湖海豹。如今贝加尔海豹已被列为受保护动物,它们的生存安全开始得到越来越有力的保障。

贝加尔湖还有另外两个名字:“凶险之湖”、“死亡之湖”。贝加尔湖的历史就是一部沉船史。

此次科学考察分成贝湖湖面和贝湖沿岸两部分。受诸多因素影响,贝加尔湖湖上科考无疑是一次非常艰苦、惊险的历程。

8月16日上午,科考队员抵达利斯特维扬卡码头,登上两艘科考船开始了贝加尔湖湖面探险考察。下午1时,突然下起大雨,湖面上又刮起大风,船摇晃得非常厉害,许多队员开始呕吐起来。条件对科考取样工作十分不利,但大家坚持工作。中国科学院武汉水生物研究所专家陈毅峰、中国科学院南京湖泊研究所教授胡维平等考察队员协同作战,把直径1米、长约16米、俗称“地龙”的帆布浮游生物网慢慢放到湖水中400米深处,再一点点往上拉。经过2个多小时反反复复,在拉上来的各种悬浮生物中,大家终于发现有一条长约8厘米,周身半透明的小鱼。经过两国科学家分析鉴定认为,这种小鱼是贝加尔湖特有的胎生鱼,也叫杜父鱼。这条小鱼已经超过2岁。

据中国科学院动物研究所鱼类专家张春光介绍,胎生鱼的特殊之处在于母鱼在繁殖期排出体外的不是鱼卵,而是可以自由活动捕食的幼鱼。在全世界的鱼类品种中,这类鱼很少见。在贝加尔湖已知的62种鱼类中,胎生鱼是主要的特有品种。

陈毅峰告诉我们,杜父鱼是一个大家族,种类很多,中国有相似种类,但胎生类只有贝加尔湖里有。贝加尔湖有杜父鱼的一个科,这个科里就两种鱼,都是贝湖特有,只在大小和胸鳍的长短上有区别。除了胎生外,它们还有一个特点:不同成长期在不同深度生活,幼年期生活在浅水中,越大越往深水里走,最深可达1600米。今天能在400米以上的水层中抓到,实属幸运。

风大浪急,船只左右摇晃,人很容易掉进湖中。科考队也反复强调安全纪律。然而在上船的第二天,我就经历了一次险情。17 日凌晨 2 点,考察船停船休息。我马上拿起传输设备走上甲板准备传稿。突然,一阵大风将海事卫星的一段连接线刮掉,我连忙一路小跑将其抓住。由于跑得太急,脚底下一滑,重重摔倒,距甲板边缘只有几厘米。当时船摇动得十分剧烈,船栏杆只有一米多高,如果我的重心再高一点,动作幅度再大点儿,肯定会被惯性甩到贝湖里。我一手死死地抓住船的护栏,一手抓住海事卫星连接线。一旁忙碌的另一名科考队员赶忙跑来将我抱住。我们都吓出了一身冷汗……

说贝加尔湖的历史就是一部沉船史,一点也不夸张。1702 年 9 月 14 日,风暴掀翻了往乌索利耶送钱款的大舢板。1890 年,“沙皇皇储”号汽船在暴风雨中沉入湖底。19 世纪末,一队运送银货的雪橇商队从冰面上沉入深渊。1900 年 10 月,商人济良诺夫乘船赴他国做生意,连船带货在风暴中沉没。1903 年 8 月 9 日,湖面上剧烈龙卷风一天之内使 40 余艘驳船沉入湖中。

仅 2003 年,在奥里宏湾一个不长的湖段,俄紧急情况部的巡逻队就发现了 100 多艘(辆)沉没的快艇和汽车。所以在天气恶劣、湖面风大浪急的时候,为确保行船安全,湖上船只一般都是白天行驶,夜间停船休息。但此次科学考察时间紧,项目多,任务重,科学探险考察队船只只能昼夜兼程,以方便科学家随时采集各种样本。白天,科考队员或在甲板上取水样,或使用设备从深海里捕鱼开展研究。晚上,大家则坐在一起交流科研成果。

我们乘坐的“卡罗号”是伊尔库茨克科学中心的大型专业考察船,平日里行驶速度较快。此次科考队上船后,怕中方队员不适应,船行速度特意趋缓。但由于科考船摇晃得很厉害,好几个科考队员们严重晕船。中科院植物所郭柯教授头晕目眩,中央电视台一位记者数次呕吐。

夜间行船时,个别队员压力过大,甚至出现失眠现象。为消除一些队员的顾虑和紧张心理,俄方专家不时与中方队员聊天、开玩笑,为其进行“心理疏导”。船长和安全员还给队员们详细讲解了安全常识。在大家的互助协作之下,湖面考察任务终于顺利完成。当船长告诉大家,科考船已顺利穿越贝湖“危险地带”时,全体科考队员报以热烈的掌声。伊尔库茨克科学中心专家卢扎宁幽默地说:“你们是来俄考察的中国科学家,是贝湖热烈欢迎的贵宾,湖里的神仙保佑你们!”

新疆青河大陨铁之谜

陈列于新疆地质矿产博物馆重达30吨、世界排行第三(按重量)的大陨铁，自去年展出以来，吸引了无数中外游客的眼球。

这块稀有的大陨铁，何时陨落在地球之上？重达30吨的大陨铁陨落青河时为什么只在地表留下一个很浅的坑？如此巨大沉重的陨铁又是如何运抵千里之遥的乌鲁木齐的？"伤痕累累"的大陨铁背后，又有怎样的传说与往事？

据说，1958年秋天，一群人将一车车煤炭源源不断运往远离青河县城的南部荒野，这里没有人烟，更没有工厂，人们将煤炭厚厚地包裹在此处的一个庞然大物上，架起了十余风箱，生起了一场几天几夜都没熄灭的大火，企图把这个看似铁质的东西熔化成钢铁使用。

一车车的煤烧完了，可那庞然大物仍然纹丝不动，毫发未损，人们只好悻悻离去……

这一庞然大物就是青河大陨铁。对此有长期研究的自治区博物馆助理研究员张晖向记者透露了发现大陨铁背后许多鲜为人知的故事。

"银牛沟"横空出世

上文故事中的人不知道他们试图熔化的这个庞然大物是一种极为特殊的合金，它来自地球之外，集宇宙的精华，不仅含有88.67%的铁，9.27%的镍，还含有少量的铜、铬等元素，这种含铁量高的陨石通常被称为陨铁。

在这个庞然大物中还发现了地球上没有的六种宇宙矿物：锥纹石、镍纹石、变镍纹石、合纹石、陨硫铁和铁镍矿。因此，它的熔点极高，一般的温度对它根本就不管用。

这块稀有的庞然大物，何时陨落在地球之上？目前尚无从考究。

据地质学家推断，在史前时期的某一天，准噶尔盆地东北部边缘，距青河县二台东北角60千米茫茫无际的戈壁滩上，突然从空中落下一个巨大的火球，伴随而来的是一阵惊天动地的巨响，震得大地都在颤抖。

转眼到了1898年，当地的哈萨克族牧民发现一个大坑里横卧着一个外表黝黑、油光发亮、布满凹洞的金属怪物，它前端高耸、中间下凹、后端隆起，宛如一个粗壮的银牛，牧民对它顶礼膜拜，视为神灵之物，从此这里便有了“银牛沟”的名字。

后来有一群牧民搬迁到了银牛沟，以银牛为伴定居放牧，并视银牛为幸福的象征，随之，有关银牛的美丽传说不断问世。

这便是科学家推断的青河大陨铁横空出世的情景。

“天落神石”历经劫难

一直以来，陨石是稀有之物，比黄金和钻石还稀有。全世界已收集到的至今不过3000块。

而这些稀有的天外来客，似乎对新疆格外垂青，专门往这里落，因此在新疆多有它们的踪迹和传说。

随着青河大陨铁的发现，20世纪30年代，一批批外国专家纷至沓来，有的是来做研究的，有的是怀着其他目的，至今陨铁上还留有各种题刻，有英文的，也有俄文的。记载的来访者中，有大名鼎鼎的英国探险家斯坦因，他试图带走“银牛”，却在上面摔断了腿。瑞典探险家斯文赫定望着稳如泰山的“银牛”，也只能望牛兴叹。

新中国成立前，有人误认这个陨铁是纯银或白金，在它较为突起的棱角处锯去了一些，却再也无法锯开，因此，陨铁的绝大部分幸运地保留了下来。

当时的国民党政府在听到消息后，也试图把这个宝贝运出山，曾经用火烧了七八天，想把银牛烧化分解开，可还是失败了。

1941年5月23日，当时的新疆边防督办盛世才知道了天落神石的消息，特派视导员蒋云凌专程到青河凿石取样，后来索性想把它运到迪化，但因为太重，计划搁浅。

十多年后，大炼钢铁时期，“银牛”又遭到了多次的冶炼和爆破，至今留有痕迹，但依然岿然不动地矗立在那里。

当地的蒙古和哈萨克牧民认为“银牛”是来自太空的宾客，将其视之为神赐之物。为此，他们在陨铁上建造了一座带有天窗的木制小屋，挡风遮雨，以供来往的过客顶礼膜拜。

千里搬运史无前例

转眼到了1963年，中国科学院派专人实地考察后认为青河大陨铁是世界上极为珍贵的“宇宙标本”。

这块巨大的陨铁,对了解地球的年龄和地球的演化等,具有很重要的科学价值。

1965年7月,正值新疆维吾尔自治区成立十周年前夕,政府决定把它运往首府乌鲁木齐进行研究和保护。

当时的陨铁大搬运可谓史无前例,在此之前,人们并不知道它的实际重量是多少。要搬运时,人们一测算,竟然有30多吨,当时要想搬运这样一个庞然大物可不是件容易的事。

为搬运它,自治区有关部门专门改装了一部可以载重40吨的大平板汽车,从乌鲁木齐开到青河。为搬运大陨铁,当时的青河县政府调动了大量人力,还找来了当地北塔山边防战士帮忙,才将它从深深的陷坑里托出,顺利放到大平板汽车上。

搬运中,为行车方便,当地政府还专门挖掘了行车的壕沟,就这样,大平板汽车以极慢的速度“磨”过了一千多千米的路程,前后耗时近一个月,最终将它运到了新疆博物馆。

经测定,该陨铁长2.58米,宽1.89米,高1.76米,体积3.5立方米,呈现不规则三角形,重达30吨,按重量在世界陨铁中排行第三。

巨石浅坑谜团重重

40多年前,青河大陨铁运抵首府后,围绕着大陨铁的诸多谜团并没有解开。

按常理,这枚重30吨、最大直径2米多的天体从太空高速坠落,砸出的坑一定很深很深,可实际上留在现场的那个坑却令人大失所望。

该坑呈长条状(拉运时扩展所致),宽不到3米,深度仅约1米。

若不是当地知情人指认,没人能够把这区区浅坑与那举世闻名的大陨铁联系起来。

张晖说,他们曾经组织了一个探险队,找到陨铁的发现地,发现此地遍布大炼钢铁留下的煤块、炉渣,以及为了抬运陨铁专门挖掘的行车壕沟,但奇怪的是,30多吨重的陨铁怎么在地表只留下了一个很浅的坑?

围绕这个谜团,有很多种解释。

有人认为是当时的陨坑很深,陨铁被运走后,风沙不断落入,将其不断填浅,以至越来越浅。

还有人假设,可能现在所见的坑,不是陨铁的第一着陆点。而张晖比较倾向于这种说法,陨铁先落在一更硬更高处,然后又弹到了这里,从现场观察看,此种说法比较合理,能够解释巨石浅坑的矛盾现象。

那么,大陨铁的第一着陆点又在何处?现在的陨铁坑处于一片沙砾质山间平地上,两侧是四五千米长的连绵群山,可以推测,陨铁的第一着陆点就在群山的某处,当陨铁以极快的速度从天而降到那里时,坚硬的岩体使其高高弹起,抛掷出去,最终落在了现在的第二现场。

目前,第一现场具体位置仍然是个谜,等待更多的科学家去探索研究。

神秘黑金从何而来

鉴于青河陨铁的发现,张晖等人曾在青河地区西北方寻查数十千米,在一个山沟里发现数百块酷似陨铁的大型黑色神秘金属物质——“黑金”。

这些“黑金”质散布面积约数平方千米,表面呈现铁锈色,布满凹陷坑洞和疤痕,敲之铮铮作响,好似编钟在演奏,声音十分悦耳,从其断面看明显为黑白色含铁金属。

经观察,这些金属物和当地山体基岩(埋藏于天然土层下的和外露于地表的岩体)花岗岩、片麻岩等截然不同,与周围的环境极不一致,无任何关联,它们究竟从何而来?是天上的陨石还是其他金属?

距这一地区50多千米的一座山上,也有许多黑色金属物质,分布在山的南侧,和山体基岩区别很大,似要将山南侧砸毁,其他三侧没有。难道是地轴倾角发生了突然变化,只有南侧山坡遭到了陨石的砸毁?

最让张晖等人意外的是,他们在“黑金”的表面发现了古文记载的“独目人”岩画,以及具有锯齿状的神秘动物岩画。

奇怪的是,古代游牧民仅将岩画刻在“黑金”表面,其他的石头岩壁上并没有岩画图案,这是否说明在古代人的眼中这些“黑金”也是神秘的?

几千年的岁月遗迹,几千年的风雨沧桑,几千年的历史谜团,等待人们进一步去探索发现。

但今年6月至今,令人惋惜的是,有人竟将带有珍贵古代岩画的“黑金”石头运走做建材加工,而新疆青河县黑石沟已变成巨大的采石场,曾经刻有岩画的“黑金”山岩已被炸得面目全非。

亚马孙神秘现象

一直以来,科学家都认为亚马孙热带雨林潜藏着一些不为人知的生命形态。在这个神奇的自然王国里,至今仍有许多待解之谜。

食人鱼、吸血蝙蝠、食人族、黄金城,充满神秘色彩的亚马孙河吸引着前赴后继的探险者。中国科考队即将踏入这块神秘的自然王国,对亚马孙丰富的动物、植物资源进行漂流考察。这是中国科学家首次对这块神奇的土地进行系统的科考活动。中国科考队由经验丰富的科学家组成,成员包括动物学家、植物学家等。

亚马孙曾经生活着恐龙

今年年初,一则消息让世界生物学界震惊:科学家在巴西亚马逮雨林首次发现恐龙化石。据报道,科学家们宣布,在巴西亚马孙河发现了恐龙化石,首次证明恐龙曾在这一地区活动过。巴西里约热内卢联邦大学在一份声明中称,其研究学者在巴西北部发现了1.1亿年前的恐龙化石,这些恐龙属于一个新的种群,科学家们称之为“亚马孙恐龙”。

其实,问题的关键在于:此前,古生物研究者们一直认为,由于亚马孙雨林中潮湿的环境,根本不可能存在任何化石。这一次的发现,科学家们仅在那里找到过一个恐龙的牙齿,但并不能作为确实的证据证明恐龙曾在那里生存过。亚马孙恐龙是由里约热内卢联邦大学和巴西科马赫国立大学的科学家联合发现的,属于食草的梁龙家族。在这之前,在巴西发现过的蜥脚类动物仅为白垩纪时代的一种两栖食草恐龙——无法龙。

据介绍,亚马孙恐龙大约长10米,重10吨,是最小的蜥脚类动物之一,也是在巴西发现的最老的此类动物。里约热内卢大学在声明中称,化石是在伊塔佩库鲁河附近的森林中发现的,同时还发现了其他爬行动物、软体动物和鱼类的尸体,有助于科学家们了解亚马孙恐龙的生存环境。

亚马孙的海豚为什么是粉色

海豚是动物中智商最高的,但是你见过粉红色的海豚吗?在亚马孙就有世界上独一无二的粉红海豚。不过,在河中航行需要运气才能看得到。当地船夫经常会轻拍水面,似乎是在呼唤海豚出现。奇异的是,河中竟有海中的生物,且变种为粉红色,实为一桩奇事。

亚马孙为什么盛产食人鱼

亚马孙河上最刺激的活动就是钓食人鱼。一谈到食人鱼,就会想起电影上的情节:手掌般大小,一排像锯子的牙齿,不管什么带肉的东西(包括人)掉下去,数秒后就只剩下一堆骨头。据说,一个60千克的人如果被食人鱼吃光,只需要10分钟时间。

食人鱼又名食人鲳,原产亚马孙河,共有20余个不同品种,其中具有代表性的品种被称为红腹食人鱼,它们体型小巧,一般为25厘米左右,色彩美丽,拥有墨绿色的鱼背,浅绿色的鱼体,火红色的腹部,性格却极为残暴。食人鱼长着锐利的牙齿,一旦被咬猎物溢出血腥,它就会疯狂无比,用其锋利的尖齿,像外科医生的手术刀一般疯狂地撕咬切割,直到剩下一堆骸骨为止。

在巴西的亚马孙河流域,食人鱼被列入当地最危险的四种水族生物之首。在食人鱼活动最频繁的巴西马把格洛索州,每年约有1200头牛在河中被食人鱼吃掉。一些在水中玩的孩子和洗衣服的妇女不时也会受到食人鱼的攻击。食人鱼因其凶残特点被称为“水中狼族”、“水鬼”。

在亚马孙河流域,牧民放牧牛群,遇到有食人鱼的河流,就会把一头病弱的牛先赶进河里,用调虎离山计引开河中的食人鱼,然后赶着牛群迅速过河。而作为牺牲品的老牛,不到10分钟就被凶残的食人鱼群撕咬得只剩下一副白骨残骸。当地土著人借用其凶残的特点,在护城河中放养食人鱼,以抵挡猛兽的侵袭,并把它们供为神。

食人鱼为什么如此厉害?有资料显示,食人鱼颈部短,头骨特别是腭骨十分坚硬,上下腭的咬合力大得惊人,可以咬穿牛皮甚至硬邦邦的木板,能把钢制的钓鱼钩一口咬断。平时在水中称王称霸的鳄鱼,一旦遇到了食人鱼,也会吓得缩成一团,翻转身体面朝天,把坚硬的背部朝下,立即浮上水面,使食人鱼无法咬到腹部,救回一命。

为了对付食人鱼,亚马孙河流域还有许多鱼类在千百年的生存竞争中发展了自己的“尖端武器”。例如:一条电鳗所放出的高压电流就能把30多条食人鱼送上“电椅”处以死刑,然后再慢慢吃掉。另一鱼种刺鲶则善于利用它的锐利脊刺,食人鱼要想对它下口,刺鲶马上脊刺怒张,使食人鱼无可奈何。

亚马孙河神秘鱼为何会吸氧

巴西国立亚马孙研究所在亚马孙河流域意外发现了一种新品种的鱼,它的体型类似鳗却有鳍,身长15厘米,“身佩”10个气囊。这种鱼具有特殊的呼吸能力,为此可呼吸到空气中的氧气,这是其他鱼类不具备的特点。经过进一步分析,结果证实它既不属于现有鱼类的哪一科,也不属于哪一属,所以最后被称为“神秘鱼”。

仅仅是发现了一个鱼的新品种,这种事并不会在生物界引起轰动,但这种鱼不属于任何科属,这种情况却极其罕见。虽然它类似鳗鱼,却有鳍,而且比较完整。另外,它的身体长度只有大约15厘米,而尾巴长得与比拉鲁克鱼很接近。比拉鲁克鱼是世界上最大的淡水鱼,另一个名字是巨骨舌鱼,最长的足有4.5米。

据科学家介绍,一般情况下,鱼类用两个或三个气囊控制水中位置,但神秘鱼却有10个气囊,鉴于这一特点,科学家估计神秘鱼有可能在水面呼吸。

巴西吸血蝙蝠身带狂犬病毒

最近一段时间,巴西亚马孙河流域的一个岛屿发生吸血蝙蝠伤人事件,至少300人遭到袭击,而且由于这些吸血蝙蝠带有狂犬病毒,目前已造成19人感染狂犬病,其中13人死亡。

有关专家介绍说,吸血蝙蝠的身体通常非常小,只有几厘米,样子看起来十分丑恶。它们不吃昆虫或果实,专爱吃哺乳动物和鸟类的血。通常的食物是家畜的新鲜血液,有时也吸人血。

巴西媒体援引当地政府发言人的话说,科学家们经过分析后认为,波特尔岛最近之所以出现如此频繁的吸血蝙蝠袭人事件,很可能是因为当地过度采伐森林,从而导致吸血蝙蝠栖息地减少,许多蝙蝠在被迫迁徙过程中对人类进行了大规模攻击。

亚马孙密林有没有黄金城

古代印加帝国十分强盛,京城内所有的宫殿和神殿都是用大量金银装饰而成，金碧辉煌。16世纪初，西班牙人推翻了印加帝国，掠夺了所有黄金宝石，西班牙统帅庇萨罗听说印加帝国的黄金全是从一个叫帕蒂的酋长统治的玛诺阿国运来的，而且那里金银财宝堆积如山，庇萨罗立即组织探险队，开赴位于亚马孙密林深处的黄金城。然而在这个广袤无垠的原始森林里，每前进一步都意味着恐惧和死亡。这里有猛兽毒蛇，有野蛮的食人部落，有迷失道路的威胁，一支支探险队或失望而归，或下落不明。其中，有位叫凯萨达的西班牙人率领约716名探险队员向黄金城进发，在付出550条性命的惨重代价后，终于在康迪那玛尔加平原发现了黄金城和传说中的黄金湖，找到了价值300万美元的翡翠宝石，然而这仅是黄金城难以估价的财宝中的微小部分。

从16世纪以来，对黄金湖的打捞一直没有停止过。1911年，英国一家公司挖了一条地道，将湖水抽干了，但太阳很快地把厚厚的泥浆晒成干硬的泥板，当英国人再从英国运来钻探设备时，湖中却又再度充满湖水，使这次代价昂贵的打捞归于失败。至今，黄金城仍是一个谜。

岩石发声试验

在美国的佐治亚州，有一种会发出声音的岩石，人们管它叫“发声岩石”。让人感到纳闷的是，这里的岩石只有在这个地方才能被敲打出如此悦耳动听的音乐。有人曾经做过一个试验，把这里的岩石搬到别的地方，不管怎么敲打也发不出那种美妙的声音。那么，到底是什么原因使得这个地带产生这种奇异的现象呢？这里的岩石为什么在别的地方就敲不出那种美妙的音乐呢？科学家们针对这些问题进行了一次又一次的研究和考察，对产生这种现象的原因也进行了种种推测和解释。有人说，这是个地磁异常带，存在着某种干扰源，岩石在辐射波的作用下，被敲打的时候就会受到谐振，于是就发出了声音。可是，这只是一种推测。科学家们一直到现在也没有找到一个令人信服的答案。

岩石发声之谜

在美国加利福尼亚州的沙漠地带，有一块巨大的岩石，足足有好几间房子那么大。这个地方居住着许多印第安人。每当圆圆的月亮升起在天空的时候，印第安人就纷纷来到这块巨石周围，点起一堆篝火，然后就静静地坐在地上，冲着那块巨石顶礼膜拜……篝火熊熊地燃烧着，卷起一团团滚滚的烟雾，不一会儿，就把巨石紧紧地笼罩住了。这时候，那块巨石慢慢地发出了一阵阵迷人的乐声，忽而委婉动听，好像一首优美抒情的小夜曲；忽而哀怨低沉，好像一首低沉的悲歌。巨石周围的印第安人一边顶礼膜拜，一边如痴如醉地欣赏着这美妙的乐声。这块巨石什么会发出那样动听的乐声呢？这块巨石里面又隐藏着什么样的秘密呢？这些问题，没有人知道，也没有人能够说清楚。

意大利“世外桃源”——斯图卡乐顿村

“世外桃源”一直是人们幻想中的完美世界，而意大利的深山中却有一个真实的“世外桃源”，这就是位于意大利东北部的斯图卡乐顿村。生活在这里的人们，尽管多数近亲结婚而且饮食结构也不健康，但他们却都很健康，并且长寿。这一奇特的现象吸引了很多科学家前往斯图卡乐顿村，寻找村民健康长寿的秘密，他们把这里称为“基因宝岛”，意大利巴斯齐洛托罕见疾病研究学院的基因学家乌罗斯·阿拉德尼克教授也是这里的常客。

斯图卡乐顿村隶属于意大利东北部的威尼托大区，位于埃斯阿格山地的一片大岩石地带，和威尼斯同属一区，在高于威尼斯 1000 米的山上，天晴的时候还可以看到威尼斯。阿拉德尼克教授从 2001 年开始研究斯图卡乐顿村。他说：“这个小山村是在学校救治一名患上罕见疾病的小女孩时发现的，这个小女孩居住的地方埃斯阿格山地离斯图卡乐顿村很近。”阿拉德尼克教授口中的这个小女孩名叫安吉拉。安吉拉患有一种罕见的基因疾病，她的遭遇引起了很多医生的关注，安娜·巴斯克罗陀便是其中的一位。安娜·巴斯克罗陀是一位著名的临床学教授，她曾经有一个儿子，却因一种罕见的基因疾病在 15 岁时死亡，从此巴斯克罗陀和丈夫就开始研究各种罕见的基因疾病。之后，为了帮助安吉拉治病，他们来到了埃斯阿格山地。不幸的是，安吉拉最终没能康复起来，在 2 岁半的时候因疾病死亡。但是在帮安吉拉治病的过程中，巴斯克罗陀慢慢发现了斯图卡乐顿村，并发现这里是一个很好的研究基因遗传和基因疾病的范本。她对这里人们近亲结婚却没有遗传病，也没有畸形儿的现象非常感兴趣，还发现这里的人们虽然饮食很不健康，却很长寿。于是，这个地方逐渐进入了科学家的视野。

阿拉德尼克教授至今还记得,当他第一次来到斯图卡乐顿村时感到非常不可思议,这真是一个不寻常的地方。“斯图卡乐顿村是一个非常宁静的地方,是镶嵌在埃斯阿格山地绿色山林中的一颗宝石。现在,那里的人们非常健康快乐。他们大部分都是红头发,看到巴乌人你可能会感觉你是在北欧地区。”阿拉德尼克教授说。关于斯图卡乐顿村的来历流传着这样一个传说。大约800年前,一对恩爱的丹麦夫妇来到这里,支起了一个帐篷,从此在这里生活。虽然在晴朗的日子里,站在村口的大岩石上就能看到威尼斯,但他们几乎与外界没有交往,他们不轻易下山,外面的人也几乎没有来过,因为这里是路的尽头。村子里97%的人都姓巴乌。现在,斯图卡乐顿村的建筑也很现代,有些像瑞士的牧人小屋,都是近期新建的。在傍晚,街道上还可以看到很多新式的汽车。几十年前,这里与外界还很隔绝,因为那时没有公路通向外面,想要出去就要经过一个有4444级台阶的小路。村子里的一些人开始在外面工作。其实在过去也有一些斯图卡乐顿村人离开这里在外谋生,但有趣的是,即使他们会走出去谋生,却还是会和本村的人结婚。还有一些巴乌人喜欢待在斯图卡乐顿村,因为这里是他们的家。“我们也不知道他们是否会永远留在那里,到目前为止他们没有任何迁移的迹象。”阿拉德尼克教授说。

最令科学家啧啧称奇的是,斯图卡乐顿村的居民虽然几乎都是近亲结婚,却个个健康。这看起来好像有点违背常理,因为现在大多数国家都不鼓励近亲结婚,甚至禁止近亲结婚。近亲结婚,后代的死亡率高,并常出现痴呆、畸形儿和遗传病患者。这是由于近亲结婚的夫妇,从共同祖先获得了较多的相同基因,容易使对生存不利的隐性有害基因在后代中相遇,因而容易出生素质低劣的孩子。但阿拉德尼克教授查找了斯图卡乐顿村所有孩子的出生档案,到现在为止也没有找到任何有关隐性遗传疾病的记录。为何独独这里的人近亲结婚却丝毫没有影响后代呢?阿拉德尼克教授有两种假设,他说:“首先一个人可能携带隐性疾病的单个基因,基因没有凑成一对,疾病则不会表现出来,在人口发展的几百年里就有可能将这种缺陷基因选择剔除了。巴乌这个庞大的家族是从公元11世纪发展到现在的,已经有近千年的历史了。第二个假设是,一对夫妻如果有一个不健康的孩子就可能停止抚养他,如此一来便不会把不健康的基因遗传下去。但是目前的研究仅仅刚刚开始。”阿拉德尼克教授感到幸运的是,从17世纪开始,这里所有出生、结婚和死亡的记录都保存在当地教堂的档案中,这为他们的研究提供了非常真实的材料。

除此之外,斯图卡乐顿村村民们的饮食结构并不健康,他们吃生牛肉毫不忌讳，各类烈酒更是不可或缺之物，还有很多人吸烟，但令人吃惊的是村民们却几乎从不生病。由于不健康的饮食习惯，他们普遍胆固醇偏高，极少人偶尔遭受糖尿病的困扰，但村民们没一个患过心脏病。高血压在那里几乎闻所未闻，癌症更是罕见。阿拉德尼克教授从这里提取了397个血液样本，检测结果发现这里的人们比意大利国内人的胆固醇高很多，胆固醇高的人达38%，而意大利国内人的是21%。但是意大利人中有23%的人高密度脂蛋白水平偏低，这恰恰是一种可以预防心脏病的物质，而斯图卡乐顿村里只有5%的人有同样的问题。高血压在意大利国内也很多，男女分别是33%和31%，但在斯图卡乐顿村则为6.5%和5.5%。对于这个现象，阿拉德尼克教授认为，目前对一些疾病的解释一方面是从习惯上，另一方面是从基因上。但也许现在的某些事实也都是假象。"而我们对一些疾病的发病机理也没有完全的了解。我们确实能很肯定地说高胆固醇的食物更易引起心血管病吗？"阿拉德尼克教授说，"更确切地说，一些基因隔绝的研究也许暗示我们，在基因中还有一些东西我们不懂。我们现在对巴乌人的研究让我们在对其他地方进行研究时，更关注环境和基因的因素。巴乌人确实可以帮助我们了解一些疾病的发病机理。我想我们还没有找到答案。"

巴斯克罗陀教授把斯图卡乐顿村称作基因宝岛，看做是她研究一些基因疾病的圣地。阿拉德尼克教授对这一称呼评价说："这是一个很诗意的叫法，安娜·巴斯克罗陀教授很有见地。一个孤立的基因群确实是一个'岛'，从地理、语言、宗教或其他方面都和其他地方分离。"而阿拉德尼克教授认为世界上还有很多这样的地方，对世界很多与世隔绝的地方的基因进行研究后，我们才能找到更多的答案帮助现代医学的发展，而分享资源是关键所在。他还说："我可以很肯定地说，在你的国家一些偏远的地方也有这样的基因孤岛，谁也不知道我们什么时候能找到他们。"

远古开花植物横空出世之谜

美国《探索》杂志最新报道《花儿的力量》，即在远古时代开花植物为什么能横空出世？报道称，约3.6亿年之前，在开花植物的"祖先"进化之际，当时的世界由通过孢子繁殖的类似蕨类的土褐色植物统治。1.4亿年前左右，开花植物突然横空出世并最终脱颖而出。其出现的原因至今仍是达尔文所称的"一个令人厌恶之谜”。

今天,孢子植物仅占所有陆地植物的3%,个中原因直到17世纪才被揭开。当时,诸如纳希米阿·格鲁(Nehemiah Grew)等博物学家利用最新发明的显微镜对开花植物的整个结构进行了研究。结果发现,植物的根本在于性,即植物的有性繁殖,开花植物之所以能茁壮成长,原因就在于它们比孢子植物更善于有性繁殖。而开花植物拥有的致命武器之一是:一种称为种子的漂亮的小维管束(bundle)。

花——苜蓿种子

在FireflyBooks出版社新近出版的一本名为《种子》的书中,英国克佑区皇家植物园的植物学家沃尔夫冈·斯塔佩(Wolfgang Stuppy)和视觉艺术家罗布·克塞勒(Rob Kesseler)对植物有性繁殖的复杂性进行了仔细剖析。在大多数植物产籽之前,花粉必须控制花的专门入口,使位于末端的卵细胞受精。同之后发生的一切相比,这一过程相对而言容易理解:对生成的胚胎进行生产、养育、储存和分散。

开花植物随着胚胎的产生进化成受保护的“三组织”种子设计,即“lunch”(称为胚乳的营养组织)、保护层(硬硬的、保护种子的外层)以及胚胎本身。每个组成部分都是从受精植物的独特组织中产生的。

黄花九轮草的种子

斯塔佩(Stuppy)将开花植物的种子进化过程比作陆地动物的硬壳蛋的出现过程。动物生活在海洋中时,它们通常在水中排卵和射精,而后在水中结合,如今的鱼类仍是如此繁衍的。硬壳蛋使得动物可以在远离水域,在干燥陆地上更为恶劣的环境中得以繁殖和成长。同样,大约2.5亿年前,当地球进入到更为寒冷、更为干燥的气候时,同早期那些在潮湿、温暖的沼泽地繁殖、结构更简单的孢子亲缘植物相比,开花植物具有明显优势。

种子植物也捉摸出多种更佳的传播方式。有些种子可以长出令人不可思议的细倒钩,以勾住来来往往的动物。还有相当一部分种子长出一种称为油质体(elaiosome)的小东西,诱使蚂蚁将它们挪出几英尺的距离。其他种子要么表面粗糙,要么轻飘飘的,可以借助风或水向不同地方飘散。

人类对种子的喜爱还导致多种新的传播方式。数千年前,人们开始收集和种植营养丰富的种子,如玉米、小扁豆、燕麦等。现代农业将某些种子挑选出来,使它们的种植获得令人难以置信的成功:看看美国平原一望无际的小麦,就知道这种做法有多成功。与此同时,斯塔佩等植物学家还为克佑区皇家植物园"千年种子银行"(Millennium Seed Bank)的种子收集传统带来新的变化。"千年种子银行"是储存在野外面临灭绝危险的植物品种的"国际仓库"。斯塔佩写道,尽管多样性已经丧失,但每种消失的植物将提供种子工作原理的更多线索:"它们的有性繁殖方法即便在今天看来也十分复杂,科学家并没有完全理解它们这种繁殖方式的原因。"

岛国恐龙死亡之谜

7000 万年前,一场灾难降临到马达加斯加岛上,成千上万的恐龙和其他动物神秘地死去。2005 年,当年的死亡现场重见天日,累累尸骨令人惊怵,惨不忍睹——无论动物的种类、大小、老幼,统统被斩尽杀绝。这个冷血杀手究竟是谁?调查人员依靠严谨的科学证据,排除了 6500 万年前发生的那场生物大灭绝事件之后,终于拨开重重迷雾,直指真凶——一具恐龙尸体朝左侧静卧,头颈伸向骨盆——这是典型的死亡姿势。它的前后肢骨依然保留在正常的生理部位。尽管前后趾骨零乱散落,但多数骨骼仍保存完好,并可相互拼接。头骨骨片稍稍脱节,但依旧保留在原来的位置上。奇怪的是,尾椎尖端骨节却整体失落,不见踪影。更多的尸骸横七竖八地躺在附近,姿势各异:一些相当完整,另一些则仅存一块头骨、肩胛骨或者单侧肋骨。这些不幸的动物究竟是就地死亡,还是死后被集中到这里?是同时死亡,还是陆续走上不归路?凶手究竟是谁?

2005 年夏天,马达加斯加西北部,因遍布"威尼斯"红土壤而得名的大红岛(Great Red Island)上,这个巨型坟场从远古地层中逐渐显露出来。上述问题一直萦绕在参与发掘的考察队员脑中,这支考察队由马达加斯加和美国的古生物学家及地质学家组成,我们也有幸参与其中。随着发掘工作的深入,一些激发我们兴趣的信息初现端倪:这可能是一个振奋人心的发现!那么,我们是如何开始着手调查的呢?

根据发掘的年份和该地区化石产地的发现顺序,我们把这一地点命名为

MAD05 - 42。随后,我们开始鉴定这些死亡动物的物种。根据我们在该地区其他地点的挖掘发现,很快就辨识出,这里的大多数遗骸分属于不同的恐龙物种。

在马达加斯加西北部,MAD05 - 42 并不是唯一的恐龙坟场。过去 10 多年来,我们在偏远的贝里沃特拉村附近的半干旱草原上进行地质调查,多次发现过这样的场景:动物遗骸层层叠叠地埋藏在一起,不论大小老幼,构成壮观的尸骨层(bonebed,即含有动物骨骼化石的地层)。现在,当我们着手在 MAD05 - 42 坟场搜寻真凶之际,难以抑制内心的好奇:为什么这里会有如此多的尸骨层,为什么它们会保存得如此完好?

坟场发掘

马达加斯加 MAD05 - 42 恐龙坟场中的恐龙和其他动物,都死于 7000 万年前,比 6500 万年前发生的那场全球性生物大灭绝事件还早了几百万年。这些动物并非死于同时,而是在一段时间内陆续死亡的。

这些骨骼化石早已失去肉身,仅余枯骨,因此现代验尸技术在这里毫无用武之地。我们不得不求助于地质定年技术和现场的埋藏学(taphonomy)调查,梳理蕴藏在这些骨骼和岩石背后的线索。特别是现场的埋藏学勘察,可以充分探究生物机体由生到死的历程。

把这里命名为 MAD05 - 42 之后,我们开始着手从岩石中发掘这些骨骼,用小铲和锤子去除表面的沉积物,再用牙钩和纤细的小刷剥露出化石骨骼。做这一切的时候必须小心翼翼,尽量避免损坏这些松脆的骨骼表面。等骨架完全显露以后,再对它们的准确位置进行描绘和拍摄,将有价值的空间位置关系全都记录下来。随后,我们用固化胶浸透这些松脆的骨骼,外面罩以麻布和石膏外层加以保护。等石膏固化成型后,再将骨骼编号登册,打包运送到美国的实验室,在那里精心清理骨骼上的残余沉积物,详细研究这些骨骼,搜寻留在骨骼表面的蛛丝马迹,找出凶手。

在化石发掘现场,我们确定这些尸骸被保存在一层独特的沉积岩(sedimentaryrock)中,该岩层被称为 Maevarano 组(Maevarano Formation,这里的"组"即指岩组,岩石地层的基本单位)。众所周知,在距今 6500 万年前的 K/T 界线(也就是白垩纪/第三纪界线),除鸟类以外,恐龙和多数其他动物经历了一场全球性生物大灭绝事件。

Maevarano 组的层位比 K/T 界线还低了几十米,意味着它的年代更为古老。

具体来说，我们发现恐龙尸骸的地层比大灭绝所在的地层低了44.5米，比Maevarano组的顶部界线则低了14.5米。Maevarano组下方的地层中存在着火山矿物，对它们的放射性衰变年龄所作的测定表明，这些地层的年龄大约为8800万年。Maevarano组的上方和内部岩层之间出现的海相沉积岩(marinesediment)，是在该岛西海岸海水不断升降的条件下沉积而成的。这些沉积岩中包含了介壳类生物和单细胞微生物的化石。根据其他地区对这些生物化石所作的年代测定，它们出现的时间接近白垩纪末期，但并未完全达到白垩纪末期。所有关于时间的证据都表明，MAD05－42出土的恐龙大约死于7000万年前。这些恐龙的死因与白垩纪/第三纪全球性生物大灭绝无关，因为那场灭绝事件是在几百万年后才发生的。

埋藏学分析也有助于我们的调查研究。埋藏学勘察可以检查骨骼的形变(确定骨骼是否经受过燃烧、折断或啃咬)、尸体遭受的破坏(被食腐动物或食肉动物肢解，或有选择性地掠走某些部位)、埋藏史(尸体埋藏方式和后期埋藏变化过程)。从本质上讲，骨骼变成化石的过程，也属于埋藏学的研究范畴。

这里的埋藏学证据显示，埋藏在MAD05－42坟场的动物是在一段时间内陆续死亡的，这个过程可能长达几周到几个月。这里的尸骸呈现出不同的死亡形态：一部分尸骸基本完整，保持着原始的死亡姿势；一部分尸骸则遭到肢解，骨骼四处散落——这种肢解过程绝不可能是在瞬间发生的；一些骨骼保存完好，另外一些则经历过深度风化和表面降解过程。如果同一尸骨层的动物死于不同时间，我们通常就会用“平均时间”来描述死亡时间，并采用埋藏学证据来评估首次死亡和末次死亡的时间跨度。虽然我们尚不能确定MAD05－42坟场的死亡事件究竟持续了多久，但毫无疑问，这些死亡事件并非同时发生。

20世纪中外著名大地震

●1920年海原地震

1920年12月16日20时5分53秒，宁夏海原县发生震级为8.5级的强烈地震，震中烈度12度，震源深度17千米，死亡24万人，毁城四座，数十座县城遭受破坏。

●1927年古浪地震

1927年5月23日6时32分47秒，甘肃古浪发生震级为8级的强烈地震，震中烈度11度,震源深度12千米,死亡4万余人。地震发生时,土地开裂,冒出黑水,硫黄毒气横溢,熏死饥民无数。

●1933年叠溪地震

1933年8月25日15时50分30秒,四川茂县叠溪镇发生震级为7.5级的大地震,震中烈度10度,叠溪镇被摧毁。震前犬哭马嘶,蛇出鼠惊,乌鸦惨啼,母鸡司晨。震时地吐黄雾,城郭无存,岷江断流,壅坝成湖。

●1950年察隅地震

1950年8月15日22时9分34秒,西藏察隅县发生震级为8.5级的强烈地震,震中烈度12度,死亡近4000人。喜马拉雅山几十万平方千米大地面目全非,雅鲁藏布江被截成四段。

●1966年邢台地震

邢台地震由两个大地震组成:1966年3月8日5时29分14秒,河北省邢台专区隆尧县发生震级为6.8级的大地震,震中烈度9度;1966年3月22日16时19分46秒,邢台专区宁晋县发生震级为7.2级的大地震,震中烈度10度。两次地震共死亡8064人,伤38000人,经济损失10亿元。地震发生后,漫天飘雪。

●1970年通海地震

1970年1月5日1时0分34秒,云南省通海县发生震级为7.7级的大地震,震中烈度为10度,震源深度为10千米,死亡15621人,伤残32431人。震前,豕突犬吠,雀啼鱼惊,墙缝喷水,骡马伤人。震时,村寨房屋尽毁,地面或裂或陷。

●1906年美国旧金山大地震

1906年4月18日晨5时13分,旧金山发生8.3级地震,无数房屋被震倒,水管、煤气管道被毁。地震后不久发生大火,整整燃烧了3天,烧毁了520个街区的近3万栋楼房。

●1908年意大利墨西拿大地震

1908年12月28日晨5时25分,意大利西西里岛的墨西拿市发生7.5级地震。地震时,城市房屋跳动旋转,地缝开合喷水,海峡峭壁坍塌入海。

●1923年日本关东大地震

1923年9月1日上午11时58分,日本横滨、东京一带发生7.9级地震。两座城市如同米箩作上下和水平筛动,建筑物纷纷倒塌。城市陷入火海,日本全国财富的5%化为灰烬。

●1960年智利大地震

1960年5月21日下午3时，智利发生8.5级地震。从这一天到5月30日，该国连续遭受数次地震袭击，地震期间，6座死火山重新喷发，3座新火山出现。5月21日的8.5级大地震造成了20世纪最大的一次海啸。

●1970年秘鲁钦博特大地震

1970年5月31日，秘鲁最大的渔港钦博特市发生7.6级地震。在地震中有6万多人死亡，10多万人受伤，100万人无家可归。该市以东的容加依市，被地震引发的冰川泥石流埋没全城2.3万人。

●1995年日本神户大地震

1995年1月17日晨5时46分，日本神户市发生7.2级直下型地震，造成5400多人丧生，3.4万多人受伤，19万多幢房屋倒塌和损坏，直接经济损失达1000亿美元，震后又发生500多处火灾。

20世纪十大震惊世界的自然灾难

幽灵一：北美黑风暴

1934年5月11日凌晨，美国西部草原地区发生了一场人类历史上空前未有的黑色风暴。风暴整整刮了3天3夜，形成一个东西长2400千米，南北宽1440千米，高3400米的迅速移动的巨大黑色风暴带。风暴所经之处，溪水断流，水井干涸，田地龟裂，庄稼枯萎，牲畜渴死，千万人流离失所。

这是大自然对人类文明的一次历史性惩罚。由于开发者对土地资源的不断开垦，森林的不断砍伐，致使土壤风蚀严重，连续不断的干旱，更加大了土地沙化现象。在高空气流的作用下，尘粒沙土被卷起，股股尘埃升入高空，形成了巨大的灰黑色风暴带。《纽约时报》在当天头版头条位置刊登了专题报道。

黑风暴的袭击给美国的农牧业生产带来了严重的影响，使原已遭受旱灾的小麦大片枯萎而死，以致引起当时美国谷物市场的波动，冲击经济的发展。同时，黑色风暴一路洗劫，将肥沃的土壤表层刮走，露出贫瘠的沙质土层，使受害之地的土壤结构发生变化，严重制约灾区日后农业生产的发展。

人类每一次对自然界的胜利，大自然都要做出相应的反应。继北美黑风暴之后，前苏联未能吸取美国的教训，历史两次重演，1960年3月和4月，前苏联新开垦地区先后再次遭到黑风暴的侵蚀，经营多年的农庄几天之间全部被毁，颗粒无收。大自然对人类的报复是无情的。3 年之后，在这些新开垦地区又一次发生了风暴，这次风暴的影响范围更为广泛。哈萨克新开垦地区受灾面积达 2 千万公顷。

北美和前苏联的黑风暴灾难的发生，向世人揭示：要想避免大自然的报复，人类一定要按客观规律办事。也就是说，人类在向自然界索取的同时，还要自觉地做好人类生存环境的保护，否则将会自食恶果。

幽灵二：秘鲁大雪崩

秘鲁位于南美洲西部，拥有一望无垠的海岸线，长达 3000 多千米。它又是一个多山的国家，山地面积占全国总面积的一半，著名的安第斯山脉的瓦斯卡兰山峰，山体坡度较大，峭壁陡峻。山上常年积雪，“白色死神”常常降临于此。1970 年 5 月 31 日，这里发生了一场大雪崩，将瓦斯卡兰山峰下的容加依城全部摧毁，造成 2 万居民死亡，受灾面积达 23 平方千米。

1970 年 5 月 31 日 20 时 30 分。秘鲁安第斯山脉的瓦斯卡兰山。

此时，在寒冷的地区，不少人都已沉睡于梦乡之中。

突然，远处传来了雷鸣般的响声。随即大地像波涛中的航船，顿时失控，在疯狂、猛烈地颤抖着。紧接着，又从远处传来了天崩地裂般的响声，震耳欲聋，把人们从酣梦中惊醒。那些正在夜读、娱乐和工作着的人们，被这突如其来的响声惊呆了。人们不知发生了什么事，房屋便东倒西歪、吱吱作响地坍塌下来。

这时，人们才意识到地震灾祸已经降临。

那些还未及逃离屋子的人们，都被压在倒塌下来的乱砖碎石之中。外面，寒风凛冽，漆黑一片，谁也看不到谁，只听到隆隆的崩塌声。

忽然，又一阵惊雷似的响声由远至近，从瓦斯卡兰山峰方向传来。一会儿，山崩地裂，雪花飞扬，狂风扑面而来。

原来，由地震诱发的一次大规模的巨大雪崩爆发了。

地震把山峰上的岩石震裂、震松、震碎，地震波又将山上的冰雪击得粉碎。瞬时，冰雪和碎石犹如巨大的瀑布，紧贴着悬崖峭壁倾泻而下，几乎以自由落体的速度塌落了 900 米之多。

刚遭受地震袭击的容加依城，人们惊魂未定，又被随之而到的冰雪巨龙席卷，大多数人被压死在冰雪之下，快速行进中的冰雪巨龙，又使许多人窒息而死。

这是迄今为止，世界上最大最悲惨的雪崩灾祸。

幽灵三:孟加拉国特大水灾

1987年7月,孟加拉国经历了有史以来最大的一次水灾。连日的暴雨,狂风肆虐,突如其来的天灾,使毫无任何准备的居民不知所措。短短两个月间,孟加拉国64个县中有47个县受到洪水和暴雨的袭击,造成2000多人死亡,2.5万头牲畜淹死,200多万吨粮食被毁,两万千米道路及772座桥梁和涵洞被冲毁,千万间房屋倒塌,大片农作物受损,受灾人数达2000万人。

孟加拉国位于孟加拉湾以北,属于恒河平原的东南部,其西为东高止山脉,东为阿拉干山脉,北为喜马拉雅山脉。境内有河流230条,每年的河水泛滥都使孟加拉国蒙受巨大的损失。加之这里地处季风区,印度洋上吹来的西南季风带着温暖而又饱和的水汽向低压区冲来。当受到山脉的阻挡时,立即降雨。这就使得地势平坦低洼的孟加拉国难逃水灾的侵袭。

水灾的发生,加剧了人民的贫困程度,联合国就此展开了两项粮食供给计划。仅一项计划的实施每年就要耗资2000万美元。

这样巨大的损耗却仍未得到政府的重视。大自然原有其不可抗拒的力量,但通过有力的预防措施可使其破坏程度降低到最低限度。1987年9月,孟加拉国灌溉、水利发展和防洪部长阿尼斯·伊斯拉姆·马哈茂德在事后说道:"如果我们和印度、尼泊尔能在有效利用本地区水利资源,即在冬季增加河水流量,在雨季控制洪水这些问题上达成协议的话,我们本来可以减轻7月和8月份在这里发生的洪水灾害的严重程度的。"他的这番话若早能做到,数以千万计的人民就不会无家可归。

水灾给人民带来的不仅是贫困、饥饿,同时也滋生了大量的细菌。各种疾病在受灾区流行,约有80万人染上痢疾,近百人丧生。这无疑又使孟加拉国人民的生活雪上加霜。

如何摆脱水灾带来的沉重灾难,如何使这个南亚穷国的危机有所缓和,已成为孟加拉国政府有待解决的一大难题,也引起了全世界的关注。

幽灵四:"黑色妖魔"鼠疫

老鼠,不仅偷吃粮食,它给人类带来的最大危害就是传播病菌。人类历史上曾多次发生过流行的鼠疫,全球性鼠疫发生过3次,死亡人数过亿,不少城镇灭绝。据文献统计，死于鼠疫的人数，超过历史上所有战争死亡人数的总和，无怪乎人们称这种疾病为“黑色妖魔”。

1994年9、10月间，印度遭受了一场致命的瘟疫。泉神节过后的第二天，苏拉特市医院接收到30名病情相似的患者。起初医生并不知道病人患的是鼠疫。但接二连三有人死亡，又传来马哈什特拉附近的拉杜尔流行鼠疫的消息，这才意识到一场灾难已经降临。一时间，火车站、汽车站都挤满了成千上万的逃难者。30万苏拉特市民逃向印度的四面八方，同时也将鼠疫和这种恐惧的心理带到了全国各地。

不到两周时间，这种可怕的瘟疫已扩散到印度的7个邦和新德里行政区。鼠疫的降临，对毫无准备的印度当局来说，无疑是当头一棒。印度卫生部不得不向世界卫生组织和其他国家请求支援，以解燃眉之急。

鼠疫的流行，引起人们的极度恐慌。这种恐惧犹如大火一样，迅速蔓延到世界各地。许多国家中止了同印度的各项往来。这对印度来说，经济方面的损失是难以估计的。据有关方面统计，用于治疗和预防鼠疫方面的费用就高达数百亿美元。

人们不禁要问，销声匿迹多年的鼠疫为何再度在印度广为流行呢？专家们一致认为鼠疫的爆发是极为肮脏的环境所致。据说，苏拉特市是印度最脏的城市，贫民窟、集市、街头巷尾，垃圾成堆，臭味熏天。鼠疫流行期间，每天清出的垃圾多达1400吨。遍地的垃圾成为老鼠繁衍滋生的温床。

消灭老鼠，应当是全人类的共同使命。各国相继建立了灭鼠公司之类的专门组织，联合国已成立相应的灭鼠机构。整个地球都在向老鼠展开一场艰难的战斗。虽然人类至今尚未找到彻底消灭鼠患的办法，但是，科学的不断发展必能战胜鼠患，这是我们大家都坚信的。

幽灵五：喀麦隆湖底毒气

帕梅塔高原，是个美丽而令人陶醉的地方。

1986年8月21日晚，人们正在酣睡之中，突然一声巨响划破了长空。不少人还没等弄清发生了什么事，就被夺去了宝贵的生命。

这晚，位于非洲喀麦隆西北部，距首都雅温得400千米的帕梅塔高原上的一个火山湖——尼奥斯火山湖，突然从湖底喷发出大量的有毒气体，犹如泛滥的洪水，沿着山的北坡倾泻而下，向处于低谷地带的几个村庄袭去……

次日清晨,喀麦隆高原美丽的山坡上,水晶蓝色的尼奥斯河突然变得一片血红,好像一只溃烂而愤怒的红眼睛。草丛里到处躺着死去的牲畜和野兽。尼奥斯湖畔的村落里,房舍、教堂、牲口棚完好无损,但是街上却没有一个人走动。走进屋里探个究竟,令人震惊的一幕映入眼帘,那里都是死人。这是多么凄惨的景象!死者中有男人、女人、儿童,甚至还有婴儿。

从幸存者的口里,人们知道了惨案发生的经过:伴随着昨晚巨响的,还有一股幽灵般的圆柱形蒸气从湖中喷出,整个湖水一下子沸腾了起来,掀起的波浪袭击湖岸,直冲天空,高达 80 多米,然后又像一柱云烟注入下面的山谷。这时,一阵大风从湖中呼啸而起,夹着使人窒息的恶臭将这朵烟云推向四邻的小镇。

据不完全统计,在这场灾祸中,至少有 1740 人被毒气夺去了生命,大量的牲畜丧生,加姆尼奥村靠火山湖最近,受灾也最为严重。全村 650 名居民中,仅有 6 人幸存。

这一喷毒事件,立即引起了各国的极大关注。尼奥斯火山湖,也因此更闻名于世。日本、英国、美国、法国、意大利等国家,都迅速地派出了紧急救援队,并派出专家对尼奥斯湖喷发毒气的成分进行实测,杀人凶手究竟是谁?专家们努力地寻找答案。

经过一段时间的努力工作,终于查明了尼奥斯湖中所喷出的有毒气体成分。专家们一致认为,喷出的气体主要有二氧化碳,而恶臭则来自硫化氢。人们在向自然界征服和索取的同时,也遭到了大自然无情的报复。湖底毒气这种自然造成的突发性灾难,让人类尝到了苦果。

幽灵六:伦敦大烟雾

素有世界"雾都"之称的英国伦敦,每当春秋之交,这里经常被浓雾所笼罩,像是披上一层神秘地面纱。据统计,伦敦的雾天,每年可高达七八十次,平均 5 天之中就有一个"雾日"。每当大雾降临,弥漫的大雾不仅影响交通,酿成事故,还直接危害人们的健康,甚至威胁人们的生命。

与 1952 年的状况相比,今天的伦敦是一座净化的城市。那时候,伦敦有燃煤发电厂,离市中心不远处有许多工厂。大多数住家用烧煤来取暖。以煤为动力的蒸汽机车拉着一节节列车开进首都。对小汽车和卡车产生的废气几乎没有控制措施。

1952 年 12 月 4 日,伦敦城发生了一次世界上最为严重的"烟雾"事件:连续的浓雾将近一周不散，工厂和住户排出的烟尘和气体大量在低空聚积，整个城市为浓雾所笼罩，陷入一片灰暗之中。期间，有4700多人因呼吸道病而死亡；雾散以后又有8000多人死于非命。这就是震惊世界的“雾都劫难”。

1952年12月3日清晨，伦敦气象台报告说，一个气峰在夜间通过，中午气温可达到5.6℃，相对湿度约为70%。对于本地来说，这是个难得的好日子——一个可爱的冬日。

这一天，从北海吹来一股风，吹遍了整个英格兰，将英国中部的工厂和城市居民住户中烟囱内冒出来的团团浓雾吹到了九霄云外，因而空气变得十分清新怡人。

然而，谁也不会想到灾难正悄悄地来临。

傍晚时分，伦敦正处于一股巨大的高气压气旋的东南边缘，较强劲的北风围绕着这个反气旋顺时针吹着。第二天，即12月4日，这个气旋中心已到了伦敦以西几百千米处，沿着通常的路径向东南方向移动。上午风速变小，云层几乎遮蔽了整个天空。时至中午，乌云把太阳全部遮住，伦敦上空阴霾弥漫，气象台温度表的读数为3.3℃，相对湿度上升为82%。

12月5日，一个异常的情况出现了。伦敦气象台的风速表测出了一个非常奇怪的量度——风速读数完全是静止的。据当时专家的估计，此时风速不超过每小时3千米。

伦敦处于死风状态，空气中积聚着大量的烟尘，经久不散，风太弱又无法带走林立的工厂烟囱与家庭排出的各种有害的烟尘。于是，大量的煤烟从空中纷纷飘落，美丽的泰晤士河谷被烟雾笼罩。一位在船上干活的小徒工，烟雾的入侵使他泪如泉涌；烟雾穿门入室，钻进了格林威治区的居民家中，使人们痛苦难忍……

雾云在城市上空悬浮了5天，逐步变得更脏和更有毒。伦敦市中心空气中的烟雾量几乎增加了10倍。

烟雾使数千受害者患了支气管炎、气喘和其他影响肺部的疾病。最后，到12月10日烟雾散去时，估计已有4000人死亡，其中多数是年长者。

今天，烟雾的主要起因是机动车所排放的废气的污染。像洛杉矶、墨西哥城等大城市内，烟雾一直悬浮在空中。使用无铅汽油和安装机车排气催化转化器，有助于减少受这种污染而损害健康的危险。但是，这仍是一个有待解决的严重问题。

幽灵七:百慕大地区神秘灾难

在本世纪海上发生的神秘事件中,最著名而又最令人费解的,当属发生在百慕大三角的一连串飞机、轮船失踪案。据说自从1945年以来,在这片海域已有数以百计的飞机和船只神秘地无故失踪。失踪事件之多,使世人无法相信其尽属偶然。所谓百慕大三角是指北起百慕大群岛,南到波多黎各,西至美国佛罗里达州这样一片三角形海域,面积约一百万平方千米。由于这一片海面失踪事件叠起,世人便称它为"地球的黑洞"、"魔鬼三角"。

1971年10月21日,一架满载着冻牛肉的运输机"超星座号",从一艘正在海面工作的探测船上空飞过。船员们眼看它飞了一分钟左右,突然,飞机好像被海水吸住似的一头坠进海里。以后,船员们什么也未看见,既没有发现油迹,也没有找到尸体和飞机残骸。唯一能证实飞机失踪的,只是海面上漂浮的一大块带血的牛肉。

"超星座号"飞机的失踪,只是这片神秘海域许许多多起失踪事件之一。据统计,自1840~1945年间,这片海域上空就有100余架飞机失踪,而这里消失的船只则更多。

这片被世人称作"海上墓地"的地方,就是引起全世界许多科学家关注的百慕大三角区。

"超星座号"的失踪,与难以计数的其他失踪事件一样,可以归结为一句话——没有线索。任何船只、飞机和人员,只要是在百慕大三角区失踪的,就甭想再找到幸存者和任何残骸,所谓神秘就在这里。

所有试图对百慕大三角地区失踪事件做出合乎逻辑解释的人都遇到了无法摆脱的矛盾。于是就有人提出"超自然"理论,试图揭开这世纪之谜。更有一部分研究者,把百慕大三角区发生的灾难与外星人和飞碟联系起来进行推断。他们的论点是:这里存在一个外星人的海底飞碟基地。因为多年来人们曾在这里观察到数不清的不明飞行物现象。这些失踪的飞机和船只正是被飞碟的乘员掠走的。在波恩举行的一次科学会议上,著名太空学家雅佛烈·史杜鲁宾博士透露了他们用太空时代的科技配合古代记录进行研究的情况。他认为现在百慕大三角地区发生的飞机和船只失踪之真相已经大白,是一个400年前的陨石在作怪。

1979年,美国和法国科学家组织的联合考察组,在百慕大海域的海底发现一个巨大的水下金字塔。根据美国迈阿密博物馆名誉馆长查尔斯·柏里兹派人拍下的照片,可以看到这个水下金字塔比埃及大金字塔还要巨大。塔身上有两个黑洞,海水高速从洞中穿过。

水下金字塔的发现,使百慕大三角谜变得更为神秘莫测,它到底是人造的还是自然形成的?它与百慕大海域连续发生的海难和空难有什么关系?这些都有待于人们的进一步探讨。百慕大这个黑洞,至今还没有看见底。

幽灵八:通古斯大爆炸

通古斯,位于前苏联西伯利亚的贝加尔湖附近。80 年前,这里发生过一次极其猛烈的大爆炸,其破坏力相当于 500 枚原子弹和几枚氢弹的威力。

1908 年 6 月 30 日凌晨,一场罕见的惨祸降临到西伯利亚偏僻林区的游牧民头上。有幸逃脱这场灾难的谢苗诺夫回忆说:"当时天空出现一道强烈的火光,刹那间一个巨大的火球几乎遮住了半边天空。一声爆炸巨响之后,狂风袭来……"爆炸产生的冲击波,一直传到中欧,德国的波茨坦和英国剑桥的地震观测站,甚至华盛顿和爪哇岛也得到了同样的记录。

当时俄国的沙皇统治正处在风雨飘摇之中,无力对此组织调查。人们笼统地把这次爆炸称为"通古斯大爆炸"。十月革命后,苏维埃政权于 1921 年派物理学家库利克率领考察队前往通古斯地区考察。他们宣称,爆炸是一次巨大的陨星造成的。但他们却始终没有找到陨星坠落的深坑,也没有找到陨石,只发现了几十个平底浅坑。因此,"陨星说"只是当时的一种推测,缺乏证据。库利克又两次率队前往通古斯考察,并进行了空中勘测,发现爆炸所造成的破坏面积达 20000 多平方千米。同时人们还发现了许多奇怪的现象,如爆炸中心的树木并未全部倒下,只是树叶被烧焦;爆炸地区的树木生长速度加快,其年轮宽度由 0.4~2 毫米增加到 5 毫米以上;爆炸地区的驯鹿都得了一种奇怪的皮肤病癞皮病等等。不久二战爆发,库利克投笔从戎,在反法西斯战争中献出了宝贵的生命。前苏联对通古斯大爆炸的考察,也被迫中止了。

二战以后,前苏联物理学家卡萨耶夫访问日本,1945 年 12 月,他到达广岛,四个月前美国在这里投下了原子弹。看着广岛的废墟,卡萨耶夫顿时想起了通古斯,两者显然有着众多的相似之处:

爆炸中心受破坏,树木直立而没有倒下。

爆炸中人畜死亡,是核辐射烧伤造成的。

爆炸产生的蘑菇云形状相同,只是通古斯的要大得多。

特别是在通古斯拍到的那些枯树林立、枝干烧焦的照片,看上去与广岛上的情形十分相似。因此,卡萨耶夫产生了一个大胆的想法:通古斯大爆炸是一艘外星人驾驶的核动力宇宙飞船,在降落过程中发生故障而引起的一场核爆炸。

此论一出,立即在前苏联科学界引起了强烈反响。支持者和反对者争论激烈。索罗托夫等人进一步推测该飞船来到这一地区是为了往贝加尔湖取得淡水。还有人指出,通古斯地区驯鹿所得的癞皮病与美国1945年在新墨西哥进行核测验后当地牛群因受到辐射引起的皮肤病十分近似,而通古斯地区树木生长加快,植物和昆虫出现遗传性变异等情况,也与美国在太平洋岛屿进行核试验后的情况相同。

五六十年代,多支考察队前往通古斯地区考察,认为是核爆炸的人和坚持"陨星说"的人都声称找到了对自己有利的证据,双方谁也说服不了谁。对于没有找到中心陨星坑的情况,有人认为坠落的是一颗彗星,因此只能产生尘爆,而无法造成中心陨星坑。

1973年,一些美国科学家对此提出了新见解,他们认为爆炸是宇宙黑洞造成的。某个小型黑洞运行在冰岛和纽芬兰之间的太平洋上空时,引发了这场爆炸。但是关于黑洞的性质、特点,人们所知甚少,"小型黑洞"是否存在尚是疑问,因此,这种见解也还缺少足够的证据。直到今天,通古斯大爆炸之谜仍未解开。

幽灵九:智利大海啸

据说,智利是上帝创造世界后的"最后一块泥巴"。或许正是这个缘故,这里的地壳总是不那么宁静。根据现代板块结构学说的观点,智利是太平洋板块与南美洲板块互相碰撞的俯冲地带,处于环太平洋火山活动带上。特殊的地质结构,造成了它位于极不稳定的地表之上,自古以来,火山不断喷发,地震接二连三,海啸频频发生。

1960年5月,厄运又笼罩了这个多灾多难的国家。

从5月21日凌晨开始,在智利的蒙特港附近海底,突然发生了世界地震史上罕见的强烈地震。震级之高、持续时间之长、波及面积之广均属少见,在前后一个月中,共先后发生不同震级的地震225次。震级在7级以上的竟有10次之多,其中8级的有3次。

当5月21日地震刚发生时,震动还比较轻微,大地只是轻轻地颤动着。和以往不同的是,它连续不断地发生。接着震级一次高于一次,震动越发剧烈。仓皇之中,人们东倒西歪,摇摇晃晃跑到室外。

然而,连续两天持续不断的震荡,使人们产生了麻痹情绪。由于地震持续时间较长,而且破坏程度不大,人们不像开始时那样惧怕了,有人甚至搬进了破裂的屋子。当然也有相当一部分人心有余悸,他们担心更大的地震即将来临。

果然,5月22日19时许,忽然地震声大作,震耳欲聋。地震波像数千辆坦克隆隆开来,又如数百架飞机从空中掠过,呼啸着从蒙特港的海底传来。不久大地便剧烈颤动起来。一会儿,陆地出现了裂缝;一会儿,部分陆地又突然隆起,好像一个巨人翻身一样。瞬间,海洋在激烈地翻滚,峡谷在惨烈地呼啸,海岸岩石在崩裂,碎石堆满了海滩……

这次地震,震级高达8.9级,烈度为11度,影响范围在800千米长的椭圆内。大震过后,接踵引发了大海啸。海啸波以每小时几百千米的速度横扫了太平洋沿岸,把智利的康塞普西翁、塔尔卡瓦诺、奇廉等城市摧毁殆尽,造成200多万人无家可归。

幽灵十:唐山大地震

1976年7月28日,中国北京时间3时42分,东经118.2度、北纬39.6度,在距地面16千米深处的地球外壳,比日本广岛爆炸的原子弹强烈400倍的大地震发生了。

中国新华通讯社于7月28日向全世界发布了这一消息。

几天以后再次公布了经过核定的地震震级:7.8级。

唐山,一座上百万人口的工业城市,在这场没有预报的特大地震中成为废墟。死亡人数达24万之多。

北纬40度线,被人们称为“不祥的恐怖线”。这里,发生了诸如美国旧金山、葡萄牙里斯本、日本十胜近海等无数次大地震。这次地震这个恶魔又一次突袭了北纬39.6度——唐山成为它的牺牲品。

水,首先向人类发出了警报。

7月下旬起,北戴河一向露出海面的礁石被海水吞没;而距唐山比较近的蔡家堡等海域,从前碧蓝蓝的海水变得浑黄。一位潜泳于秦皇岛海水下的人看见水下一条明亮的光带,似一条不安的火龙。

7 月 27 日深夜,比人类早觉醒一步的自然界发出了最后的灾难呼告!

昌黎县看瓜的农民看到 200 多米高的上空忽然明亮,地面照得发白,西瓜叶、蔓照得清晰可见,如天亮一般。

3 点 42 分许,唐山上空出现强烈的几次蓝色闪光,地上狂风呼啸,惊雷轰响,大地疯狂地摇撼,几秒钟后,唐山破碎了,一片死寂,灰色的尘雾浓浓地笼罩着唐山,整个唐山没有一点声息。

就在这短短的几秒钟里,唐山市区和农村有 65 万多间房屋倒塌和受到严重破坏。绝大多数唐山人均在睡眠状况下遭此浩劫。

在许多奇迹般的生还者中有一位妇女,她从所住的旅馆逃出后仅过了 2 秒钟,旅馆便断裂成两半,并坍塌了。由于惧怕还会发生更大的地震,大多数唐山人都转移到搭建在城外公路上供他们临时栖身的帐篷里。地震确切的死亡人数可能永远是个谜。官方公布的死亡人数是 24.2 万,但一些西方专家认为数字可能要高得多。

绝对闻所未闻的世界五大奇河

香　河

位于西非的安哥拉境内,原名勒尼达河。河仅长 6 千米,河水香味浓郁,百里之外也能闻到扑鼻奇香。

甜　河

在希腊半岛北部,有一条奥尔马河,全长 80 余千米。河水甘醇可口,其甜味可与甘蔗相媲美。地质学家认为,甜河的形成是因为河床的土层中含有很浓的原糖晶体的缘故。

酸　河

哥伦比亚东部的普莱斯火山地区,有一条雷欧维拉力河,全长 580 多千米。

河水里约含8%的硫酸和5%的盐酸,成了名符其实的“酸河”,河水中无鱼虾及水生植物。

墨水河

在阿尔及利亚,有一条被称为“墨水河”的河流。这条河由两条含有墨水原料成分的小河汇集而成,当两条河水汇流在一起后便化合成了墨水,人们可以用这不花钱的墨水写字作画。

彩色河

即位于西班牙境内的延托河。河的上游流经一个含有绿色原料的矿区,河水呈绿色;往下有几条支流经过一个含硫化铁的地区,水变成翠绿色;流入谷地后,一种野生植物又把它染成棕色和玫瑰色;再往下,流经一处沙地,最后汇聚到一起,又变成了红色。该河亦被称为变色河。

神奇的25个世界之最

1. 世界上最大的岛群

世界上最大的岛群由印度尼西亚13000多个岛屿和菲律宾约7000个岛屿组成,称为马来群岛。其中主要的岛屿有印度尼西亚的大巽他群岛、小巽他群岛、摩鹿加、伊里安,菲律宾的吕宋、棉兰老、米鄢群岛。该群岛还包括东马来西亚、文莱、巴布亚新几内亚等。

群岛位于太平洋和印度洋之间,沿赤道延伸6100千米,南北最大宽度3500千米,总面积约243万平方千米。西与亚洲大陆隔有马六甲海峡和南海,北与台湾之间有巴士海峡,南与澳大利亚之间有托雷斯海峡。除菲律宾北部以外,各岛都在赤道10度以内,平均气温21℃,年降雨量从500毫米至8100毫米不等,大部分地区超过2000毫米。

每年7~11月西南太平洋生成台风20余次,常袭击菲律宾。马来群岛的动植物群非常丰富且种类各异。农村和农业经济占压倒优势,农村居民绝大多数为定居耕种者，主要农作物是水稻，商品作物有橡胶、烟叶、糖等。森林资源重要，提供贵重木材、树脂、藤条等。石油为主要矿产。

2. 世界最厚之地

南美洲厄瓜多尔的钦博拉索山，从地心到山峰峰顶为6384.1千米，钦博拉索峰位于安第斯山脉西科迪勒拉山，海拔6310米，是厄瓜多尔最高峰，曾长期被误认为是安第斯山脉的最高峰。它是一座休眠火山，有许多火山口，山顶多冰川，在约4694米以上，终年积雪。

1880年英国登山运动员怀伯尔首次登上峰顶。这里是厄瓜多尔中部的高原地区，当地主要以农牧业为主，主要有羊、奶牛、谷物、马铃薯、水果和纤维植物等。

3. 世界最高的高原

青藏高原是中国最大的高原，也是世界上最高的高原，因此有“世界屋脊”之称。青藏高原面积240万平方千米，海拔大多在3500米以上，包括西藏和青海的全部、四川西部、新疆南部及甘肃、云南的一部分。高原周围大山环绕，南有喜玛拉雅山，北有阿尔金山、昆仑山和祁连山，西为喀喇昆仑山，东为横断山脉。高原内还有唐古拉山、冈底斯山、念青唐古拉山等。

这些山脉大多超过5500米，其中喜马拉雅山有16座山峰超过8000米。高原被山脉分隔成许多盆地、宽谷。湖泊众多，青海湖、纳木错等都是内陆咸水湖，盛产食盐、硼砂、芒硝等。高原是亚洲许多大河的发源地，如长江、黄河、澜沧江、怒江、雅鲁藏布江等都发源于此，水力资源丰富。

由于地势高，大部分地区热量不足，高于4500米的地方最热月份平均温度不足10℃，没有绝对的无霜期，谷物难以成熟，只宜放牧。牧畜以耐高寒的牦牛、藏绵羊、藏山羊为主。4200米以下的河谷可以种植作物，以青稞、小麦、豌豆、马铃薯、油菜等耐寒种类为主。

雅鲁藏布江河谷纬度低，冬季无严寒，小麦可安全越冬。高原上建有不少水电站、煤矿、钢铁厂、化工厂、毛纺厂、造纸厂。目前有川藏、青藏、滇藏、新藏等4条公路进入高原，高原铁路也已通车。民航班机通西宁、格尔木、拉萨等地。

4. 世界最大的沙漠

北非高原的绝大部分称为撒哈拉沙漠,但真正的沙地只占全部面积的1/5。沙漠之外,还有砾漠和石漠。这三种地形呈镶嵌式分布。撒哈拉沙漠几乎包括整个北非,西临大西洋,北接阿特拉斯山脉和地中海,东濒红海,南连萨赫勒(萨赫勒是一片半沙漠的干草原过渡地带,满布荆棘和灌木)。

西撒哈拉、摩洛哥、阿尔及利亚、突尼斯、利比亚、埃及、毛里塔尼亚、马里、尼日尔、乍得和苏丹等11个国家分布在这一地区。这里的地形特点是:季节性泛滥的浅盆地和大片绿洲低地;广阔的多石平原;布满岩石的高原;陡峭的山脉;沙滩、沙丘和沙海。土壤一般有机物质含量少,不适于生物成长,洼地的土质经常含盐。

在约500万年前,这里已成为气候性沙漠。此后,时而干燥,时而潮湿。目前沙漠主要分两个气候区。北部为干燥亚热带气候,其季节性气候变化和每日的温差均极大。降水主要集中在冬季,但在某些干燥地区,夏季常见骤发洪水。春天常有来自南方的热风,夹有沙土。南部为干燥的热带气候,冬季常有来自东北的风沙。

撒哈拉很多广阔地区内没有人迹,只有绿洲地区有人定居。植物主要为各种草本植物,椰枣、柽柳属植物和刺槐树等;动物有野兔、豪猪、瞪羚、变色龙、眼镜蛇等。这里富有金属矿、石油、地下水,然而因交通不便限制了开发。

5. 世界最大的洋

太平洋南起南极地区,北到北极,西至亚洲和澳洲,东界南、北美洲。约占地球面积的1/3,是世界上最大的洋。其面积,不包括邻近属海,约为1.65亿万平方千米。是第二大洋大西洋面积的2倍,水容量的2倍以上。

其面积超过包括南极洲在内的地球陆地面积的总和。平均深度(不包括属海)4280米。西太平洋有许多属海,自北向南为白令海、鄂霍茨克海、日本海、黄海、东海和南海。东亚大河黑龙江、黄河、长江、珠江和湄公河均经属海注入太平洋。西经150°以东的洋底较西部平缓。西太平洋水下600米以上的海脊在有些地方形成群岛。

自西北太平洋的阿留申海脊向南延伸到千岛、小笠原、马里亚纳、雅浦和帕劳;自帕劳向东延伸至俾斯麦、所罗门和圣克鲁斯;最后由萨摩亚群岛向南至汤加、克马德克、查塔姆和麦夸里。由于北部陆地与海洋的比例高于南部,以及南极洲陆地冰盖的影响,北太平洋的水温高于南太平洋。赤道附近无风带和变风带海水的含盐量低于信风带。对太平洋垂直海流影响最大的是南极大陆周围生成的冷水。

极地周围密度大的海水下沉,然后向北蔓延构成太平洋大部分底层。深层冷水在西太平洋以比较鲜明的洋流自南极洲附近向北流往日本。该深海主流的支流以携冷水流向东然后在两半球均流向极地。深海环流受邻近洋流会聚区表层海水下沉的影响。在太平洋热带会聚区分别在南北纬 35°~40°之间,距赤道越远海水下沉的深度越大,最重要的会聚区在南纬 55°~60°之间。

6. 世界最大落差的瀑布

安赫尔瀑布,又称丘伦梅鲁瀑布,位于委内瑞拉玻利瓦尔州的圭亚那高原,卡罗尼河支流丘伦河上。瀑布落差 979 米,底宽 150 米。瀑布从平顶高原奥扬特普伊山直落而下,几乎未触及陡崖。1935 年美国探险家安赫尔发现此瀑布,后安赫尔所乘飞机在瀑布附近坠毁,为纪念他,委内瑞拉政府将瀑布以安赫尔命名。

7. 世界最宽的瀑布

伊瓜苏瀑布位于阿根廷和巴西边界上伊瓜苏河与巴拉那河汇合点上游 23 千米处。瀑布为马蹄形,高 82 米,宽 4 千米,是北美洲尼亚加拉瀑布宽度的 4 倍,比非洲的维多利亚瀑布还要宽一些。悬崖边缘有许多树木丛生的岩石岛屿,使伊瓜苏河由此跌落时分成 275 股急流或泻瀑,高度 60~82 米不等。11 月到 3 月的雨季中,瀑布最大流量可达 12750 立方米/秒,年平均流量为 1756 立方米/秒。

伊瓜苏河宽阔的河面,从巴拉那高原边缘落入一个狭窄的峡谷,形成此瀑布,人们形容它为“大海泻入深渊”。水花飞溅升腾,从瀑布底部向空中升起近 150 米的水雾,蔚为壮观。1541 年西班牙探险者巴卡首先发现了该瀑布,现在,阿根廷和巴西为保护这里的景观与相关的野生动植物,都在瀑布附近设立了伊瓜苏国家公园。

8. 世界流域面积最大的河流

亚马孙河是世界流域面积最大的河流,亚马孙河流经的亚马孙平原是世界上面积最大的平原。亚马孙河是世界上流量最大、流域面积最广的河流。其长度仅次于尼罗河(约6400千米),为世界第二大河。据估计,所有在地球表面流动的水约有20%~25%在亚马孙河。河口宽达240千米,泛滥期流量达每秒18万立方米,是密西西比河的10倍。泻水量如此之大,使距岸边160千米内的海水变淡。已知支流有1000多条,其中7条长度超过1600千米。

亚马孙河沉积下的肥沃淤泥滋养了65000平方千米的地区,它的流域面积约705万平方千米,几乎是世界上任何其他大河流域的2倍。著名的亚马孙热带雨林就生长在亚马孙河流域。这里同时还是世界上面积最大的平原(面积达560万平方千米)。

平原地势低平坦荡,大部分在海拔150米以下,因而这里河流蜿蜒曲流,湖沼众多。多雨、潮湿及持续高温是其显著的气候特点。这里蕴藏着世界最丰富多样的生物资源,各种生物多达数百万种。

9. 世界最大的珊瑚礁

珊瑚海位于太平洋西南部海域,澳大利亚和新几内亚以东,新喀里多尼亚和新赫布里底岛以西,所罗门群岛以南。南北长约2250千米,东西宽约2410千米,面积4791000平方千米。南纬20°以北的海底主要为珊瑚海的海底高原,高原以北是珊瑚海海盆。

南所罗门海沟深7316米,新赫布里底海沟深7662米。珊瑚海因有大量珊瑚礁而得名,其中以大堡礁最为著名。大堡礁沿澳大利亚的东北岸延伸,长近2000千米,总面积21万平方千米,是世界上最大的珊瑚礁。

10. 世界上水温最高的海

红海位于非洲东北部与阿拉伯半岛之间,形状狭长,从西北到东南长1900千米以上,最大宽度306千米,面积45万平方千米。红海北端分成两个小海湾,西为苏伊士湾,并通过贯穿苏伊士地峡的苏伊士运河与地中海相连;东为亚喀巴湾。按海底扩张和板块构造理论,认为红海和亚丁湾是海洋的雏形。据研究,红海底部确属海洋性的硅镁层岩石,在海底轴部也有如大洋中脊的水平错断的长裂缝,并被破裂带连接起来。

非洲大陆与阿拉伯半岛开始分离在 2 千万年前的中新世,目前还在以每年 1 厘米的速度继续扩张。红海两岸陡峭壁立,岸滨多珊瑚礁,天然良港较少。整个红海平均深度 558 米,最大深度 2514 米。红海受东西两侧热带沙漠夹峙,常年空气闷热,尘埃弥漫,明朗的日子较少。降水量少,蒸发量却很高,是世界上水温和含盐量最高的海域之一。8 月表层水温平均 27℃ ~32℃。

11. 世界最淡的海

波罗的海是大西洋伸入欧洲大陆北部的内海。呈东北——西南走向。面积 42 万多平方千米。一般水深 40 ~100 米,最深处 470 米。一般海水的含盐度在 34‰ ~37‰左右。波罗的海表层海水含盐度由西部的 8‰ ~11‰,降到中部的 6‰ ~8‰和东部的 1‰。是世界上含盐度最低的海。

波罗的海岛屿众多,海岸线曲折,多港湾。有 250 条河流注入。是北欧重要的海运航道。北部和东部封冻期达 3 ~4 个月,南部通常不封冻。沿岸重要海港有圣彼得堡、赫尔辛基、斯德哥尔摩、哥本哈根等。

12. 世界最大的淡水湖

苏必利尔湖,北美洲五大湖最西北和最大的一个,是世界最大的淡水湖,也是世界仅次于里海的第二大湖(里海是咸水湖)。湖东北面为加拿大,西南面为美国。湖面东西长 616 千米,南北最宽处 257 千米,湖面平均海拔 180 米,水面积 82103 平方千米,最大深度 405 米。蓄水量 1.2 万立方千米。有近 200 条河流注入湖中,以尼皮贡和圣路易斯河为最大。

湖中主要岛屿有罗亚尔岛(美国国家公园之一)、阿波斯特尔群岛、米奇皮科滕岛和圣伊尼亚斯岛。沿湖多林地,风景秀丽,人口稀少。苏必利尔湖水质清澈,湖面多风浪,湖区冬寒夏凉。季节性渔猎和旅游为当地娱乐业主要项目。蕴藏有多种矿物。有很多天然港湾和人工港口。主要港口有加拿大的桑德贝和美国的塔科尼特等。全年通航期为 8 个月。该湖 1622 年为法国探险家发现,湖名取自法语,意为“上湖”。

13. 世界最高峰

珠穆朗玛峰是喜马拉雅山主峰,世界最高的山峰,海拔 8848.13 米。位于我国西藏与尼泊尔王国交界处的喜马拉雅山脉中段。北纬 27°59′15.85″,东经 86°55′39.51″。山体主要由结晶岩系构成。冰川规模大,约有冰川 600 多条,面积达 1600 平方千米。是低纬度地区现代冰川作用中心。冰舌的中上游普遍发育有高大的冰塔,为珠穆朗玛峰地区山谷冰川的特殊形态。珠穆朗玛峰的北、东和西南均有大型冰斗,使珠峰成为高出冰斗底部达 3000 米的金字塔形大角峰。

在珠峰北坡,海拔 7450 米处为冰雪和岩石的交界线,其下冰雪皑皑,上部因崖壁陡峭,风力强劲,冰雪无法积存而岩石裸露。峰顶常为云雾笼罩,似以珠峰为旗杆而自西向东飘动的旗帜,这是珠峰特有的气象现象,人称旗云。

1718 年清朝标记为朱母朗马阿林,1855 年英国人命名为埃佛勒斯峰,1952 年我国政府更名为珠穆朗玛峰。1953 年 5 月 29 日英国两名探险队员首次从尼泊尔境内的南坡登顶成功。1960 年 5 月 25 日中国登山队首次从北坡登顶成功。1975 年 5 月 27 日中国登山队再次成功登顶,并在主峰顶竖起觇标,首次获得了珠穆朗玛峰高度的精确数据。1988 年 5 月,中国、日本和尼泊尔运动员实现了从南、北坡登顶跨越珠峰的壮举。1989 年国家建立珠峰自然保护区,面积 3000 平方千米。

14. 世界上最高的死活山

世界最高的死火山是阿空加瓜山,位于阿根廷境内,海拔 6959 米,公认为西半球最高峰。山峰坐落在安第斯山脉北部,峰项在阿根廷西北部门多萨省境,但其西翼延伸到了智利圣地亚哥以北海岸低地。

15. 世界年降水最多的地区

夏威夷是太平洋中部的一组火山岛,为美国的一个州。它由 8 个大岛和 124 个小岛组成。夏威夷是太平洋水域的运输和文化中心,被称为“太平洋的十字路口”,同时,它还是重要的旅游胜地。首府檀香山(火奴鲁鲁)位于瓦胡岛。

面积最大的夏威夷岛上有壮观的火山喷发。夏威夷位于北回归线稍偏下的位置，由于信风在太平洋洋面上吹过，广阔的水面起到了稳定气候的作用，其温和的热带气候被认为是世界上最为理想的处所。这里各地之间的降雨相差悬殊。

考爱岛上的怀厄莱阿莱山被称为世界上最多雨的地区，有记载60年当中年平均降雨达11280毫米。夏威夷岛上的卡韦哈伊平均年降水则仅有220毫米。由于信风挟带来的潮湿空气时常吹遍各岛，因此空气中的水分很容易凝聚，形成伞状云朵，沿着向风海岸和群山飘散，这些地区的植被要比背风海岸的植被更加茂盛。

16. 世界风力最大的地区

南极不仅是世界最冷的地方，也是世界上风力最大的地区。那里平均每年8级以上的大风有300天，年平均风速19.4米/秒。1972年澳大利亚莫森站观测到的最大风速为82米/秒。法国迪尔维尔站曾观测到风速达100米/秒的飓风，这相当于12级台风的3倍，是迄今世界上记录到的最大风速。

南极风暴所以这样强大，原因在于南极大陆雪面温度低，附近的空气迅速被冷却收缩而变重，密度增大。而覆盖南极大陆的冰盖就像一块中部厚、四周薄的“铁饼”，形成一个中心高原与沿海地区之间的陡坡地形。变重了的冷空气从内陆高处沿斜面急剧下滑，到了沿海地带，因地势骤然下降，使冷气流下滑的速度加大，于是形成了强劲的、速度极快的下降风。

南极没有四季之分，仅有暖、寒季的区别。暖季11月至3月；寒季4月至10月。暖季时，沿岸地带平均温度很少超过零摄氏度，内陆地区平均温度为-20℃～-35℃；寒季时，沿岸地带为-20℃～-30℃，内陆地区为-40℃～-70℃。1967年初，挪威在极点附近测得-94.5℃的低温。据估计，在东南极洲上可能存在-95℃～-100℃的低温。

17. 世界最大的风浪区

好望角是指南非开普敦省西南部开普半岛南端的多岩石海岬。好望角多暴风雨，海浪汹涌，位于来自印度洋的温暖的莫桑比克厄加勒斯洋流和来自南极洲水域的寒冷的本格拉洋流的汇合处。1939年这里成为自然保护区。

18. 地球表面最低点

地球表面的最低点是死海。那里的水面平均低于海平面约400米。死海是一个内陆盐湖,位于以色列和约旦之间的约旦谷地。西岸为犹太山地,东岸为外约旦高原。约旦河从北注入。死海长80千米,宽处为18千米,表面积约1020平方千米,最深处400米。死海位于约旦——死海地沟的最低部,是东非大裂谷的北部延续部分。这是一块下沉的地壳,夹在两个平行的地质断层崖之间。死海位于沙漠中,降雨极少且不规则。利桑半岛年降雨量为65毫米。

冬季气候温暖,夏季炎热。湖水年蒸发量平均为1400毫米,因此湖面往往形成浓雾。湖面水位有季节性变化,在30~60厘米之间。死海水含盐量极高,且越到湖底越高。最深处有湖水已经化石化(一般海水含盐量为千分之35,而死海的含盐量在23%~25%左右。表层水中的盐分每公升达227~275克,深层水中达327克)。

由于盐水浓度高,游泳者极易浮起。湖中除细菌外没有其他动植物。涨潮时从约旦河或其他小河中游来的鱼会立即死亡。岸边植物也主要是适应盐碱地的盐生植物。死海是很大的盐储藏地。死海湖岸荒芜,固定居民点很少,偶见小片耕地和疗养地等。

19. 世界最长的山脉

雄踞七国的安第斯山脉长约9000千米,几乎是喜马拉雅山脉的3.5倍,这里山势雄伟,绚丽多姿,是世界上最壮观的自然景观之一。安第斯山脉属科迪勒拉山系,这个山系从北美一直延伸到南美,全长18000千米,是世界最长的山系。安第斯山脉有许多海拔6000米以上、山顶终年积雪的高峰。南部山脉中的阿空加瓜山为安第斯山最高峰,海拔6959米,它也是世界上最高的死火山。尤耶亚科火山海拔6723米,是世界最高的活火山。

南美洲多火山,它们主要分布在安第斯山,这里共有40多座活火山。安第斯山脉孕育了无比巨大的铜矿,这里有世界最大的地下铜矿,深入地表以下1200米,庞大的地下坑道总长超过2000多千米,采矿的自动化程度极高,地下生活设施完善。

20. 世界最大的盆地

刚果盆地位于非洲中部,大部分在刚果民主共和国境内,小部分在刚果共和国境内。面积为337万平方千米,是世界上最大的盆地。盆地南北均为高原,东部为东非大裂谷,缺口在西部即刚果河下游和河口地段。赤道线从盆地中部通过。刚果盆地包括了刚果河流域的大部,平均海拔400米,有大片沼泽。周围的高原山地海拔超过1000米。

刚果河的许多支流都到盆地内汇进干流,因此,这里水系发达。盆地气候属于热带雨林气候,年平均气温25～27℃,降水量1500～2000毫米以上。这里是一片郁郁葱葱的热带森林,有多种珍贵树种和热带作物。盆地边缘矿产丰富,盆地中水资源充沛,因此,人们称刚果盆地为“中非宝石”。

21. 海岸线最长的国家

澳大利亚联邦简称澳大利亚。位于大洋洲的西南部,东北临太平洋,西、南濒印度洋。由澳大利亚大陆和塔斯马尼亚等岛屿组成。澳大利亚四面环海,其海岸线总长36735千米。面积为768万余平方千米。人口约1789万。首都堪培拉。澳大利亚内陆地势大部低平,平均海拔300米,科西阿斯科山为最高峰,海拔2228米。全境35%的面积为沙漠和半沙漠。河流多为间歇性的内流河。大部属热带、亚热带气候。

22. 海洋最深深度

马里亚纳海沟位于北太平洋西部马里亚纳群岛以东,为一条洋底弧形洼地,延伸2550千米,平均宽69千米。主海沟底部有较小陡壁谷地。1957年苏联调查船测到10990米深度,后又有11034米的新纪录。1960年美国海军用法国制造的“的里亚斯特”号探海艇,创造了潜入海沟10911米的纪录。

一般认为海洋板块与大陆板板块相互碰撞,因海洋板块岩石密度大,位置低,便俯冲插入大陆板块之下,进入地幔后逐渐溶化而消亡。在发生碰撞的地方会形成海沟,在近大陆一侧常形成岛弧和海岸山脉。这些地方都是地质活动强烈的区域,表现为火山和地震。

23. 世界最长的河

尼罗河纵贯非洲大陆东北部，流经布隆迪、卢旺达、坦桑尼亚、乌干达、埃塞俄比亚、苏丹、埃及，跨越世界上面积最大的撒哈拉沙漠，最后注入地中海。流域面积约335万平方千米，占非洲大陆面积的1/9，全长6650千米，年平均流量每秒3100立方米，为世界最长的河流。尼罗河流域分为七个大区：东非湖区高原、山岳河流区、白尼罗河区、青尼罗河区、阿特巴拉河区、喀土穆以北尼罗河区和尼罗河三角洲。最远的源头是布隆迪东非湖区中的卡盖拉河的发源地。该河北流，经过坦桑尼亚、卢旺达和乌干达，从西边注入非洲第一大湖维多利亚湖。尼罗河干流就源起该湖，称维多利亚尼罗河。河流穿过基奥加湖和艾伯特湖，流出后称艾伯特尼罗河，该河与索巴特河汇合后，称白尼罗河。

另一条源出中央埃塞俄比亚高地的青尼罗河与白尼罗河在苏丹的喀士穆汇合，然后在达迈尔以北接纳最后一条主要支流阿特巴拉河，称尼罗河。尼罗河由此向西北绕了一个S形，经过三个瀑布后注入纳塞尔水库。河水出水库经埃及首都进入尼罗河三角洲后，分成若干支流，最后注入地中海东端。

尼罗河有定期泛滥的特点，在苏丹北部通常5月即开始涨水，8月达到最高水位，以后水位逐渐下降，1~5月为低水位。虽然洪水是有规律发生的，但是水量及涨潮的时间变化很大。产生这种现象的原因是青尼罗河和阿特巴拉河，这两条河的水源来自埃塞俄比亚高原上的季节性暴雨。

尼罗河的河水80%以上是由埃塞俄比亚高原提供的，其余的水来自东非高原湖。洪水到来时，会淹没两岸农田，洪水退后，又会留下一层厚厚的河泥，形成肥沃的土壤。四五千年前，埃及人就知道了如何掌握洪水的规律和利用两岸肥沃的土地。很久以来，尼罗河河谷一直是棉田连绵、稻花飘香。在撒哈拉沙漠和阿拉伯沙漠的左右夹持中，蜿蜒的尼罗河犹如一条绿色的走廊，充满着无限的生机。

24. 世界最大的三角洲

世界最大的三角洲是恒河三角洲，它宽320千米，开始点距海有500千米，面积达7万多平方千米，分属孟加拉国和印度。恒河下游分流纵横，主要水道就有8条，在入孟加拉湾处又与布拉马普特拉河汇合一起，形成了广阔的恒河三角洲。

在三角洲地区，恒河分成许多支，是一个颇具特点的三角洲。这里土壤肥沃，农业发达，是南亚次大陆水稻、小麦、玉米、黄麻、甘蔗等作物的重要种植区。河口部分有大片红树林和沼泽地。这里地势低平，海拔仅 10 米。河网密布，海岸线呈漏斗形，风暴潮不易分散而聚集在恒河口附近，形成强烈的潮水，铺天盖地地涌向恒河三角洲平原，很容易引起大面积洪水泛滥。

25. 世界最大的内陆湖

里海是世界最大的内陆湖，位于辽阔平坦的中亚西部和欧洲东南端，西面为高加索山脉。整个海域狭长，南北长约 1200 千米，东西平均宽度 320 千米。面积约 386400 平方千米，比北美五大淡水湖加在一起还要大出 1 倍多。里海湖岸线长 7000 千米。有 130 多条河注入里海，其中伏尔加河、乌拉尔河和捷列克河从北面注入，3 条河的水量占全部注入水量的 88%。

里海中的岛屿多达 50 个，但大部分都很小。海盆大体上为北、中、南三个部分。最浅的为北部平坦的沉积平原，平均深度 4 ~ 6 米。中部是不规则的海盆，西坡陡峻，东坡平缓，水深约 170 ~ 788 米。南部凹陷，最深处达 1024 米，整个里海平均水深 184 米，湖水蓄积量达 7.6 万立方千米。海面年蒸发量达 1000 毫米。

数百年间，里海的面积和深度曾多次发生变化。里海为沿岸各国提供了优越的水运条件，沿岸有许多港口，有些港口与铁路相连系，火车可以直接开到船上轮渡到对岸。